普通高等教育电气工程与自动化（应用型）系列教材

自动控制原理

第 3 版

主　编　李晓秀　宋丽蓉
参　编　赵秀芬　乐春峡　谭　梅
主　审　章　兢

机 械 工 业 出 版 社

本书是按照普通高等教育工程应用型本科系列教材的要求而编写的，比较全面地阐述了经典控制理论及其应用。全书共分 8 章，主要内容包括绪论、控制系统的数学模型、时域分析法、根轨迹法、频率特性法、控制系统的综合校正、非线性控制系统分析和采样控制系统分析等内容。书中结合 MATLAB 软件在自动控制系统分析、设计中的应用，在相关章节有 MATLAB 知识的介绍和仿真举例。

本书可作为应用型本科自动化、电气工程及其自动化、电子信息类、仪器仪表类、机械类等专业学生的教材，也可供各类职业技术学院、专科学校的相关专业使用。

图书在版编目（CIP）数据

自动控制原理/李晓秀，宋丽蓉主编. —3 版. —北京：机械工业出版社，2018.11（2024.7重印）

普通高等教育电气工程与自动化（应用型）系列教材

ISBN 978-7-111-60797-7

Ⅰ.①自⋯　Ⅱ.①李⋯②宋⋯　Ⅲ.①自动控制理论－高等学校－教材　Ⅳ.①TP13

中国版本图书馆 CIP 数据核字（2018）第 202889 号

机械工业出版社（北京市百万庄大街 22 号　邮政编码 100037）

策划编辑：王雅新　责任编辑：王雅新　张珂玲　刘丽敏

责任校对：肖　琳　封面设计：张　静

责任印制：张　博

河北环京美印刷有限公司印刷

2024 年 7 月第 3 版第 11 次印刷

184mm×260mm·15 印张·367 千字

标准书号：ISBN 978-7-111-60797-7

定价：39.00 元

电话服务　　　　　　　　　　网络服务

客服电话：010 - 88361066　　机　工　官　网：www.cmpbook.com

　　　　　010 - 88379833　　机　工　官　博：weibo.com/cmp1952

　　　　　010 - 68326294　　金　书　网：www.golden - book.com

封底无防伪标均为盗版　　　　机工教育服务网：www.cmpedu.com

前　言

自动控制原理主要研究自动控制的共同规律，是分析和设计自动控制系统的基础理论。它不但是自动化类专业的主要专业基础课程，也是许多控制类专业的重要教学内容。

本书是为适应应用型本科自动化、电气工程及其自动化及机电类专业教学的需要而编写的，自 2004 年第 1 版出版以来，在多所院校使用，得到了广大师生的认可。本书以经典控制理论为主要内容，分为 8 章，包括绪论、控制系统的数学模型、时域分析法、根轨迹法、频率特性法、控制系统的综合校正、非线性控制系统分析、采样控制系统分析。

本书精选了第 2 版中的主要内容，并对部分章节进行了较大的修改。修改较大的内容有：传递函数、结构图等效变换、信号流图，二阶系统分析，闭环主导极点，根轨迹分析法，最小相位系统，奈奎斯特稳定判据，利用频率特性分析系统的性能，串联校正、期望特性法校正、PID 控制，描述函数法，采样系统基本知识等。

编者根据多年教授本课程的经验以及使用第 1、2 版教材的读者反馈意见，在本版教材的编写中力求突出重点，以简明的语言介绍基本概念和基本方法的应用，简化了数学推导，以突出应用型本科教材的特色。为了体现理论在工程实践中的应用，本书以一个工程实例贯穿于数学模型建立、暂态和稳态性能分析中。本书还在各章介绍了 MATLAB 软件的应用方法，使读者便于理解和掌握 MATLAB 在控制系统分析和设计中的应用。

本书适用于 56 ~ 80 学时的教学。本书提供配套的电子课件和习题答案，欢迎选用本书作教材的老师登录 http：//www. cmpedu. com 注册下载。

本书由李晓秀和宋丽蓉任主编，李晓秀编写了第 1 ~ 3、5 章，并负责全书的统稿；谭梅编写了第 4 章；乐春峡编写了第 6 章；赵秀芬编写了第 7 章；宋丽蓉编写了第 8 章，并参加了全书的统稿工作。

由于编者水平有限，书中不妥与错误之处在所难免，恳请广大读者和专家批评指正。

编　者

目　录

第 1 章 绪   论

1.1 自动控制理论及其发展简史

自动控制技术是一种运用自动控制理论、仪器仪表、计算机和其他信息技术，通过自动控制系统对各类机器、各种物理参量、工业生产过程等实现检测、控制、优化、调度、管理和决策，达到增加产量、提高质量、降低消耗、确保安全等目的的综合性技术。随着自动控制技术的不断发展，自动控制已广泛应用于工业、农业及国民经济的各个领域，无论是航空航天科技中的宇宙飞船，还是日常生活中的家用电器，无处不显示着自动控制技术的威力。

自动控制理论是研究自动控制系统组成、分析和设计的一般性理论，涉及受控对象、环境特征、控制目标和控制手段以及它们之间的相互作用，主要研究自动控制系统中变量的运动规律和改变这种运动规律的可能性和途径，为建造高性能的自动控制系统提供必要的理论手段。

1765 年，瓦特在他发明的蒸汽机上设计的离心调速器，被公认是首例最成功应用反馈调节器的自动控制装置。英国的麦克斯韦对它的稳定性进行分析，于 1868 年发表的论文被公认是自动控制理论的开端。

根据自动控制技术的发展阶段，自动控制理论一般可分为经典控制理论和现代控制理论。

经典控制理论是以传递函数为基础，以时域法、频率法和根轨迹法为主要内容的一门独立学科，研究单输入-单输出一类定常控制系统的分析与设计问题。到 20 世纪 50 年代，经典控制理论已经发展到了相当成熟的阶段。

20 世纪 50 年代中期，在蓬勃兴起的航空航天技术的推动和飞速发展的计算机技术的支持下，现代控制理论在经典控制理论的基础上迅速发展起来。它以状态空间法为基础，研究多输入-多输出、时变参数、高精度复杂系统的控制问题，并形成了如最优控制、最佳滤波、系统辨识和自适应控制等学科分支。

经典控制理论和现代控制理论主要是针对线性系统的线性理论。20 世纪 70 年代末，由于被控对象、环境、控制任务的复杂性，控制理论在非线性系统理论、离散事件系统理论、大系统理论、复杂系统理论和智能控制理论等方面均有不同程度的发展。尤其是从"仿人"概念出发的智能控制，在实际应用方面得到了很快的发展，它主要包括模糊控制、神经元网络控制和专家系统控制等。

需要指出的是，控制理论的应用和发展是与计算机技术的应用和发展紧密联系的，离开了计算机强大、高速的计算能力，就不可能实现生产的现代自动化。另外，使控制理论实用化的一个重要途径就是数学模拟（仿真）和计算机辅助设计（CAD）。

1.2 自动控制系统的基本原理和组成

1.2.1 自动控制系统的基本原理

自动控制系统是指离开人的直接干预，利用控制装置操纵受控对象，使受控对象的被控制量自动地按预定的规律运行的一套系统。

下面以温度控制系统为例来说明自动控制系统的基本原理。

图1-1所示为一个人工温度控制系统。根据工件加工的工艺要求，系统的控制任务是保持热处理炉内的温度恒定或按一定的要求变化。炉内的温度会受到环境温度和工件数量的影响，调节燃气阀门的开度，可以控制炉内温度的高低。采用人工操纵时，靠人眼观察温度仪，根据实际温度和要求温度的差值大小，通过大脑的思考，用手调节燃气阀门的开度来控制炉内温度，使炉温能按要求变化。

图1-2所示是一个温度自动控制系统。系统中，设定温度是通过调节给定电压 $u_g(t)$ 的值来调整，热电偶检测到的温度信号（热电动势）放大后作为反馈电压 $u_f(t)$ 送入比较器，比较器的输出 $\Delta u = u_g(t) - u_f(t)$ 反映了设定温度和实际温度的偏差，Δu 放大后控制电动机调节燃气阀门的开度就可控制炉内温度的高低。若实际温度低于给定温度，$\Delta u > 0$，它放大后控制电动机开大阀门，调高炉温；若实际温度高于给定温度，$\Delta u < 0$，使电动机反转关小阀门，调低炉温。只要 $\Delta u \neq 0$，系统就会进行自动调节，只有当实际温度与给定温度相等，即 $\Delta u = 0$、$u_d = 0$ 时，电动机才会停止转动，保持阀门的开度不变。

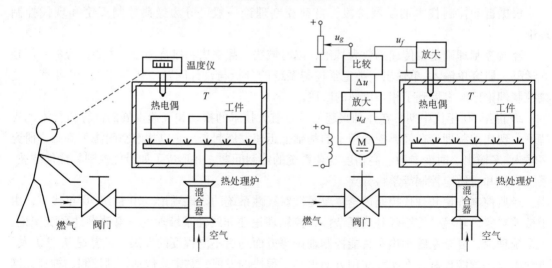

图1-1　人工温度控制系统　　　　　　　图1-2　温度自动控制系统

在温度自动控制系统中，反馈电压 $u_f(t)$ 相当于人眼观察到的实际温度值，比较、放大及驱动电动机代替了人们大脑的思考和手的作用，整个控制过程是在无人参与的情况下实现的。

可见，温度自动控制系统就是通过对温度信号的测量反馈，再由比较器产生的偏差信号

Δu 对系统产生控制作用，炉温未达到设定值时偏差信号 Δu≠0，电动机转动，控制调节阀门朝减小 Δu 的方向转动，而当炉温达到设定值时，偏差信号 Δu=0，控制作用消失，实现了温度的自动控

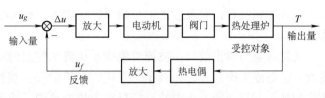

图 1-3　温度自动控制系统框图

制。图 1-3 给出了该系统各组成部分职能和各信号间关系的结构框图，其中 ⊗ 是比较器的符号。

1.2.2　自动控制系统的组成

根据具体功能和控制要求的不同，自动控制系统可以有不同的控制装置或不同的结构形式。但从工作原理来看，自动控制系统通常是由一些具有不同职能的基本部分构成。图 1-4 所示是一个典型的自动控制系统结构框图。

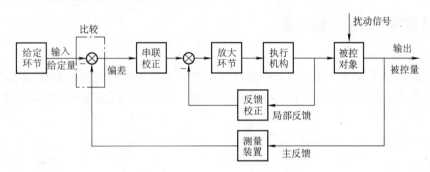

图 1-4　典型的自动控制系统框图

前向通道与反馈通道：从系统输入端到输出端之间的通道称为前向通道；从系统被控制量经测量装置到系统输入端之间的通道称反馈通道，反馈通道有主反馈通道和局部反馈通道。前向通道与反馈通道一起构成回路，因此有主反馈回路和局部反馈回路。

输入信号与给定环节：输入到系统中控制输出量变化的信号称为输入信号，输入信号又称给定量或给定输入，给定环节用来产生输入信号。如图 1-2 所示温度控制系统中由给定环节电位器产生的输入信号 u_g。

测量装置与反馈信号：用来测量被控制量并转换成与输入信号相同的物理量（通常是电压）的装置称为测量装置，测量装置的输出就是反馈信号。图 1-2 中的测量装置热电偶和热电动势放大器将被控制量温度转成了反馈信号 u_f。

比较装置与偏差信号：把输入信号与反馈信号相减的装置就是比较装置，其输出反映的是被控制量与要求值之间的偏差信号，如图 1-2 所示温度控制系统中的 Δu。

放大环节：用来放大偏差信号的幅值和功率，使之能够驱动执行机构调节被控对象，如功率放大器、液压伺服阀等。

执行机构：根据控制信号执行相应的控制功能，驱动被控对象使被控量按要求值变化。如驱动电动机、液压装置等。

校正装置：按照某种函数关系产生控制信号，用以改善系统控制性能的装置称为校正装

置，也称控制装置，它可以是一个简单的放大器，也可能是一个具有复杂控制规律的微型计算机。

被控对象与输出信号：被控对象即系统要求控制的对象，常指需要进行控制的工作机械装置、设备或生产过程，如汽车、飞机、加热炉等。被控对象的输出量为系统的输出信号，又称为被控制量。图 1-2 中的被控对象为热处理炉，输出信号是温度。

扰动信号：也称扰动输入，它是一种与控制作用相反、影响系统的输出使之偏离给定作用的信号。如温度自动控制系统中的工件数量、环境温度及燃气压力等的变化量都属于扰动信号。

1.3　自动控制系统的分类

自动控制系统的种类很多，它们的结构、性能以及要完成的控制任务都不相同，因此从不同的角度出发，所划分的类型也不同。下面介绍几种常见的分类方法。

1.3.1　按控制系统的结构分类

1. 开环控制系统

若系统的输出端和输入端之间不存在反馈回路，输出量对系统的控制作用不产生影响，则称这类系统为开环控制系统。图 1-5 所示的直流电动机开环调速系统，就是开环控制系统的一例。

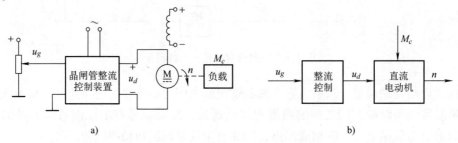

图 1-5　直流电动机开环调速系统
a) 原理图　b) 框图

系统中的电动机是被控对象，电压 u_g 是给定输入信号，电动机的转速 n 为系统的输出量。由于电动机的励磁电压恒定，调整给定电压就可改变晶闸管整流控制装置的输出 u_d，从而控制电动机的转速。系统中只有给定电压对电动机转速的控制，没有信号的反馈。

开环控制系统的特点是：

1）系统的作用信号由输入端到输出端单方向传输，没有反馈通道，因此不管是负载变化，还是电网电压波动等扰动引起的输出偏离，系统都不具有修正能力，抗扰能力差。

2）对系统的每一个输入，总有一个与之对应的输出。

3）控制精度取决于系统部件和元器件参数的精度与稳定性，若要获得高质量的输出，必须选用高质量的元件。

2. 闭环控制系统

闭环控制系统也称为反馈控制系统。闭环控制系统中不但有从输入端到输出端的信号，还有将输出信号经测量元件送到输入端的反馈信号。图 1-2 所示的温度自动控制系统，就是一个闭环控制系统。

图 1-6 所示为直流电动机闭环调速系统。与图 1-5 所示的直流电动机开环调速系统相比较，电动机同样是被控对象、电压 u_g 为给定输入信号、电动机的转速 n 为系统的输出量，系统另增加了测速发电机以及分压电位器，将输出转速 n 转换成电压 u_f 反馈至输入端，通过比较产生差值 Δu 并形成闭合回路。系统用差值 $\Delta u = u_g - u_f$ 来产生控制作用，即输出量参与了控制，经过系统的自动调整来减小甚至消除 Δu，以维持转速不变。

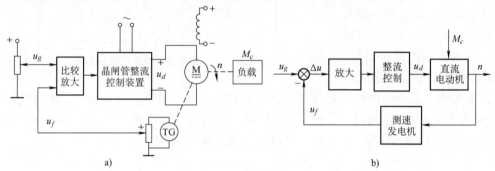

图 1-6 直流电动机闭环调速系统
a）原理图 b）框图

闭环控制系统的特点是：

1）闭环控制的实质就是负反馈控制。在闭环控制系统中，负反馈控制使系统具有自动修正被控制量偏离给定值（或期望值）的能力，较好地实现了自动控制的功能。

2）闭环控制有较强的抗干扰能力。引入负反馈后，不论是输入信号的变化，或是作用在被反馈包围的前向通道各环节上的扰动，或是系统内部参数变化，引起的被控制量偏离都会通过负反馈形成偏差，从而产生相应的控制作用去减小或消除这些偏差，提高系统的控制精度。

3）闭环控制的结构和控制性能相对复杂，采用负反馈装置，需要添加元部件，增加了系统的成本或复杂性，如果结构或参数选取不当，系统的控制过程可能变得很差，甚至产生振荡或不稳定。

闭环控制在自动控制中得到了广泛的应用，自动控制原理所研究的系统主要是闭环控制系统。

另外，还有将闭环控制与开环控制（补偿控制）相结合的控制，称为复合控制。

1.3.2 按系统输出信号的变化规律分类

1. 恒值系统

若要求系统的输出保持恒值，而系统的控制任务就是克服扰动，使输出量保持恒值，此类系统称为恒值系统。图 1-6 所示的直流电动机闭环调速系统就是一个恒值系统。此外，工业过程中的压力、流量、液位等控制和日常生活中空调、冰箱的温度控制均为恒值系统。

恒值控制系统主要研究如何克服各种扰动对系统输出的影响。

2. 随动系统

若要求系统的输出信号能跟随一个未知的、随时间任意改变的输入信号变化，此类系统称为随动系统，如火炮自动跟踪系统和轮舵位置控制系统等。

图 1-7 所示为一个控制火炮发射架方位的随动系统，其结构框图如图 1-8 所示。

该系统用两个并联后接在同一电源上的电位器作为方位角检测元件，它们的滑臂分别与输入轴和输出轴连接，将系统的输入、输出方位角信号转换成与之成比例的电压信号。当指挥仪根据雷达监控情况调

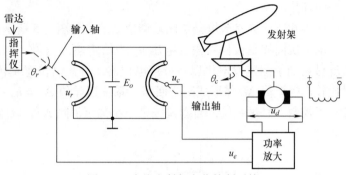

图 1-7　火炮发射架方位控制系统

整输入角 θ_r 时，若与输出转角 θ_c 不相等，对应的电压也不相等，即 $u_r \neq u_c$，比较后的偏差值 u_e 经功率放大驱动电动机，控制发射架转动一个角度，直至 $\theta_r = \theta_c$，$u_r = u_c$，$u_e = 0$，电动机停止转动。发射架停留在要求的方位角上，输出轴跟随输入轴运动。

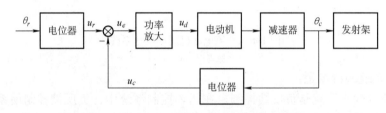

图 1-8　火炮发射架方位控制系统结构框图

随动系统也是根据反馈控制原理进行控制的，它要解决的问题是被控制量如何快速、准确地跟踪输入。

3. 程序控制系统

若要求系统的输出按照预先确定的规律变化，此类系统称为程序控制系统，又叫过程控制系统。例如，热处理炉温度控制系统中的升温、保温、降温控制，都是按工艺要求设定的规律进行控制的。又如，机械加工中的数控机床、加工中心及一些自动化生产线等均是程序控制系统的典型例子。

1.3.3　按系统传输信号的特性分类

1. 线性系统

若构成系统的全部元器件都是线性元件，系统的运动过程可用一个或一组线性微分方程（或差分方程）来描述，则称为线性系统。当微分方程的系数都是常数时，称为线性定常系统；当微分方程的系数是时间的函数时，称为线性时变系统。

线性系统的主要特点是具有齐次性和叠加性。

2. 非线性系统

若构成系统的元件中有一个或多个是非线性的，则称此系统为非线性系统。这类系统的运动过程需用非线性微分方程（或差分方程）来描述，典型的非线性特性有饱和限幅特性、死区特性和继电特性等。

非线性系统不具有叠加性。非线性系统的响应既与输入信号有关，也与初始条件有关，这些都大大增加了系统分析与设计的复杂性。严格地说，自然界中绝大部分物理系统的特性都是非线性的，但为了研究问题的方便，对于非线性程度不很严重的系统，可近似为线性系统来分析。

1.3.4　按系统传输信号的时间性质分类

1. 连续系统

若系统各部分的信号都是时间的连续函数，即信号的大小都是可以任意取值的模拟量，则称为连续系统。如前面讨论过的温度、转速和方位控制系统等都是连续系统。

2. 离散系统

若系统中有一处或多处信号为时间的离散函数，如脉冲或数字信号等，则称为离散系统。图 1-9 所示的计算机控制系统就属于离散系统。

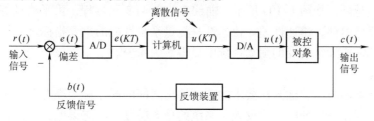

图 1-9　计算机控制系统

1.4　对自动控制系统性能的基本要求

自动控制系统在控制过程中不可避免地存在着过渡过程，所以自动控制系统的性能不仅取决于稳态时的控制精度，还取决于暂态过程的控制状况。因此，对自动控制系统性能的基本要求，主要包括稳定性、暂态性能和稳态性能 3 个方面。

1. 稳定性

稳定性是指系统重新恢复平衡工作的能力。当系统的输入量改变或受任何干扰作用时，经过一段时间的控制过程后，其被控量可以达到某一稳定状态，则称系统是稳定的，否则称为不稳定。稳定性是系统能够正常工作的首要条件，它是系统的固有特性，由系统的结构和参数决定，与外部输入信号无关。

不同的控制系统在阶跃给定信号作用下的响应也不相同。图 1-10a 所示为稳定系统在阶跃给定信号作用下的响应情况。图 1-10b 所示为不稳定系统在阶跃给定信号作用下的响应情况，曲线 1 为等幅振荡现象，曲线 2 呈发散振荡现象，最终系统不能达到平衡，无法正常工作。

2. 暂态性能

暂态性能是指输入作用改变后系统重新达到平衡状态前的特性。对于一个稳定系统，暂态过程响应的平稳性（相对稳定性）和快速性都是非常重要的。

如果平稳性差，即动态过程振荡激烈，不但会使控制质量下降，而且会导致系统中的元件和设备损坏。如图 1-10a 所示中，曲线 2 较曲线 1 有更好的平稳性。

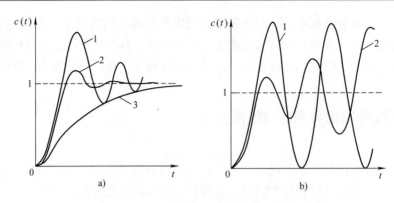

图 1-10 控制系统在阶跃信号作用下的响应

a) 稳定系统的响应情况 b) 不稳定系统的响应情况

快速性是由动态过程的时间长短来表征的。动态过程也称为过渡过程，过渡过程时间越短，表明快速性越好。如图 1-10a 所示，曲线 3 为单调变化过程，虽平稳性好，但比曲线 2 响应时间长，反应迟钝，快速性差。快速性是衡量系统性能的重要指标之一，它在现代军事设备及工作状态需要经常改变的随动系统中显得更为重要。

3. 稳态性能

系统的稳态输出与给定输入所要求的期望输出之间的误差称为稳态误差。控制系统的稳态性能是由稳态误差来表征的，它反映了系统的稳态精度。稳态误差越小，表示系统的输出跟随输入的精度越高，准确性越好。

对于温度、压力和速度等恒值控制系统，由于系统一般工作在稳态，稳态精度会直接影响产品的质量，所以准确性是这类控制系统最重要的性能指标之一。

怎样根据工作任务的不同，分析和设计自动控制系统，使其对 3 个方面的性能有所侧重并兼顾其他，以全面满足要求，这正是本课程所要研究的内容。

小 结

自动控制理论是研究自动控制系统组成、分析和设计的基础理论，一般可分为经典控制理论和现代控制理论两大部分。本书主要介绍经典控制理论，也就是自动控制原理。

自动控制是指离开人的直接干预，利用控制装置操纵受控对象，使被控量自动地按预定规律运行。

可根据需要将自动控制系统按照系统的结构、输出信号的变化规律、传输信号的特性和时间性质进行分类。

自动控制系统有开环控制和闭环控制两种结构。自动控制原理中主要讨论闭环控制系统的分析与设计，其主要特点是抗干扰能力强，控制精度高，但存在结构和控制相对复杂的问题。

对自动控制系统性能的基本要求主要包括稳定性、暂态性能和稳态性能 3 个方面，而这些性能往往是相互矛盾的，因此需要根据不同的工作任务来分析和设计自动控制系统，使其在满足主要性能要求的同时，兼顾其他性能。

习　题

1-1　什么是反馈？什么是正反馈和负反馈？为消除系统误差，为什么自动控制系统中的反馈控制必须是负反馈？

1-2　试从日常生活的家用电器中列举几个开环控制和闭环控制的例子，并画出其结构框图，说明其工作原理。

1-3　直流发电机端电压控制系统如图 1-11 所示。图中的 U 是发电机的端电压，U_0 是非常稳定的电源电压，且等于发电机端电压的设定值。由于负载变化及其他扰动的影响，发电机端电压会随时波动。试分析发电机端电压控制系统的工作原理，并画出系统框图。

1-4　炉温控制系统如图 1-12 所示，要求：

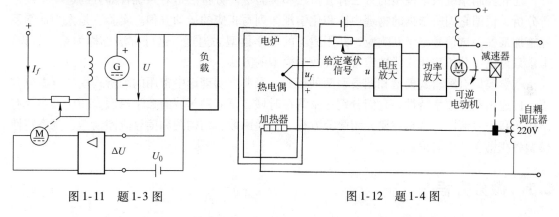

图 1-11　题 1-3 图　　　　　　　　　　　　　图 1-12　题 1-4 图

（1）指出系统输出量、给定输入量、扰动输入量、被控对象和控制装置的各组成部分，并画出系统框图。

（2）说明该系统是怎样消除或减少偏差的。

1-5　图 1-13 所示为水位控制系统，要求：

（1）画出系统的原理框图，指出系统的输出量和输入量（包括给定输入量和扰动输入量）。

（2）分析工作原理。

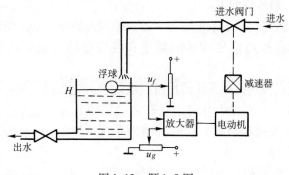

图 1-13　题 1-5 图

第 2 章 控制系统的数学模型

如前所述，自动控制系统是由控制对象、执行机构、检测装置和控制装置等组成的。为了研究自动控制系统的运动特性，对系统进行定量分析，进而探讨改善系统性能的具体方法，首先必须建立控制系统的数学模型。

描述控制系统在动态过程中输入、输出及各变量之间关系的数学表达式，称为系统的数学模型。

建立控制系统数学模型的方法有分析法和实验法。分析法是对系统各部分的运动机理进行分析，根据它们所依据的物理规律和化学规律列写相应的运动方程。实验法是人为地给系统施加某种测试信号记录其响应，并用适当的数学模型去逼近，这种方法也称为系统辨识。本章只讨论用分析法建立线性定常系统数学模型的方法。

数学模型有解析式模型和图模型两种形式。经典控制理论中常用的解析式模型有微分方程、传递函数和频率特性，它们分别是系统在时域、复域和频域的数学模型。图模型主要有结构图和信号流图。本章主要介绍微分方程、传递函数、结构图和信号流图模型，频率特性模型将在第 5 章中讨论。

2.1 微分方程

2.1.1 微分方程的建立

微分方程是描述自动控制系统动态特性的最基本的数学模型。一个完整的控制系统通常由若干元器件或环节组成，系统可以是由一个环节组成的小系统，也可以是由多个环节构成的大系统。

列写微分方程的一般步骤如下：

1）根据实际工作情况，确定系统或各元器件的输入变量和输出变量。

2）从输入端开始，按照信号传递的顺序和各变量所遵循的物理规律，列出微分方程组。

3）消去中间变量，得到描述系统输出量与输入量（包括扰动量）关系的微分方程。

4）标准化，即将微分方程中与输出量有关的项写在方程的左端，与输入量有关的项写在方程的右端，方程两端变量的导数项均按降幂排列。

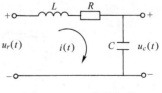

图 2-1　RLC 串联电路

例 2-1　求图 2-1 所示 RLC 串联电路的微分方程。其中，$u_r(t)$ 为输入量，$u_c(t)$ 为输出量。

解　设回路电流为 $i(t)$，根据基尔霍夫定律有

$$L \frac{\mathrm{d}i(t)}{\mathrm{d}t} + Ri(t) + u_c(t) = u_r(t)$$

$$u_c(t) = \frac{1}{C}\int i(t)\,\mathrm{d}t$$

消去中间变量 $i(t)$，得

$$LC\frac{\mathrm{d}^2 u_c(t)}{\mathrm{d}t^2} + RC\frac{\mathrm{d}u_c(t)}{\mathrm{d}t} + u_c(t) = u_r(t) \tag{2-1}$$

令 $T_l = \dfrac{L}{R}$，$T_c = RC$ 均为时间常数，可将式（2-1）改写成

$$T_l T_c \frac{\mathrm{d}^2 u_c(t)}{\mathrm{d}t^2} + T_c\frac{\mathrm{d}u_c(t)}{\mathrm{d}t} + u_c(t) = u_r(t) \tag{2-2}$$

可见，RLC 串联电路的数学模型是一个二阶常系数线性微分方程。

例 2-2　试求图 2-2 所示弹簧-质量-阻尼器机械位移系统的微分方程。设外作用力 F 为输入量，位移 $x(t)$ 为输出量。

解　在外力 F 的作用下，质量为 m 的物体还受到两个力的作用：弹簧的恢复力 $kx(t)$，方向与 $x(t)$ 相反；阻尼器的阻尼力 $f\dfrac{\mathrm{d}x(t)}{\mathrm{d}t}$，方向与 $x(t)$ 相反。

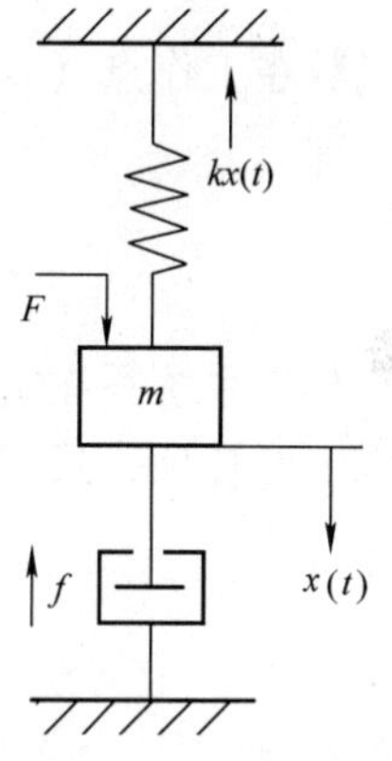

根据牛顿第二定律，有

$$m\frac{\mathrm{d}^2 x(t)}{\mathrm{d}t^2} = \sum F = F - kx(t) - f\frac{\mathrm{d}x(t)}{\mathrm{d}t}$$

上式可整理为

$$m\frac{\mathrm{d}^2 x(t)}{\mathrm{d}t^2} + f\frac{\mathrm{d}x(t)}{\mathrm{d}t} + kx(t) = F \tag{2-3}$$

图 2-2　弹簧-质量-阻尼器机械位移系统

式中，k 为弹簧的弹性系数；f 为阻尼器的黏性摩擦系数。

可见，弹簧-质量-阻尼器机械位移系统的数学模型也是一个二阶常系数线性微分方程。比较例 2-1 和例 2-2 可看出，不同类型的元件或系统可以有相同的微分方程，这种相似性为控制系统的计算机数字仿真提供了基础。

由以上举例可见，微分方程是由系统的结构、元件、参数及其基本运动规律所决定的，它描述了系统的基本特性。

一般线性系统的微分方程具有如下形式：

$$a_n\frac{\mathrm{d}^n c(t)}{\mathrm{d}t^n} + a_{n-1}\frac{\mathrm{d}^{n-1} c(t)}{\mathrm{d}t^{n-1}} + \cdots + a_1\frac{\mathrm{d}c(t)}{\mathrm{d}t} + a_0 c(t)$$

$$= b_m\frac{\mathrm{d}^m r(t)}{\mathrm{d}t^m} + b_{m-1}\frac{\mathrm{d}^{m-1} r(t)}{\mathrm{d}t^{m-1}} + \cdots + b_1\frac{\mathrm{d}r(t)}{\mathrm{d}t} + b_0 r(t) \tag{2-4}$$

式中，$c(t)$ 为系统的输出；$r(t)$ 为系统的输入；a_n，$\cdots$，a_0 及 b_m，$\cdots$，b_0 为常系数；m、n 为输入量、输出量导数的最高阶次。

2.1.2　非线性微分方程的线性化

实际物理系统都具有程度不同的非线性特性，理想的线性系统是不存在的。由于非线性系统的求解和分析都很困难，因此在不影响对系统本质描述的前提下，通常对那些符合线性化条件的非线性方程进行线性化处理。

　　若所研究的系统只是在某一工作点附近很小的邻域内运动，工程上常用该工作点的切线方程来近似表示其附近的非线性特性。例如，图 2-3 给出的直流发电机的发电特性曲线，若发电机工作在曲线上的 A 点，对应的励磁电流和输出电动势分别为 i_0 和 e_0，当励磁电流变化时输出电动势将沿着曲线呈非线性关系变化。但当励磁电流只在工作点 A 附近变化时，就可以近似认为 e 沿着 A 点上的切线（直线）变化，这就是将非线性特性线性化的方法，也称为小偏差法。

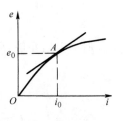

图 2-3　直流发电机的发电特性曲线

　　这种线性化方法的数学描述如下：

　　对于自变量为 x，变量为 y 的非线性系统，可用如下的非线性函数表示：

$$y = f(x) \tag{2-5}$$

若函数在工作点 (x_0, y_0) 区间内连续可微，则可将 $y = f(x)$ 在 (x_0, y_0) 点展开成泰勒级数，即

$$y = f(x_0) + \frac{\mathrm{d}f}{\mathrm{d}x}\bigg|_{x=x_0} (x - x_0) + \frac{1}{2!}\frac{\mathrm{d}^2 f}{\mathrm{d}x^2}\bigg|_{x=x_0} (x - x_0)^2 + \cdots \tag{2-6}$$

　　如果系统只在 x_0 附近很小的邻域内运动，即 $(x - x_0)$ 很小，则可以忽略式（2-6）中二次以上的各项，式(2-6)可近似为

$$y \approx f(x_0) + \frac{\mathrm{d}f}{\mathrm{d}x}\bigg|_{x=x_0} (x - x_0) \tag{2-7}$$

或

$$y - y_0 = \frac{\mathrm{d}f}{\mathrm{d}x}\bigg|_{x=x_0} (x - x_0) \tag{2-8}$$

若用增量 $\Delta y = y - y_0$，$\Delta x = x - x_0$ 表示，则可得线性化增量方程

$$\Delta y = K\Delta x \tag{2-9}$$

式中，$K = \dfrac{\mathrm{d}f}{\mathrm{d}x}\bigg|_{x=x_0}$ 为曲线 $y = f(x)$ 在工作点 (x_0, y_0) 上的斜率。

　　所以，$y = f(x)$ 的非线性特性就可由线性化后的增量方程式(2-9)来表示。

　　例 2-3　图 2-4 所示水箱为液位系统中常见的被控对象。图中，q_1 为在稳态流量 $\overline{Q}$ 基础上的进水增量；h 为在稳态水位 $\overline{H}$ 基础上的水位增量；q_2 为在稳态流量 $\overline{Q}$ 基础上的出水增量；R 表示流阻。如果通过负载阀节流孔的液流为紊流时，其出水量 Q_2 与水位高度 H 的二次方根成正比，为非线性关

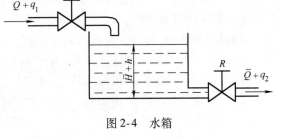

图 2-4　水箱

系。试列写水箱以 q_1 为输入量，以 h 为输出量的线性化微分方程。

　　解　设 C 为水箱的底面积，即水位升高 1m 所需的进水总量。根据流体连续性原理，$\mathrm{d}t$ 时间水箱内的流体增加（或减少）$C\mathrm{d}h$，应与进（或出）水总量 $(Q_1 - Q_2)\mathrm{d}t = (q_1 - q_2)\mathrm{d}t$ 相等，即

$$C\mathrm{d}h = (q_1 - q_2)\mathrm{d}t \tag{2-10}$$

通过节流孔的液流为紊流时，其出水量 Q_2 与水位高度 H 的二次方根成正比，则

$$Q_2 = K\sqrt{H} \tag{2-11}$$

式中，K 为比例系数。

显然，式（2-11）为非线性关系，将 Q_2 在工作点 $(\overline{Q}, \overline{H})$ 附近展开，取一次项得

$$Q_2 = \overline{Q} + \frac{dQ_2}{dH}\bigg|_{H=\overline{H}}(H - \overline{H}) \tag{2-12}$$

$$Q_2 - \overline{Q} = \frac{K}{2\sqrt{H}}(H - \overline{H})$$

即得线性化关系为

$$q_2 = \frac{K}{2\sqrt{H}}\, h = \frac{h}{R} \tag{2-13}$$

式中，$R = \dfrac{2\sqrt{H}}{K}$ 为流阻。

将式（2-13）代入式（2-10），可求得水箱的线性化微分方程为

$$RC\frac{dh}{dt} + h = Rq_1 \tag{2-14}$$

在研究非线性方程的线性化时要注意以下几点：

1）本节介绍的线性化方法只适用于不太严重的非线性系统，其非线性函数要满足连续可微的条件。

2）线性化方程中的参数 K 与系统的静态工作点有关，工作点不同时，相应的参数也不相同。

3）当变量变化范围较大时，用这种方法建立数学模型引起的误差也较大。因此，只有当变量变化较小时才能使用。

4）对于严重的非线性，如继电特性等本质非线性，因不满足泰勒级数展开条件，故不能做线性化处理，必须用第 7 章的非线性方法进行分析。

2.1.3　线性定常微分方程的求解

在工程中，求解微分方程常采用拉普拉斯变换法，其步骤如下：

1）对方程两边求拉普拉斯变换。

2）将给定的初始条件代入方程。

3）写出输出量的拉普拉斯变换。

4）用拉普拉斯反变换求出系统输出的时间解。

例 2-4　在例 2-1 的 RLC 串联电路中，若已知 $L = 1\text{H}$、$C = 1\text{F}$、$R = 1\Omega$，电源电压 $u_r(t) = 1\text{V}$，初始条件为 $u_c(0) = \dot{u}_c(0) = 0\text{V}$，试求电路接通电源后，电容两端的电压 $u_c(t)$ 的变化规律。

解　在例 2-1 中已求得 RLC 串联电路的微分方程为

$$LC\frac{d^2u_c(t)}{dt^2} + RC\frac{du_c(t)}{dt} + u_c(t) = u_r(t)$$

电路突然接通电源，故 $u_r(t)$ 可视为阶跃输入量，即 $u_r(t) = 1(t)$。对方程两端进行拉普拉斯变换，得

$$LC\left[s^2 U_c(s) - su_c(0) - \dot{u}_c(0)\right] + RC\left[sU_c(s) - u_c(0)\right] + U_c(s) = \frac{1}{s}$$

当 $u_c(0) = 0$，$\dot{u}_c(0) = 0$ 时，有

$$U_c(s) = \frac{1}{LCs^2 + RCs + 1}\frac{1}{s}$$

代入已知数据，得

$$U_c(s) = \frac{1}{s^2 + s + 1}\frac{1}{s}$$

经拉普拉斯反变换，得

$$u_c(t) = 1 - 1.155\mathrm{e}^{-0.5t}\sin(0.866t + 60°) \quad (t \geq 0)$$

2.2　传递函数

线性常系数微分方程经过拉普拉斯变换，即可得到系统在复数域中的数学模型——传递函数。传递函数是经典控制理论中最常用和最重要的数学模型。

2.2.1　传递函数的基本概念

1. 定义

在零初始条件下，线性定常系统输出量的拉普拉斯变换与输入量的拉普拉斯变换之比，称为该系统的传递函数，通常用 $G(s)$ 或 $\Phi(s)$ 表示。

对式（2-4）两边在零初始条件下求拉普拉斯变换，有

$$(a_n s^n + a_{n-1}s^{n-1} + \cdots + a_1 s + a_0)C(s) = (b_m s^m + b_{m-1}s^{m-1} + \cdots + b_1 s + b_0)R(s) \quad (2\text{-}15)$$

由定义得系统的传递函数为

$$G(s) = \frac{C(s)}{R(s)} = \frac{b_m s^m + b_{m-1}s^{m-1} + b_{m-2}s^{m-2} + \cdots + b_0}{a_n s^n + a_{n-1}s^{n-1} + a_{n-2}s^{n-2} + \cdots + a_0} \quad (m \leq n) \qquad (2\text{-}16)$$

于是，可将系统输出量的拉普拉斯变换式写成

$$C(s) = G(s)R(s) \tag{2-17}$$

由式（2-17）可见，传递函数是一种用系统参数表示输出量与输入量之间关系的表达式。输入量 $R(s)$ 经传递函数 $G(s)$ 传递后，得到输出量 $C(s)$，这种具有传递函数 $G(s)$ 的线性系统可用图 2-5 所示的框图表示。

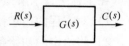

图 2-5　传递函数框图

2. 性质

传递函数具有以下性质：

1）传递函数是复变量 s 的有理真分式，其分母多项式的阶次 n 一般大于等于分子多项式的阶次 m，即 $n \geq m$。

2）传递函数只反映系统在零初始条件下的运动特性。

3）传递函数只取决于系统自身的结构和参数，与系统的输入量无关。

4）服从不同物理规律的系统可以有同样的传递函数，故它不能反映系统的物理结构和性质。

5）传递函数只描述系统的输入-输出特性，不能表征系统内部所有状态的特性。

6）传递函数的概念只适用于线性定常系统。

3. 传递函数的零、极点和时间常数形式

传递函数除了式（2-16）所示的有理真分式表达形式外，还常有零、极点和时间常数两种表达形式。

（1）零、极点表达式

将式（2-16）的分子、分母多项式在复数范围内进行因式分解后可表示为

$$G(s) = \frac{b_m(s-z_1)(s-z_2)\cdots(s-z_m)}{a_n(s-p_1)(s-p_2)\cdots(s-p_n)} = \frac{K_r \prod\limits_{i=1}^{m}(s-z_i)}{s^\nu \prod\limits_{j=1}^{n-\nu}(s-p_j)} \tag{2-18}$$

式中，$K_r = b_m/a_n$，称为系统的根轨迹放大系数或根轨迹增益；ν 为零值极点的个数；z_i $(i=1, 2, \cdots, m)$ 为传递函数的零点；p_j $(j=1, 2, \cdots, n-\nu)$ 为传递函数的非零极点。

这种用零、极点形式表示的传递函数在根轨迹法中使用较多，传递函数零点和极点可以是实数，也可以是复数，若为复数，必共轭成对出现。将零、极点标在复平面上，则得到传递函数的零、极点分布图，其中用"○"表示零点，用"×"表示极点。如传递函数

$$G(s) = \frac{K_r(s+1)(s+3)}{s(s+2)(s^2+2s+5)}$$

其零、极点分布图如图 2-6 所示。

（2）时间常数表达式

式（2-18）还可表示为

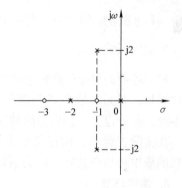

图 2-6　传递函数的零、极点分布图

$$G(s) = \frac{K(\tau_1 s+1)(\tau_2^2 s^2 + 2\zeta\tau_2 s + 1)\cdots(\tau_i s+1)}{s^\nu(T_1 s+1)(T_2^2 s^2 + 2\zeta T_2 s + 1)\cdots(T_j s+1)} \tag{2-19}$$

式中，K 为系统传递系数，通常称为放大系数或增益；τ_i、T_j 为分子、分母多项式因子的时间常数，一次因子对应于实数零、极点，二次因子对应于共轭复数零、极点。

各因子的时间常数和零点、极点的关系，以及 K 和 K_r 间的关系分别为

$$\tau_i = \frac{1}{-z_i} \qquad T_j = \frac{1}{-p_j} \qquad K = K_r \frac{\prod\limits_{i=1}^{m}(-z_i)}{\prod\limits_{j=1}^{n-\nu}(-p_j)}$$

2.2.2　典型环节及其传递函数

自动控制系统是由若干元件组成的，这些元件的物理本质及作用原理可能互不相同。但从动态性能或数学模型来看，却可分成为数不多的基本环节，这就是典型环节。常用的典型环节有比例环节、积分环节、惯性环节、振荡环节和微分环节等，研究和掌握这些典型环节的特性有助于对控制系统进行分析和了解。

1. 比例环节

比例环节又称放大环节，其输出不失真、不延迟、成比例地复现输入信号的变化。

运动方程为
$$c(t) = Kr(t) \tag{2-20}$$

传递函数为
$$G(s) = \frac{C(s)}{R(s)} = K \tag{2-21}$$

式中，K 为环节的比例系数，也称为放大系数或增益。

实际系统中的电位器、测速发电机和无弹性形变的杠杆等输出与输入的关系都可认为是比例关系。

2. 积分环节

积分环节的输出与输入量的积分成正比。

运动方程为
$$c(t) = \frac{1}{T} \int r(t) \mathrm{d}t \quad 或 \quad T\frac{\mathrm{d}c(t)}{\mathrm{d}t} = r(t) \tag{2-22}$$

传递函数为
$$G(s) = \frac{C(s)}{R(s)} = \frac{1}{Ts} \tag{2-23}$$

式中，T 为积分时间常数，有一个零值极点。

单位阶跃响应为
$$c(t) = \frac{t}{T} \quad (t \geqslant 0) \tag{2-24}$$

积分环节的单位阶跃响应如图 2-7 所示。其输出随时间线性增长，时间常数 T 越小增长越快。当输入信号突然变为零时，积分停止，输出量维持原值不变，故有记忆功能。

在实际工程中，由运算放大器组成的积分器，以及电动机的输出转角和其转速的关系等都是常见的积分环节。

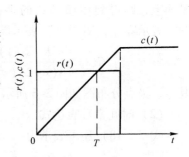

图 2-7　积分环节的阶跃响应

3. 惯性环节

惯性环节又称为非周期环节。

运动方程为
$$T\frac{\mathrm{d}c(t)}{\mathrm{d}t} + c(t) = r(t) \tag{2-25}$$

传递函数为
$$G(s) = \frac{C(s)}{R(s)} = \frac{1}{Ts + 1} \tag{2-26}$$

式中，T 为惯性环节的时间常数，有一个负实数极点 $-\dfrac{1}{T}$。

单位阶跃响应为
$$c(t) = 1 - \mathrm{e}^{-\frac{1}{T}t} \quad (t \geqslant 0) \tag{2-27}$$

即当输入信号由 0 突然变为 1 时，惯性环节的输出不能立即响应，而是按指数规律逐渐上升，如图 2-8 所示。

在实际工程中，惯性环节比较常见，如电路中的 RC 滤波网络，直流电动机中的励磁回路，以及忽略了电枢电感的直流电动机等都可视为惯性环节。

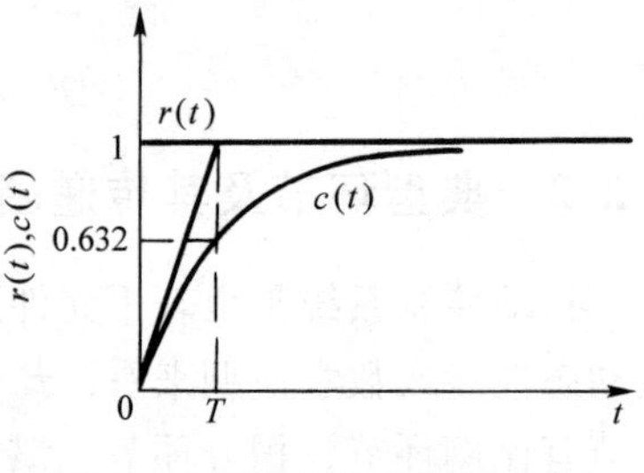

4. 振荡环节

振荡环节包含两个储能元件，在动态过程中，这两个储能元件的能量互相交换。

图 2-8　惯性环节的阶跃响应

运动方程为

$$T^2\frac{\mathrm{d}c^2(t)}{\mathrm{d}t^2}+2\zeta T\frac{\mathrm{d}c(t)}{\mathrm{d}t}+c(t)=r(t) \tag{2-28}$$

传递函数为

$$G(s)=\frac{C(s)}{R(s)}=\frac{1}{T^2s^2+2\zeta Ts+1} \tag{2-29}$$

或

$$G(s)=\frac{\omega_n^2}{s^2+2\zeta\omega_n s+\omega_n^2} \tag{2-30}$$

式中，T 为振荡环节的时间常数；ζ 为振荡环节的阻尼比，$0<\zeta<1$；$\omega_n=1/T$ 为振荡环节的自然振荡角频率。

振荡环节有一对实部为负的共轭复数极点：

$$s_{1,2}=-\zeta\omega_n\pm\mathrm{j}\omega_n\sqrt{1-\zeta^2}$$

单位阶跃响应为

$$c(t)=1-\frac{1}{\sqrt{1-\zeta^2}}\,\mathrm{e}^{-\zeta\omega_n t}\sin\left(\omega_n\sqrt{1-\zeta^2}t+\arctan\frac{\sqrt{1-\zeta^2}}{\zeta}\right)\quad(t\geqslant0) \tag{2-31}$$

响应曲线按指数规律衰减振荡，如图 2-9 所示。

在实际物理系统中，振荡环节比较常见。当满足参数条件 $0<\zeta<1$ 时，前述的 RLC 串联电路和机械位移系统等都是振荡环节。

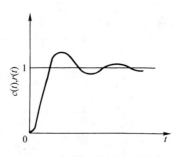

图 2-9　振荡环节的阶跃响应

5. 微分环节

微分环节的输出与输入信号的微分（即变化率）有关。控制系统中有 3 种常用的微分环节：理想微分环节、一阶微分环节和二阶微分环节。

它们的运动方程为

$$c(t)=\tau\frac{\mathrm{d}r(t)}{\mathrm{d}t} \tag{2-32}$$

$$c(t)=\tau\frac{\mathrm{d}r(t)}{\mathrm{d}t}+r(t) \tag{2-33}$$

$$c(t)=\tau^2\frac{\mathrm{d}^2r(t)}{\mathrm{d}t^2}+2\zeta\tau\frac{\mathrm{d}r(t)}{\mathrm{d}t}+r(t)\quad(0<\zeta<1) \tag{2-34}$$

相应的传递函数为

$$G(s)=\frac{C(s)}{R(s)}=\tau s \tag{2-35}$$

$$G(s)=\frac{C(s)}{R(s)}=\tau s+1 \tag{2-36}$$

$$G(s)=\frac{C(s)}{R(s)}=\tau^2s^2+2\zeta\tau s+1\quad(0<\zeta<1) \tag{2-37}$$

式中，τ 为微分时间常数。

由式（2-35）~式（2-37）可见，微分环节的传递函数只有零点，没有极点。由于微分环节的输出量与输入量的变化率有关，它能预示输入信号的变化趋势，故有预报功能。一阶微分环节又称比例-微分环节，它的输出量中既含有与输入量成正比的量，又含有输入信号变化趋势的信息，因此在许多场合常被作为控制器使用。

理想微分环节在阶跃输入下，输出为

$$c(t) = \tau\delta(t)$$

它是一个理想的脉冲信号。

在一定条件下，测速发电机以转角为输入，电枢电压为输出时，可看作是一个理想微分环节的实例。实际上，由于惯性的存在，理想的微分环节很少独立存在，实际的微分环节可由图 2-10a 所示的 RC 电路得到，其传递函数为

$$G(s) = \frac{U_c(s)}{U_r(s)} = \frac{RCs}{RCs + 1} \tag{2-38}$$

当 $RC \ll 1$ 时 $G(s) \approx RCs$ \tag{2-39}

实际微分环节的单位阶跃响应为

$$c(t) = e^{-\frac{t}{\tau}} \quad (t \geqslant 0) \tag{2-40}$$

其单位阶跃响应曲线如图 2-10b 所示。

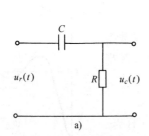 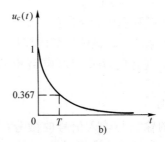

图 2-10 实际微分环节及其阶跃响应曲线
a）实际微分环节 b）阶跃响应

6. 延迟环节

延迟环节也称时滞环节、滞后环节。延迟环节的输出经一个延迟时间 τ 后，完全复现输入信号。

运动方程为 $c(t) = r(t - \tau)$ \tag{2-41}

传递函数为 $G(s) = \dfrac{C(s)}{R(s)} = e^{-\tau s}$ \tag{2-42}

式中，τ 为延迟时间。

延迟环节的阶跃响应曲线如图 2-11 所示，输出与输入波形相同，但延迟了时间 τ。当系统中有延迟环节时，可能使系统变得不稳定，且 τ 越大对系统的稳定越不利。

延迟环节也是线性环节，其传递函数是 s 的无理函数。为了分析计算方便，当 τ 较小时，可将延迟环节 $e^{-\tau s}$ 展开成泰勒级数，并略去高次项，得

$$G(s) = \frac{1}{e^{\tau s}} = \frac{1}{1 + \tau s + \frac{\tau^2}{2!}s^2 + \cdots} \approx \frac{1}{1 + \tau s} \tag{2-43}$$

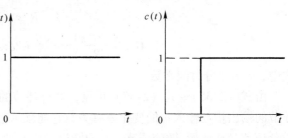

图 2-11 延迟环节的阶跃响应曲线

可见，延迟环节在一定条件下可近似为惯性环节。

在大多数过程控制中都包含有延迟环节，如在燃料或其他物质的传输中，从输入口至输出口有延迟时间（传送时间）等。又如，在晶闸管整流装置中，当晶闸管被触发导通后，门极便失去了控制作用，在这段时间内即使控制电压发生变化，也必须等到晶闸管阻断后再次触发导通，才能体现触发延迟角发生变化，引起整流输出电压的变化。这段失控时间，即为整流装置的延迟时间。

上述典型环节都是根据其数学模型的特征来区分的，它们和元件、装置或系统之间并不是一一对应的关系。一个复杂的装置可能包括多个典型环节，而一个简单的系统也可能就是一个典型环节。

2.2.3 传递函数的求取

通常可由实际系统求出微分方程组，然后对微分方程进行拉普拉斯变换、消去中间变量，求得传递函数。对于已经求得输入、输出微分方程式的系统，可直接对该方程进行拉普拉斯变换，求得传递函数。如式（2-2）所示 RLC 串联电路的微分方程，当初始条件为零时，对方程两端求拉普拉斯变换，可得传递函数为

$$\frac{U_c(s)}{U_r(s)} = \frac{1}{T_l T_c s^2 + T_c s + 1} \tag{2-44}$$

在求电路网络传递函数时，还可利用复阻抗的概念直接写出拉普拉斯变换关系的代数方程或方程组，求解出传递函数。电路系统中的电阻 R、电容 C 和电感 L 对应的复阻抗分别为 R、$1/(Cs)$ 和 Ls。

例 2-5 试求图 2-12 所示有源电路网络的传递函数。

解 运算放大器输入和输出电路的复阻抗 $Z_1(s)$ 和 $Z_2(s)$ 分别为

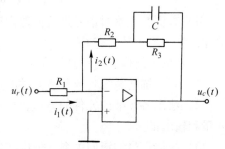

图 2-12 有源电路网络

$$Z_1(s) = R_1, \ Z_2(s) = R_2 + \frac{R_3 \dfrac{1}{Cs}}{R_3 + \dfrac{1}{Cs}} = \frac{R_2 R_3 Cs + R_2 + R_3}{R_3 Cs + 1}$$

由运算放大器电路"虚地"的概念，有 $i_1(t) = i_2(t)$，则

$$\frac{U_r(s)}{Z_1(s)} = -\frac{U_c(s)}{Z_2(s)}$$

所以，传递函数为

$$G(s) = \frac{U_c(s)}{U_r(s)} = -\frac{Z_2(s)}{Z_1(s)} = -\frac{\dfrac{R_2 R_3 Cs + R_2 + R_3}{R_3 Cs + 1}}{R_1} = -K\frac{\tau s + 1}{Ts + 1}$$

式中，$K = \dfrac{R_2 + R_3}{R_1}$；$\tau = \dfrac{R_2 R_3}{R_2 + R_3}C$；$T = R_3 C$。

2.3　结构图

2.3.1　结构图的基本概念

控制系统的结构图，也称框图，是控制系统原理图与数学方程相结合的图模型。结构图既补充了控制系统原理图所缺乏的定量描述，又避免了纯数学的抽象运算。利用结构图可以直观地了解控制系统中各环节间的关系及其在系统中所起的作用。

结构图包含 4 种基本单元。

1）信号线：带有箭头的直线，箭头表示信号的传递方向。在线上可以标出信号的时域或复域名称，如图 2-13a 所示。

2）引出点：又称分支点，表示将信号同时传向所需的各处。引出点可以表示信号的引出或被测量的位置，如图 2-13b 所示。

3）比较点：又称综合点或相加点，表示对两个以上的信号进行加减代数运算。" + "表示相加，" – "表示相减，" + "号可省略不写，如图 2-13c 所示。

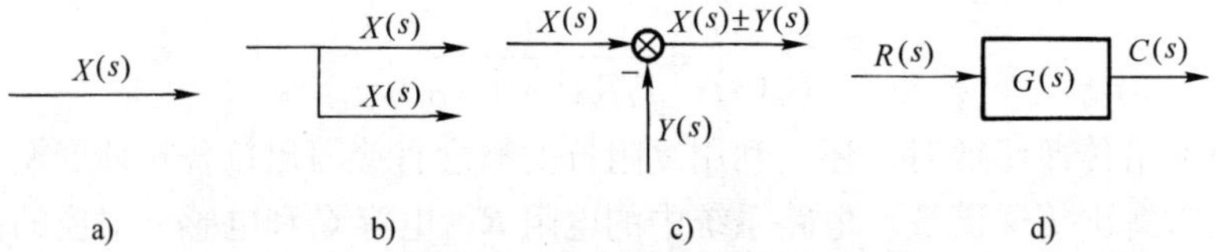

图 2-13　结构图基本单元

a）信号线　b）引出点　c）比较点　d）方框

4）方框：表示对信号进行的数学运算。方框中标明环节的传递函数 $G(s)$，这时，方框的输出量与输入量具有 $C(s) = G(s)R(s)$ 的关系，如图 2-13d 所示。

绘制系统结构图的一般步骤为：

1）列出描述系统各环节或元件的运动方程式，确定其传递函数。

2）绘出各环节或元件的方框，方框中标明其传递函数，并以箭头和字母符号表明其输入量和输出量。

3）根据信号的流向关系，依次将各方框连接起来，构成系统的结构图。

下面举例说明结构图的绘制方法。

例 2-6　绘制图 2-14 所示两级 RC 滤波网络的结构图。

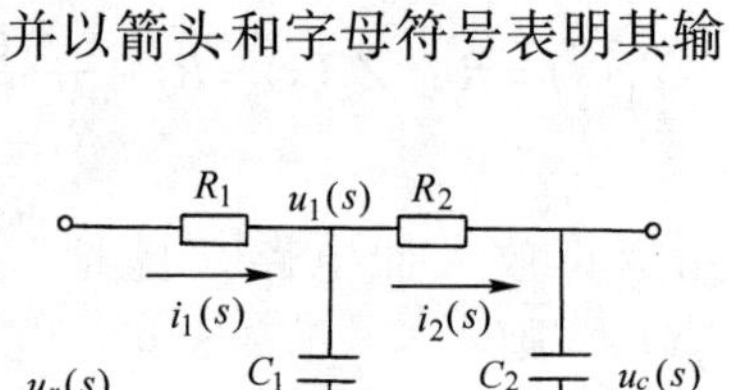

解　由基尔霍夫定律和复阻抗概念列写出电路的复域方程为

图 2-14　两级 RC 滤波网络

$$I_1(s) = \left[U_r(s) - U_1(s) \right] \frac{1}{R_1}$$

$$U_1(s) = \left[I_1(s) - I_2(s) \right] \frac{1}{C_1 s}$$

$$I_2(s) = \left[U_1(s) - U_c(s) \right] \frac{1}{R_2}$$

$$U_c(s) = I_2(s) \frac{1}{C_2 s}$$

根据上述方程可分别建立每个方程各变量间的传递方框，如图 2-15a ~ d 所示。按信号的传递关系连接各方框，得到两级 RC 滤波网络的结构图，如图 2-15e 所示。

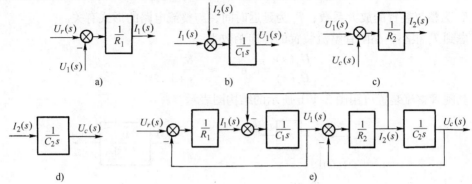

图 2-15 两级 RC 滤波网络的结构图

a）方框 1 b）方框 2 c）方框 3 d）方框 4 e）总结构图

例 2-7 试绘制图 2-16 所示转速负反馈调速系统的结构图。系统的输入量为给定电压 u_n^*，输出量为电动机转速 n。

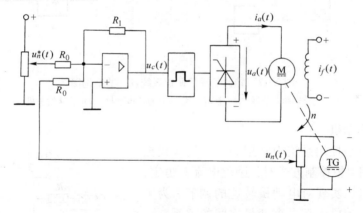

图 2-16 转速负反馈调速系统

解 系统由比较环节、转速调节器、晶闸管整流装置、直流电动机和测速发电机组成。

（1）比较环节和转速调节器

比较环节和转速调节器由运算放大器电路组成。由运算放大器的工作特性有

$$\frac{U_n^*(s)}{R_0} - \frac{U_n(s)}{R_0} = -\frac{U_c(s)}{R_1}$$

$$U_c(s) = -\frac{R_1}{R_0}[U_n^*(s) - U_n(s)] = K_c[U_n^*(s) - U_n(s)] \tag{2-45}$$

式中，$K_c = \dfrac{-R_1}{R_0}$ 为调节器的比例系数。

这里，负号表示运算放大器的输出与输入反相。在系统分析中，常表示为 $K_c = R_1/R_0$，反相关系只在具体电路的极性中考虑。按式（2-45）绘出的结构图如图 2-17a 所示。

（2）晶闸管整流装置

晶闸管整流装置包括触发电路和晶闸管主电路。考虑到晶闸管控制电路的时间延迟，其输入/输出方程为

$$u_a(t) = K_s u_c(t - T_s) \cdot 1(t - T_s)$$

式中，K_s 为整流装置的放大系数；T_s 为延迟时间，与整流电路的形式有关。

考虑到 T_s 很小，晶闸管整流装置的传递函数为

$$\frac{U_a(s)}{U_c(s)} = K_s e^{-T_s s} \approx \frac{K_s}{T_s s + 1} \tag{2-46}$$

所以，晶闸管整流装置可用图 2-17b 所示的结构图表示。

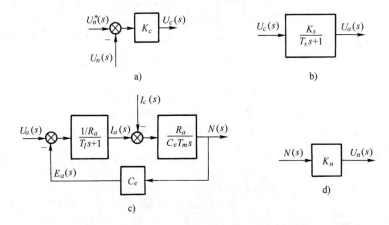

a) 　　　　　　　　　　　　　　　　　b)

c)　　　　　　　　　d)

图 2-17　转速负反馈调速系统各环节结构图

a) 比较器和调节器　b) 整流装置　c) 直流电动机　d) 测速发电机

（3）直流电动机

直流电动机是控制系统中常用的执行机构或控制对象，当采用电枢控制方式时，励磁电流 i_f 恒定，通过调节电枢电压实现对电动机转速的调节。为了更清楚地了解电动机内部多个变量之间的关系，一般在结构图中都会将它们表示出来。图 2-18 所示为电枢控制直流电动机的等效电路。

根据电动机运行过程的动态特性，列写出各方程并进行拉普拉斯变换。

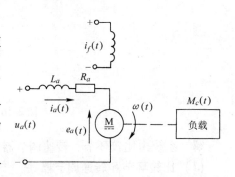

图 2-18　电枢控制直流电动机的等效电路

电动机电枢回路的电压平衡方程为

$$L_a \frac{\mathrm{d}i_a(t)}{\mathrm{d}t} + R_a i_a(t) = u_a(t) - e_a(t) \tag{2-47}$$

式中，L_a、R_a 分别为电枢绕组的电感和电阻。

取拉普拉斯变换，得

$$I_a(s) R_a \left(1 + \frac{L_a}{R_a} s\right) = U_a(s) - E_a(s)$$

$$\frac{I_a(s)}{U_a(s) - E_a(s)} = \frac{\dfrac{1}{R_a}}{T_l s + 1} \tag{2-48}$$

式中，$T_l = \dfrac{L_a}{R_a}$ 为电枢回路的电磁时间常数（s）。

转速用 $n(t)$ 表示时，电动机轴上的转矩平衡方程为（忽略黏性摩擦力矩）

$$\frac{GD^2}{375} \frac{\mathrm{d}n(t)}{\mathrm{d}t} = m(t) - m_c(t) \tag{2-49}$$

式中，GD^2 为电动机轴上的转动惯量（N·m²）；$m(t)$ 为电动机轴上产生的电磁转矩（N·m）；$m_c(t)$ 为负载转矩（N·m）。电动机的电磁转矩方程为

$$m(t) = C_m i_a(t) \tag{2-50}$$

式中，C_m 为电动机的转矩常数（V·m/A）。可以考虑负载转矩的相应电流为 $i_c(t)$，$m_c(t) = C_m i_c(t)$，则式（2-49）可表示为

$$\frac{GD^2}{375 C_m} \frac{\mathrm{d}n(t)}{\mathrm{d}t} = i_a(t) - i_c(t) \tag{2-51}$$

取拉普拉斯变换，得

$$\frac{GD^2}{375 C_m} s N(s) = \frac{C_e}{R_a} T_m s N(s) = I_a(s) - I_c(s)$$

$$\frac{N(s)}{I_a(s) - I_c(s)} = \frac{R_a}{C_e T_m s} \tag{2-52}$$

式中，$T_m = \dfrac{GD^2 R_a}{375 C_e C_m}$ 为机电时间常数（s）。

电动机的反电动势方程为

$$e_a(t) = C_e n(t)$$

则

$$E_a(s) = C_e N(s) \tag{2-53}$$

式中，C_e 为电动机的电动势常数（V·s/rad）。

按式（2-48）、式（2-52）和式（2-53）表示的信号传递关系，绘出他励直流电动机的结构图，如图 2-17c 所示。

（4）测速发电机

测速发电机为转速反馈环节，其传递函数为

$$U_n(s) = K_n N(s) \tag{2-54}$$

式中，K_n 为转速反馈系数。

测速发电机的结构如图 2-17d 所示。

从转速反馈比较点开始，将系统的输入量 U_n^* 置于最左端，系统的输出量 N 置于最右端，按照图 2-17 中的信号流向，把 4 个环节顺序连接起来，便得到转速负反馈调速系统的结构图，如图 2-19 所示。

2.3.2　结构图的等效变换及化简

在自动控制系统中，根据信号流向的相互关系及各环节的具体作用而建立的系统结构图

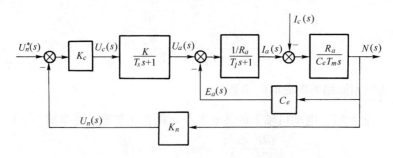

图 2-19　转速负反馈调速系统的结构图

可能含有多个反馈回路，甚至会出现复杂的交叉连接情况。为了对系统进行更进一步的研究和计算，需要利用一些基本规则，将复杂的结构图进行等效变换化简，求出系统总的传递函数。

为了确保结构图在变换前后传递函数不改变，应遵循的两条基本原则是：变换前后前向通道中传递函数的乘积应保持不变；变换前后各回路中传递函数的乘积应保持不变。

结构图的化简主要有基本连接的等效变换以及比较点和引出点的移动及互换。

1. 基本连接的等效变换

结构图的基本连接有 3 种：串联、并联和反馈。

（1）串联

相互间无负载效应的环节与环节首尾相连，即前一个环节的输出是后一个环节的输入，这种连接方式称为串联，如图 2-20a 所示。可见

$$C(s) = G_2(s)U(s) = G_1(s)G_2(s)R(s) = G(s)R(s)$$

等效传递函数为

$$G(s) = G_1(s)G_2(s) \tag{2-55}$$

串联连接的等效传递函数等于串联环节传递函数的乘积，如图2-20b所示。

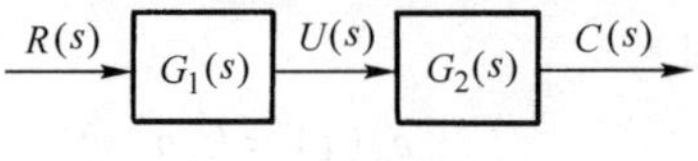

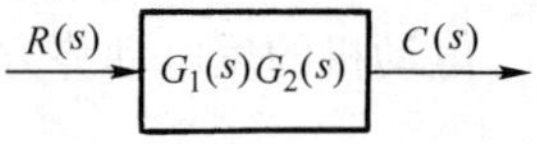

推而广之，若多个相互间无负载效应的环节串联时，其等效传递函数等于各串联环节传递函数的乘积。

图 2-20　串联
a）串联联结　b）串联的等效变换

（2）并联

两个或多个环节有相同的输入量，而输出量等于各环节输出量的代数和，这种连接方式称为并联，如图 2-21a 所示。由图 2-21a 可得

$$C(s) = C_1(s) \pm C_2(s) = [G_1(s) \pm G_2(s)]R(s) = G(s)R(s)$$

等效传递函数为

$$G(s) = G_1(s) \pm G_2(s) \tag{2-56}$$

并联连接的等效传递函数等于各并联环节传递函数的代数和，如图 2-21b 所示。

推而广之，若多个环节并联时，其等效传递函数等于各并联环节传递函数的代数和。

（3）反馈

图 2-22a 所示为反馈连接方式，图中 $G(s)$ 称为前向通道的传递函数，$H(s)$ 称为反馈通道的传递函数，"$-$"号表示负反馈。

按图 2-22a 中所示的信号传递关系，可得

$$C(s) = G(s)E(s) = G(s)[R(s) - B(s)] = G(s)R(s) - G(s)H(s)C(s)$$

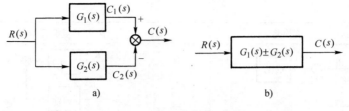

图 2-21　并联

a）并联连接　b）并联的等效变换

$$[1 + G(s)H(s)]C(s) = G(s)R(s)$$

故有
$$C(s) = \frac{G(s)}{1 + G(s)H(s)}R(s) \tag{2-57}$$

负反馈的等效变换如图 2-22b 所示。

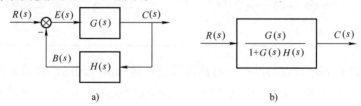

图 2-22　反馈

a）反馈连接　b）负反馈的等效变换

所以，负反馈连接的等效传递函数为

$$\varPhi(s) = \frac{C(s)}{R(s)} = \frac{G(s)}{1 + G(s)H(s)} \tag{2-58}$$

式中，$\varPhi(s)$ 称为闭环传递函数；$G(s)H(s)$ 称为开环传递函数，它可定义为反馈信号 $B(s)$ 与偏差信号 $E(s)$ 之比。若为正反馈，式（2-58）分母中对应的符号为 "－"。

若反馈通道的传递函数 $H(s) = 1$，则称为单位反馈系统。单位反馈系统的开环传递函数即为其前向通道的传递函数 $G(s)$。

2. 引出点和比较点的移动

对于较复杂的系统，可能存在上述 3 种基本连接相互交叉的情况，这就必须先移动某些比较点或引出点的位置，消除交叉连接后再作进一步的合并简化。

表 2-1 给出了引出点和比较点的移动变换规则，它们是根据变换前后输出量与输入量之间传递函数关系保持不变原则得出的。

表 2-1　引出点和比较点移动变换规则

变换	变换前	变换后
引出点后移	$R \rightarrow G(s) \rightarrow C$；$R$	$R \rightarrow G(s) \rightarrow C$；$\dfrac{1}{G(s)} \rightarrow R$
引出点前移	$R \rightarrow G(s) \rightarrow C$；$C$	$R \rightarrow G(s) \rightarrow C$；$G(s) \rightarrow C$

（续）

变换	变换前	变换后
比较点后移	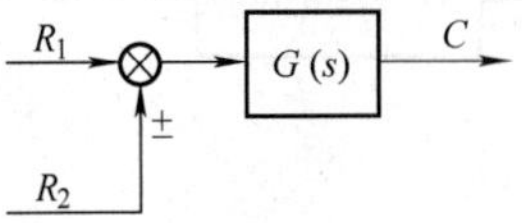	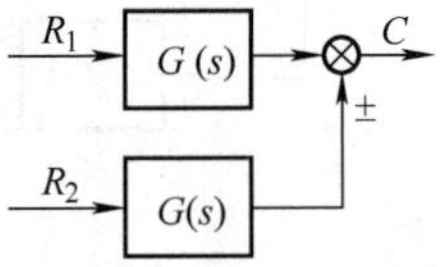
比较点前移	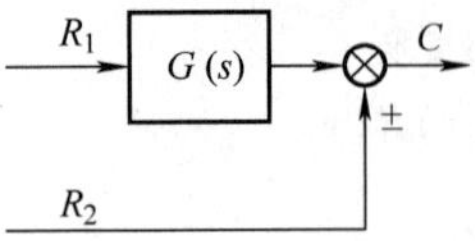	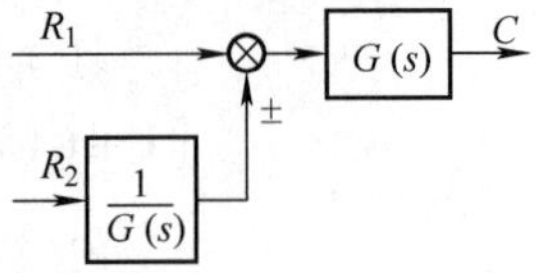
比较点换位	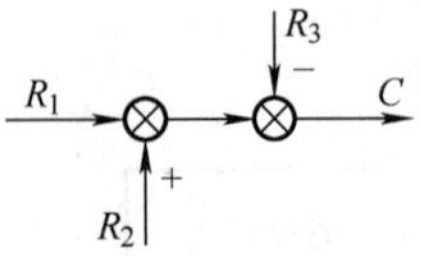	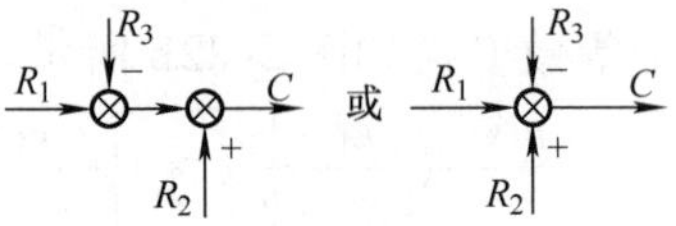

为了确保引出点和比较点移动前、后输出信号和输入信号间的函数关系不变，必须在移动引出点传递通道上增加一个环节，它们的传递函数分别是 $1/G(s)$（后移）和 $G(s)$（前移），而在移动比较点的通道上增加的传递函数分别是 $G(s)$（后移）和 $1/G(s)$（前移）。

当相邻的比较点之间不存在引出点时，它们的位置可以交换，也可以合并为一个比较点，不会影响总的输入输出关系。

但必须指出的是，引出点和比较点之间不能简单地直接移动。图 2-23 给出了两例引出点和比较点之间移动的等效变换方法，仅供参考。在理论上这种变换是可行的，但在实际应用中比较麻烦，容易出错，建议在结构图化简时尽量避免做这种变换。

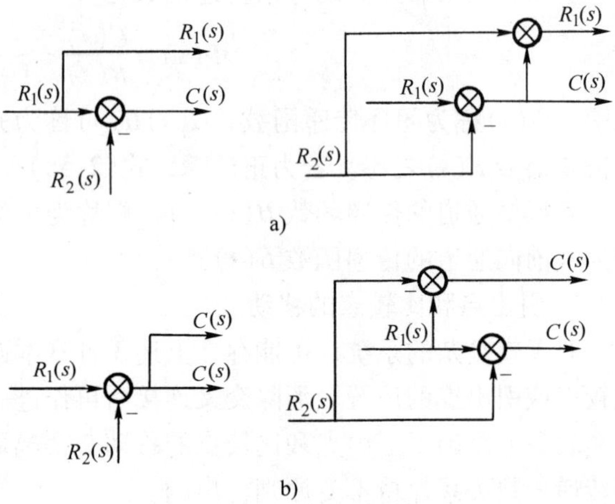

例 2-8　试利用结构图等效变换，求例 2-6 两级 RC 滤波网络的传递函数。

解　化简结构图的步骤如图 2-24 所示。

最后得系统的传递函数为

图 2-23　引出点和比较点之间的移动

$$\frac{U_c(s)}{U_r(s)} = \frac{1}{(R_1 C_1 s + 1)(R_2 C_2 s + 1) + R_1 C_2 s}$$

$$= \frac{1}{R_1 R_2 C_1 C_2 s^2 + (R_1 C_1 + R_2 C_2 + R_1 C_2)s + 1}$$

例 2-9　简化图 2-25 所示系统的结构图，并求系统传递函数 $\Phi(s) = \dfrac{C(s)}{R(s)}$。

解　按照图 2-26 所示的步骤，先通过引出点后移和比较点前移的方法解除交叉，再利用串联、并联及反馈等效合并的规则进行变换。一般采用从内回路到外回路逐步化简的方法，得系统的传递函数为

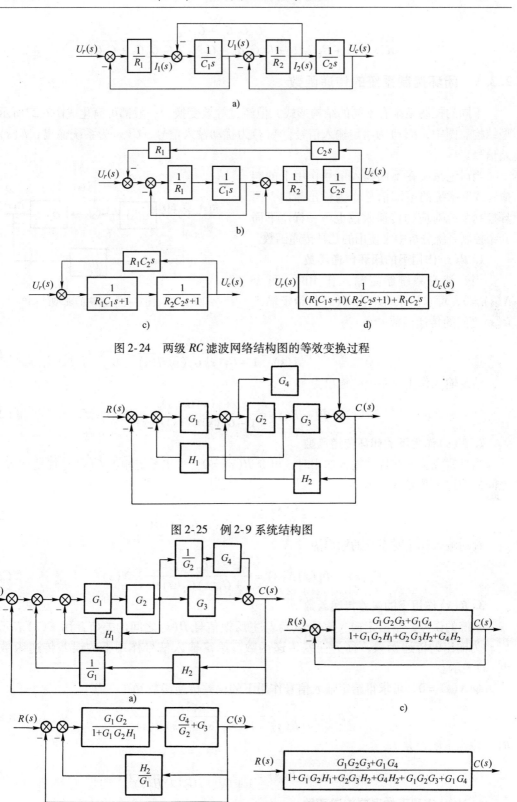

图 2-24　两级 RC 滤波网络结构图的等效变换过程

图 2-25　例 2-9 系统结构图

图 2-26　例 2-9 系统结构图的化简过程

$$\frac{C(s)}{R(s)} = \frac{G_1 G_2 G_3 + G_1 G_4}{1 + G_1 G_2 H_1 + G_2 G_3 H_2 + G_4 H_2 + G_1 G_2 G_3 + G_1 G_4}$$

2.3.3　闭环控制系统的传递函数

不同的控制系统有不同的结构形式，但经过等效变换，一般都可简化成图2-27所示的典型结构。图中，$R(s)$为给定输入信号，$N(s)$为扰动输入信号，$C(s)$为系统输出，$E(s)$为偏差信号。

当讨论系统在不同输入信号作用下的响应，或取系统的不同信号作为输出量时，闭环控制系统对应的传递函数也不一样。下面介绍控制系统分析中常使用的几种传递函数。

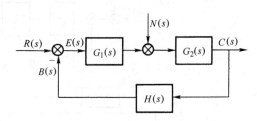

图 2-27　闭环控制系统的典型结构图

1. $R(s)$作用下的闭环传递函数

当只研究系统给定输入作用时，可令 $N(s) = 0$，可求出系统输出 $C(s)$ 与给定输入 $R(s)$ 之间的传递函数 $\Phi(s)$ 为

$$\Phi(s) = \frac{C(s)}{R(s)} = \frac{G_1(s) G_2(s)}{1 + G_1(s) G_2(s) H(s)} \tag{2-59}$$

给定输入作用时系统的输出为

$$C_r(s) = \Phi(s) R(s) = \frac{G_1(s) G_2(s)}{1 + G_1(s) G_2(s) H(s)} R(s) \tag{2-60}$$

2. $N(s)$作用下的闭环传递函数

当只研究系统在扰动输入作用时，可令 $R(s) = 0$，求出系统输出 $C(s)$ 与扰动输入 $N(s)$ 之间的传递函数 $\Phi_n(s)$ 为

$$\Phi_n(s) = \frac{C(s)}{N(s)} = \frac{G_2(s)}{1 + G_1(s) G_2(s) H(s)} \tag{2-61}$$

扰动输入作用时系统的输出为

$$C_n(s) = \Phi_n(s) N(s) = \frac{G_2(s)}{1 + G_1(s) G_2(s) H(s)} N(s) \tag{2-62}$$

3. $R(s)$作用下的误差传递函数

系统的误差是指给定输入信号 $R(s)$ 与主反馈信号 $B(s)$ 之间的差值，用 $E(s)$ 表示。以 $E(s)$ 为输出的传递函数，称为误差传递函数。给定输入信号作用下的误差传递函数可用 $\Phi_e(s)$ 表示。

令 $N(s) = 0$，可求得给定输入信号作用下的误差传递函数 $\Phi_e(s)$ 为

$$\Phi_e(s) = \frac{E(s)}{R(s)} = \frac{1}{1 + G_1(s) G_2(s) H(s)} \tag{2-63}$$

$R(s)$作用下的误差为

$$E_r(s) = \Phi_e(s) R(s) = \frac{1}{1 + G_1(s) G_2(s) H(s)} R(s) \tag{2-64}$$

4. $N(s)$作用下的误差传递函数

令 $R(s) = 0$，$E(s)$ 与 $N(s)$ 之比称为扰动作用下的误差传递函数，用 $\Phi_{en}(s)$ 表示。由图

2-27 得

$$E(s) = 0 - B(s) = -H(s)C(s)$$

$$\Phi_{en}(s) = \frac{E(s)}{N(s)} = -H(s)\frac{C(s)}{N(s)} = -\frac{G_2(s)H(s)}{1 + G_1(s)G_2(s)H(s)} \tag{2-65}$$

$N(s)$ 作用下的误差为

$$E_n(s) = \Phi_{en}(s)N(s) = -\frac{G_2(s)H(s)}{1 + G_1(s)G_2(s)H(s)}N(s) \tag{2-66}$$

根据线性系统的叠加原理，可求出给定输入和扰动输入同时作用下闭环控制系统的总输出 $C(s)$ 和总的误差 $E(s)$，即

$$C(s) = C_r(s) + C_n(s) = \frac{G_1(s)G_2(s)}{1 + G_k(s)}R(s) + \frac{G_2(s)}{1 + G_k(s)}N(s) \tag{2-67}$$

$$E(s) = E_r(s) + E_n(s) = \frac{1}{1 + G_k(s)}R(s) - \frac{G_2(s)H(s)}{1 + G_k(s)}N(s) \tag{2-68}$$

式中，$G_k(s) = G_1(s)G_2(s)H(s)$ 为系统的开环传递函数。

比较上述 4 种闭环传递函数 $\Phi(s)$、$\Phi_n(s)$、$\Phi_e(s)$ 和 $\Phi_{en}(s)$ 的表达式不难发现，它们都具有相同的分母多项式 $1 + G_k(s)$，即同一个结构系统的各传递函数均具有相同的极点。

例 2-10 求例 2-7 所示转速负反馈调速系统的闭环传递函数和误差传递函数。

解 在例 2-7 的图 2-19 中已绘制出转速负反馈调速系统的结构图。对图 2-19 进行等效变换和化简后，可得等效结构图如图2-28所示。

将图 2-28 与图 2-27 所示闭环控制系统的典型结构图进行比较，有

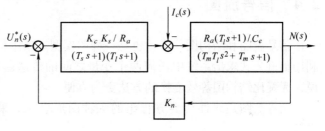

图 2-28 化简后的调速系统

$$G_1(s) = \frac{\dfrac{K_cK_s}{R_a}}{(T_ss+1)(T_ls+1)} \quad G_2(s) = \frac{R_a\dfrac{(T_ls+1)}{C_e}}{(T_mT_ls^2+T_ms+1)} \quad H(s) = K_n$$

则系统的开环传递函数为

$$G_k(s) = G_1(s)G_2(s)H(s) = \frac{\dfrac{K_cK_sK_n}{C_e}}{(T_ss+1)(T_mT_ls^2+T_ms+1)} \tag{2-69}$$

本系统的输入量为给定电压 $U_n^*(s)$，扰动输入信号为 $I_c(s)$，系统输出量为电动机转速 $N(s)$，偏差信号为 $E(s)$。分别求出不同信号作用下的传递函数为

给定信号 $U_n^*(s)$ 作用下的闭环传递函数

$$\frac{N(s)}{U_n^*(s)} = \frac{G_1(s)G_2(s)}{1 + G_k(s)} = \frac{\dfrac{K_cK_s}{C_e}}{(T_ss+1)(T_mT_ls^2+T_ms+1) + \dfrac{K_cK_sK_n}{C_e}} \tag{2-70}$$

扰动信号 $I_c(s)$ 作用下的闭环传递函数

$$\frac{N(s)}{-I_c(s)} = \frac{G_2(s)}{1 + G_k(s)} = \frac{\dfrac{R_a(T_s s + 1)(T_l s + 1)}{C_e}}{(T_s s + 1)(T_m T_l s^2 + T_m s + 1) + \dfrac{K_c K_s K_n}{C_e}} \tag{2-71}$$

给定信号 $U_n^*(s)$ 作用下的误差传递函数

$$\frac{E(s)}{U_n^*(s)} = \frac{1}{1 + G_k(s)} = \frac{(T_s s + 1)(T_m T_l s^2 + T_m s + 1)}{(T_s s + 1)(T_m T_l s^2 + T_m s + 1) + \dfrac{K_c K_s K_n}{C_e}} \tag{2-72}$$

扰动信号 $I_c(s)$ 作用下的误差传递函数

$$\frac{E(s)}{-I_c(s)} = -\frac{G_2(s)H(s)}{1 + G_k(s)}$$

$$\frac{E(s)}{I_c(s)} = \frac{\dfrac{R_a K_n(T_s s + 1)(T_l s + 1)}{C_e}}{(T_s s + 1)(T_m T_l s^2 + T_m s + 1) + \dfrac{K_c K_s K_n}{C_e}} \tag{2-73}$$

2.4 信号流图

信号流图和结构图一样，也是一种图模型。采用信号流图，可不必进行等效变换，直接利用梅逊公式求出系统中任何两个变量之间的传递函数。这对求取复杂系统的传递函数来说，无疑比结构图等效变换的方法更为方便。

信号流图是线性代数方程组的一种图形表示。采用信号流图可以直接对代数方程组求解。

设一组代数方程式为

$$x_1 = x_1$$
$$x_2 = ax_1 + ex_3$$
$$x_3 = dx_1 + bx_2 + fx_4$$
$$x_4 = cx_3 + gx_4$$

其信号流图如图 2-29 所示。

2.4.1 信号流图的符号及术语

1. 信号流图的符号

信号流图采用的基本图形符号有 3 种：

节点：用小圆圈"○"表示。表示系统中的一个变量（信号），如图 2-29 中的 x_n。

支路：连接两节点的定向线段。用"→"表示，其中箭头的方向表示信号的传递方向。

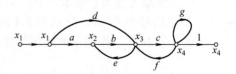

图 2-29 信号流图

增益：标注在支路旁，表示两个变量之间函数关系的符号。支路的增益也称为传输。增益可以是常数，也可以是复函数。当增益为 1 时，可以省略。

2. 信号流图的术语

信号流图中除有节点和支路外，还常用到下列术语：

输入节点：只有输出支路的节点叫做输入节点，它对应于输入信号，如图 2-29 中的 x_1。

输出节点：只有输入支路的节点叫做输出节点，它对应于输出信号，如图 2-29 中的 x_4。

混合节点：既有输入支路，又有输出支路的节点称为混合节点，如图 2-29 中的 x_2、x_3。

通道：凡从某一节点开始，沿支路的箭头方向穿过相连支路而终止在另一节点（或同一节点）的路径，称为通道。

前向通道：如从输入节点到输出节点的通道上，通过任何节点不多于一次，则该通道称为前向通道。

回路：如通道的终点就是通道的起点，并且与任何其他节点相交不多于一次，则该通道称为回路。

不接触回路：如一些回路之间没有任何公共的节点和支路，则称它们为不接触回路。

回路增益：回路中各支路的增益乘积称为回路增益。

前向通道增益：前向通道中，各支路的增益乘积称为前向通道增益。

2.4.2 信号流图与结构图的关系

信号流图与结构图的对应关系见表 2-2。

表 2-2 信号流图与结构图的对应关系

序号	结构图	信号流图
1	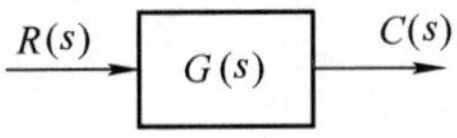 $R(s)$ $G(s)$ $C(s)$	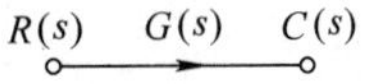 $R(s)$ $G(s)$ $C(s)$
2	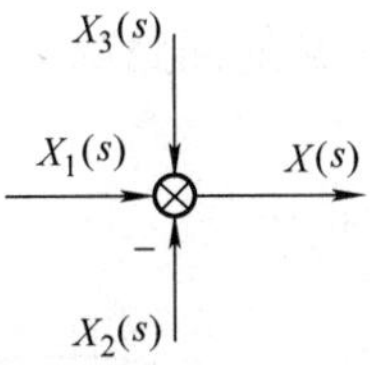 $X_3(s)$ $X_1(s)$ $X(s)$ $X_2(s)$	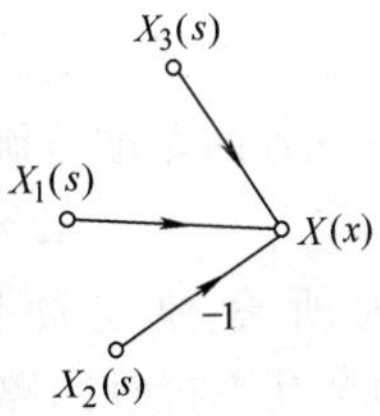 $X_3(s)$ $X_1(s)$ $X(x)$ -1 $X_2(s)$
3	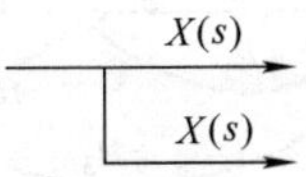 $X(s)$ $X(s)$	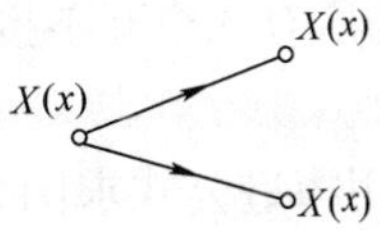 $X(x)$ $X(x)$ $X(x)$

由表 2-2 可见，结构图中的方框就相当于信号流图中的增益。信号流图规定：每个节点的信号为送入该节点的各支路信号之和，所以结构图中比较点和引出点只是信号流图中不同类型的节点。

例 2-11 已知系统的结构图如图 2-30 所示，试画出系统的信号流图。

解 在结构图中选取输入量 $R(s)$、输出量 $C(s)$、比较点，以及分支点变量 $x_1 \sim x_4$ 为节点，从左到右顺序排列，根据结构图各变量间的关系画出支路并标明该支路的增益，画出该系统对应的信号流图如图 2-31 所示。

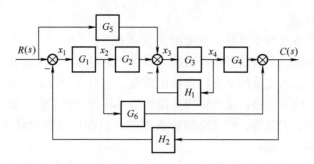

图 2-30 例 2-11 系统结构图

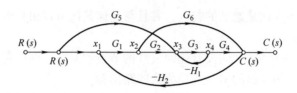

图 2-31 例 2-11 系统的信号流图

2.4.3 梅逊公式及其应用

应用梅逊（Mason）公式，可以不做结构变换，直接由信号流图或结构图写出系统的传递函数。

任意输入节点与任意输出节点之间传递函数（增益）的梅逊公式为

$$G(s) = \frac{1}{\Delta} \sum_{k=1}^{n} P_k \Delta_k \qquad (2\text{-}74)$$

式中，n 为从输入节点到输出节点的前向通道条数；P_k 为第 k 条前向通道增益；Δ_k 为第 k 条前向通道的特征余子式，是将 Δ 中与第 k 条前向通道相接触的回路除去后余下的部分；Δ 为特征式，由系统各回路增益确定，计算公式为

$$\Delta = 1 - \sum L_a + \sum L_b L_c - \sum_d L_e L_f + \cdots \qquad (2\text{-}75)$$

式中，$\sum L_a$ 为所有独立回路增益之和；$\sum L_b L_c$ 为所有两个互不接触回路增益的乘积之和；$\sum L_d L_e L_f$ 为所有 3 个互不接触回路增益的乘积之和。

例 2-12 用梅逊公式求图 2-32 所示系统的传递函数 $\dfrac{C(s)}{R(s)}$。

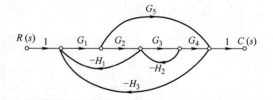

图 2-32 例 2-12 系统的信号流图

解 系统有 4 个独立回路：

$$L_1 = -G_1 G_2 H_1 \quad L_2 = -G_3 H_2 \quad L_3 = -G_1 G_2 G_3 G_4 H_3 \quad L_4 = -G_1 G_5 H_3$$

其中 L_2 与 L_4 是两个互不接触的回路，故系统的特征式为

$$\Delta = 1 - (L_1 + L_2 + L_3 + L_4) + (L_2 L_4)$$

$$= 1 + G_1 G_2 H_1 + G_3 H_2 + G_1 G_2 G_3 G_4 H_3 + G_1 G_5 H_3 + G_1 G_3 G_5 H_2 H_3$$

系统有 2 条前向通道：

$$P_1 = G_1 G_2 G_3 G_4 \qquad \Delta_1 = 1$$
$$P_2 = G_1 G_5 \qquad \Delta_2 = 1 + G_3 H_2$$

系统的传递函数为

$$\frac{C(s)}{R(s)} = \frac{1}{\Delta}(P_1 \Delta_1 + P_2 \Delta_2)$$

$$= \frac{G_1 G_2 G_3 G_4 + G_1 G_5 (1 + G_3 H_2)}{1 + G_1 G_2 H_1 + G_3 H_2 + G_1 G_2 G_3 G_4 H_3 + G_1 G_5 H_3 + G_1 G_3 G_5 H_2 H_3}$$

例 2-13 已知系统的结构图如图 2-33 所示，用梅逊公式求系统的传递函数 $\dfrac{C(s)}{R(s)}$ 和 $\dfrac{C(s)}{N(s)}$。

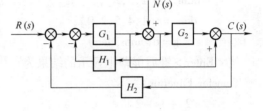

图 2-33 例 2-13 系统的结构图

解 由结构图可知系统有 3 个独立回路：

$$L_1 = -G_1 H_1 ; \quad L_2 = -G_1 G_2 H_2 ; \quad L_3 = -G_1 H_2$$

不存在互不接触回路，故特征式为

$$\Delta = 1 - (L_1 + L_2 + L_3) = 1 + G_1 H_1 + G_1 G_2 H_2 + G_1 H_2$$

$R(s)$ 到 $C(s)$ 的前向通道有 2 条：

$$P_1 = G_1 G_2 \qquad \Delta_1 = 1$$
$$P_2 = G_1 \qquad \Delta_2 = 1$$

因此，系统的传递函数为

$$\frac{C(s)}{R(s)} = \frac{1}{\Delta}(P_1 \Delta_1 + P_2 \Delta_2) = \frac{G_1 G_2 + G_1}{1 + G_1 H_1 + G_1 G_2 H_2 + G_1 H_2}$$

$N(s)$ 到 $C(s)$ 的前向通道有 2 条：

$$P_1 = G_2 \qquad \Delta_1 = 1$$
$$P_2 = -G_1 H_1 \qquad \Delta_2 = 1$$

则 $N(s)$ 作用下的传递函数为

$$\frac{C(s)}{N(s)} = \frac{1}{\Delta}(P_1 \Delta_1 + P_2 \Delta_2) = \frac{G_2 - G_1 H_1}{1 + G_1 H_1 + G_1 G_2 H_2 + G_1 H_2}$$

2.5 MATLAB 中数学模型的表示

2.5.1 传递函数模型的 MATLAB 表示

在 MATLAB 中控制系统的传递函数有两种表示形式，即分式多项式传递函数（Transfer Function，TF）和零极点（Zero – Pole，ZP）传递函数。

1. 分式多项式传递函数

设传递函数为

$$G(s) = \frac{b_m s^m + b_{m-1} s^{m-1} + \cdots + b_1 s + b_0}{a_n s^n + a_{n-1} s^{n-1} + \cdots + a_1 s + a_0}$$

在 MATLAB 中可以用以下命令来建立分式多项式传递函数

$$\text{num} = [\,b_m, b_{m-1}, b_{m-2}, \cdots, b_1, b_0\,];$$
$$\text{den} = [\,a_n, a_{n-1}, a_{n-2}, \cdots, a_1, a_0\,];$$
$$g = tf(\text{num}, \text{den});$$

例 2-14　在 MATLAB 中建立以下的传递函数

$$G(s) = \frac{s^2 + 3s + 2}{s^4 + 4s^3 + 5s^2 + 2s}$$

在 MATLAB 命令窗口输入命令

$$\text{num} = [\,1, 3, 2\,];$$
$$\text{den} = [\,1, 4, 5, 2, 0\,];$$
$$g = tf(\text{num}, \text{den})$$

按 < Enter > 键后屏幕中显示的结果为

Transfer Function：

$$\text{s}^2 + 3\text{s} + 2$$

$$\text{s}^4 + 4\text{s}^3 + 5\text{s}^2 + 2\text{s}$$

对于传递函数的分子、分母是多项式相乘的形式，可采用多项式相乘函数 conv(p,q) 建立传递函数的分子、分母多项式。

例 2-15　已知传递函数

$$G(s) = \frac{5(s+1)(5s+1)}{s(10s+1)(3s^2 + 2s + 1)}$$

在 MATLAB 命令窗口输入命令

$$\text{num} = 5 * \text{conv}(\,[\,1,1\,], [\,5,1\,]\,);$$
$$\text{den} = \text{conv}(\,[\,1,0\,], \text{conv}(\,[\,10,1\,], [\,3,2,1\,]\,)\,);$$
$$g = tf(\text{num}, \text{den})$$

按 < Enter > 键后屏幕显示的结果为

Transfer Function：

$$25\text{s}^2 + 30\text{s} + 5$$

$$30\text{s}^4 + 23\text{s}^3 + 12\text{s}^2 + \text{s}$$

2. 零、极点传递函数

对于零、极点形式的传递函数

$$G(s) = \frac{K_r(s+z_1)(s+z_2)\cdots(s+z_m)}{(s+p_1)(s+p_2)\cdots(s+p_n)}$$

在 MATLAB 中表示为

$$z = [\,-z_1, -z_2, -z_3, \cdots, -z_m\,];$$
$$p = [\,-p_1, -p_2, -p_3, \cdots, -p_n\,]$$
$$k = K_r;$$
$$g = zpk(z, p, k);$$

例 2-16　已知传递函数　$G(s) = \dfrac{5(s+2)(s+3)}{s(s+1)(s+4)(s+10)}$

在 MATLAB 命令窗口输入命令

$$z = [-2, -3];$$
$$p = [0, -1, -4, -10];$$
$$k = 5;$$
$$g = zpk(z, p, k)$$

按 < Enter > 键后屏幕中显示的结果为

Zero/pole/gain：

$$
\frac{5(s + 2)(s + 3)}{s(s + 1)(s + 4)(s + 10)}
$$

3. 传递函数的转换

在 MATLAB 中两种形式表示的传递函数可以互相转换，零极点传递函数转分式多项式传递函数的命令为

$$[num, den] = zp2tf(z, p, k)$$

分式多项式传递函数转零极点传递函数的命令为

$$[z, p, k] = tf2zp(num, den)$$

2.5.2　结构图模型的 MATLAB 表示

以控制系统动态结构框图为基础的复杂系统，可以用 Simulink 进行分析和仿真。较简单的结构图分析可使用 MATLAB 串联、并联和反馈连接命令来建立数学模型。

两个串联环节 $G_1(s) = num1/den1$、$G_2(s) = num2/den2$，可以使用函数 series( ) 得到串联的等效传递函数。其调用格式为

$$[num, den] = series(num1, den1, num2, den2)$$

两个并联环节 $G_1(s) = num1/den1$、$G_2(s) = num2/den2$，可以使用函数 parallel( ) 得到并联的等效传递函数。其调用格式为

$$[num, den] = parallel(num1, den1, num2, den2)$$

对于 $G_1(s) = num1/den1$、$H(s) = num2/den2$ 的反馈控制系统，可以使用函数 feedback( ) 得到闭环系统的传递函数。其调用格式为

$$[num, den] = feedback(num1, den1, num2, den2, sign)$$

其中，符号变量 sign = 1 为正反馈，sign = -1 为负反馈。sign 的默认值为 -1。

计算单位反馈系统的传递函数可采用 cloop 命令。其调用格式为

$$[num, den] = cloop(num1, den1, sign)$$

其中，符号变量 sign 的含义和 feedback 命令相同。

例 2-17　设反馈控制系统的结构如图 2-34 所示，用 MATLAB 求系统的闭环传递函数。

解　用以下命令：

num1 = [0.5, 1]; den1 = [0.1, 1];

num2 = 10; den2 = [1, 2, 0];

[n1, d1] = series(num1, den1, num2, den2);

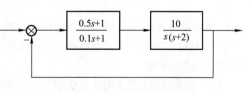

图 2-34　例 2-17 系统结构图

[nc,dc] = cloop(n1,d1, − 1);

sys = tf (nc,dc);

显示结果为

Transfer Function：

$$\frac{5\ s\ +\ 10}{0.1s^3\ +\ 1.2\ s^2\ +\ 7\ s\ +\ 10}$$

小　　结

数学模型是分析和设计控制系统的主要依据。建立数学模型是研究自动控制理论的基础。本章介绍了微分方程、传递函数、结构图和信号流图等数学模型的建立、求解方法及其相互关系，以及用 MATLAB 表示数学模型的方法。

微分方程是根据实际物理系统遵循的运动规律而建立的时域模型，是描述控制系统动态特性最基本的数学模型。传递函数是在零初始条件下输出量的拉普拉斯变换与输入量的拉普拉斯变换之比，故属复域(s 域)中的数学模型，它是经典控制理论中最重要的数学模型。结构图和信号流图是数学模型的图模型，它们能直观、形象地表示出系统各组成部分的结构，以及系统中信号的传递关系。各模型间可以进行转换。

一个控制系统可以看作由若干个典型环节组成，常见的典型环节有比例环节、惯性环节、积分环节、微分环节、振荡环节和延迟环节等。掌握各典型环节的数学表达式和响应特性，有助于对系统的分析和了解。

控制系统的传递函数可分为开环传递函数、闭环传递函数和误差传递函数。

梅逊公式是求解复杂系统传递函数的有效工具，利用它可直接求取结构图和信号流图的传递函数。

通过本章的学习，应能列写控制系统常用元件和系统的数学模型；应牢固掌握绘制控制系统的结构图和信号流图，以及由它们求取系统传递函数的方法。

习　　题

2-1　试建立如图 2-35 所示电路的微分方程。图中，电压 $u_r(t)$ 为输入量，电压 $u_c(t)$ 为输出量。

2-2　设弹簧特性由下式描述：

$$F = 12.65x^{1.1}$$

式中，F 为弹簧力(N)；x 是变形位移(m)。若弹簧在变形位移 0.25m 附近做微小变化，试推导 ΔF 的线性化方程。

2-3　假设液位系统中的流量 Q 和水位 H 满足下列关系：

$$Q = 0.002\sqrt{H}$$

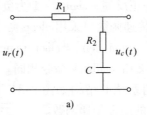
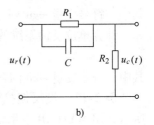

a)　　　　　　　　　　b)

图 2-35　题 2-1 图

试在稳态工作点(H_0, Q_0)附近求关于流量和水位的线性化数学模型。其中，$H_0 = 2.25\text{m}$；$Q_0 = 0.003\text{m}^3/\text{s}$。

2-4　试求图 2-36 所示各系统的传递函数。其中，位移 $x_r(t)$ 为输入量；位移 $x_c(t)$ 为输出量；k_1、k_2 为弹簧弹性系数；f、f_1 为阻尼器阻尼系数。

2-5　试求图 2-37 所示各无源电路的传递函数 $\dfrac{U_c(s)}{U_r(s)}$。

2-6　试求图 2-38 所示各有源电路的传递函数 $\dfrac{U_c(s)}{U_r(s)}$。

2-7　化简图 2-39 所示的结构图，并求出它们的传递函数 $\dfrac{C(s)}{R(s)}$。

2-8　设微分方程组如下：

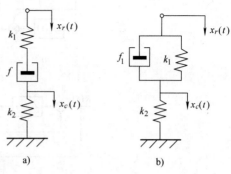

图 2-36　题 2-4 图

$$x_1(t) = r(t) - c(t)$$
$$x_2(t) = \tau \dot{x}_1(t) + K_1 x_1(t)$$
$$x_3(t) = K_2 x_2(t)$$
$$x_4(t) = x_3(t) - x_5(t) - K_5 c(t)$$
$$\dot{x}_5(t) = K_3 x_4(t)$$
$$K_4 x_5(t) = T\dot{c}(t) + c(t)$$

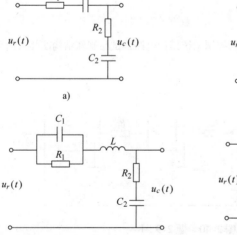

a)

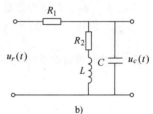

b)

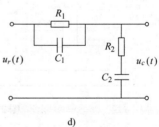

c)

d)

图 2-37　题 2-5 图

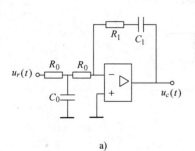

a)

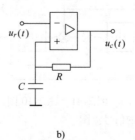

b)

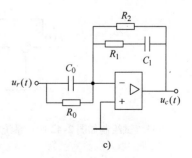

c)

图 2-38　题 2-6 图

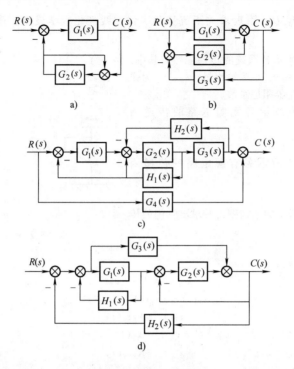

图 2-39　题 2-7 图

式中，τ、K_1、K_2、K_3、K_4、K_5、T 均为常数。试建立以 r 为输入、c 为输出的结构图，并求传递函数 $\dfrac{C(s)}{R(s)}$。

2-9　图 2-40 所示为由运算放大器组成的控制系统模拟电路，试绘制其结构图并求闭环传递函数。

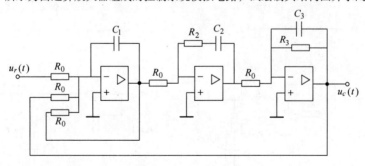

图 2-40　题 2-9 图

2-10　对图 2-41 所示的结构图进行化简，并分别求出传递函数 $\dfrac{C(s)}{R(s)}$ 和 $\dfrac{C(s)}{N(s)}$。

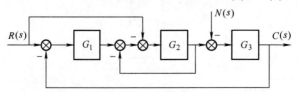

图 2-41　题 2-10 图

2-11　试绘制如图 2-42 所示系统的信号流图。

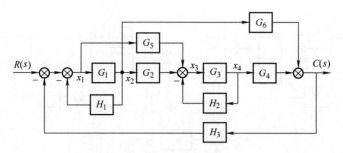

图 2-42　题 2-11 图

2-12　试绘制如图 2-43 所示系统的信号流图，并用梅逊公式求传递函数 $\dfrac{C(s)}{R(s)}$。

2-13　系统的信号流图如图 2-44 所示，求传递函数 $\dfrac{C(s)}{R(s)}$。

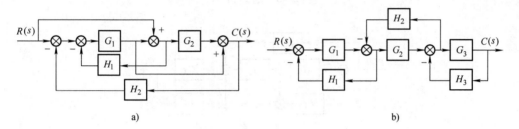

a)　　　　　　　　　　　　　　　　　　b)

图 2-43　题 2-12 图

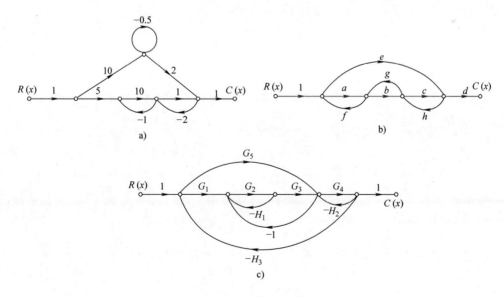

图 2-44　题 2-13 图

2-14　用梅逊公式求图 2-45 所示结构系统的传递函数 $\dfrac{C(s)}{R(s)}$。

2-15　用梅逊公式求图 2-46 所示结构系统的传递函数 $\dfrac{C(s)}{R(s)}$ 和 $\dfrac{E(s)}{R(s)}$。

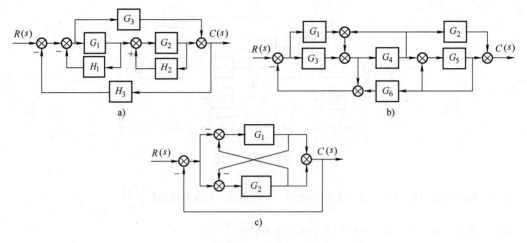

图 2-45 题 2-14 图

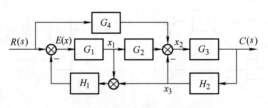

图 2-46 题 2-15 图

第3章 时域分析法

第2章介绍了控制系统数学模型及其建立方法。当确定了系统的数学模型后，就可以对系统的控制性能进行分析和计算。在经典控制理论中，常采用时域分析法、根轨迹法和频率特性法来分析控制系统的性能。本章主要讨论时域分析法。

所谓时域分析法，就是通过求解自动控制系统的时间响应来分析系统的稳定性、暂态性能和稳态性能。它是一种直接在时间域中对系统进行分析的方法，具有直观、准确，物理概念清楚的特点，尤其适用于二阶系统。

3.1 典型输入信号和时域性能指标

3.1.1 典型输入信号

控制系统的性能分析，常通过在输入信号作用下分析系统的暂态和稳态响应性能指标来进行。系统的响应过程不仅与系统的数学模型有关，还与输入信号的形式有关。为了便于研究系统的性能与系统的结构和参数，即数学模型之间的关系，常将输入信号规定为统一的典型形式，称之为典型输入信号。

对这些典型输入信号的要求是：它们可通过实验装置产生，又都是简单的时间函数，易于进行理论分析和计算。在控制工程中常采用下列 5 种信号作为典型输入信号。

1. 阶跃信号

定义为
$$r(t) = \begin{cases} 0 & (t<0) \\ A & (t \geqslant 0) \end{cases} \tag{3-1}$$

拉普拉斯变换式
$$R(s) = \frac{A}{s} \tag{3-2}$$

式中，A 为阶跃信号的幅值。$A=1$ 时称为单位阶跃信号，记作 $1(t)$，如图 3-1a 所示。

2. 斜坡信号

定义为
$$r(t) = \begin{cases} 0 & (t<0) \\ At & (t \geqslant 0) \end{cases} \tag{3-3}$$

拉普拉斯变换式
$$R(s) = \frac{A}{s^2} \tag{3-4}$$

式中，A 为斜坡信号的斜率。$A=1$ 时称为单位斜坡信号，记作 $t \cdot 1(t)$，如图 3-1b 所示。

斜坡信号也称等速度信号，它等于阶跃信号对时间的积分。

3. 抛物线信号

定义为
$$r(t) = \begin{cases} 0 & (t<0) \\ \dfrac{1}{2}At^2 & (t \geqslant 0) \end{cases} \tag{3-5}$$

拉普拉斯变换式 $$R(s) = \frac{A}{s^3} \qquad (3\text{-}6)$$

$A = 1$ 时称为单位抛物线信号，记作 $\frac{1}{2}t^2 \cdot 1(t)$，如图 3-1c 所示。

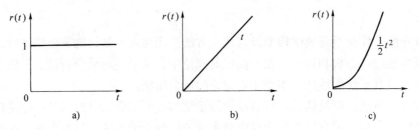

图 3-1　典型输入信号

a) 单位阶跃信号　b) 单位斜坡信号　c) 单位抛物线信号

抛物线信号也称等加速度信号，它等于斜坡信号对时间的积分。

4. 脉冲信号

实际脉冲信号如图 3-2a 所示，其定义为

$$r(t) = \begin{cases} 0 & (t<0, t>h) \\ \dfrac{A}{h} & (0 \leqslant t \leqslant h) \end{cases} \qquad (3\text{-}7)$$

式中，h 为脉冲的宽度；A 为脉冲的面积，或称脉冲强度。当 $h \to 0$、$A = 1$ 时称为单位脉冲信号，记作 $\delta(t)$。

理想单位脉冲信号如图 3-2b 所示。其定义为

$$r(t) = \delta(t) = \begin{cases} \infty & (t = 0) \\ 0 & (t \neq 0) \end{cases}$$

$$(3\text{-}8)$$

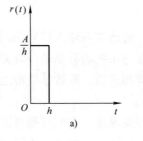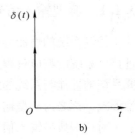

图 3-2　脉冲信号

a) 实际脉冲信号　b) 单位脉冲信号

$$\int_{-\infty}^{+\infty} \delta(t)\,dt = 1 \qquad (3\text{-}9)$$

单位脉冲信号的拉普拉斯变换

$$R(s) = \text{L}[\delta(t)] = 1 \qquad (3\text{-}10)$$

单位脉冲信号是单位阶跃信号对时间的导数。

5. 正弦信号

定义为 $$r(t) = \begin{cases} 0 & (t<0) \\ A\sin\omega t & (t \geqslant 0) \end{cases} \qquad (3\text{-}11)$$

拉普拉斯变换式为 $$R(s) = \frac{A\omega}{s^2 + \omega^2} \qquad (3\text{-}12)$$

式中，A 为正弦信号的振幅；ω 为角频率。

对实际系统进行分析时，应根据系统的工作情况选择合适的典型输入信号。若系统的输入具有突变的性质，如开关的转换、负载的突变和电源的突然接通等，都可选阶跃信号作为输入信号。若系统的输入作用随时间的增长而变化，如随动系统中外加一个以恒速变化的位

置信号时，则可选择斜坡信号作为输入信号。在研究干扰对系统的影响时，常采用脉冲信号作为输入信号。而若系统的输入具有周期性变化，如电源的波动、机械的振动、海浪对舰艇的扰动力等，则可选用正弦信号作为输入信号。

3.1.2　时域性能指标

在输入信号作用下，任何一个系统的时间响应都是由暂态响应和稳态响应两部分组成。从系统时间响应的两部分对系统性能的影响可知，暂态响应决定了系统的稳定性和暂态性能，稳态响应决定了系统的稳态性能。

为了评价控制系统的性能，通常以系统在阶跃信号作用下的响应，即阶跃响应曲线的一些特征值来定义系统暂态和稳态两个响应过程的时域性能指标。

稳定系统的阶跃响应具有衰减振荡和单调变化两种类型，如图 3-3 所示。

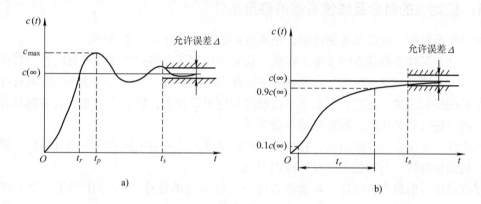

图 3-3　稳定系统的阶跃响应曲线

a）具有衰减振荡的阶跃响应　b）单调变化的阶跃响应

1. 暂态性能指标

（1）上升时间 t_r

对具有衰减振荡的系统，响应第一次达到稳态值所需要的时间，称为上升时间。对于单调变化的系统，上升时间是指响应由稳态值的 10% 上升到稳态值的 90% 所需的时间。

（2）峰值时间 t_p

峰值时间 t_p 为响应达到最大值，即达到第一个峰值所需要的时间。

（3）调整时间 t_s

调整时间 t_s 为响应 $c(t)$ 与稳态值 $c(\infty)$ 之间的误差达到并维持在规定的允许误差范围 Δ（通常取 $\Delta = \pm 2\%$ 或 $\Delta = \pm 5\%$）所需要的时间。

（4）（最大）超调量 σ_p

（最大）超调量 σ_p 为响应的最大值超过稳态值的百分比，即

$$\sigma_p = \frac{c(t_p) - c(\infty)}{c(\infty)} \times 100\% \qquad (3\text{-}13)$$

在这些指标中，t_r、t_p 均反映系统响应初始阶段的快慢；最大超调量 σ_p 反映了系统暂态过程的平稳性，即相对稳定性；调节时间 t_s 表示系统过渡过程的持续时间，从总体上反

映了系统的快速性。

2. 稳态性能指标

稳态误差 e_{ss}：当时间 t 趋于无穷大时，系统响应的期望值与实际值之差的极限值定义为稳态误差。对于单位反馈系统

$$e_{ss} = \lim_{t \to \infty}[r(t) - c(t)] \tag{3-14}$$

稳态误差反映了控制系统复现或跟踪输入信号的能力或抗干扰能力，是衡量系统控制精度的重要指标。

3.2 控制系统的稳定性分析

3.2.1 稳定性的概念及线性系统的稳定条件

稳定性是控制系统最基本的性能，是系统能够正常工作的首要条件。

一个处于某种平衡状态的系统，在扰动信号的作用下会偏离原来的平衡状态，当扰动作用消失后，系统又能够逐渐恢复到原来的平衡状态。或者说，系统的零输入响应具有收敛性质，称系统是稳定的。反之，若系统不能恢复到原平衡状态，即系统的零输入响应具有发散性质，或者进入振荡状态，则系统是不稳定的。

稳定性是系统去掉外作用后，自身的一种恢复能力，它是系统的一种固有特性，只取决于系统的结构参数，与初始条件及外作用无关。

根据稳定性的概念，可以在零初始条件下，以理想单位脉冲 $\delta(t)$ 作用于系统，使系统离开原平衡状态。若系统的单位脉冲响应具有收敛性，则系统是稳定的。

设系统的闭环传递函数为

$$\Phi(s) = \frac{C(s)}{R(s)} = \frac{K_r \prod_{i=1}^{m}(s + z_i)}{\prod_{j=1}^{n_1}(s + p_j) \prod_{k=1}^{n_2}(s^2 + 2\zeta_k \omega_{nk} s + \omega_{nk}^2)} = \frac{M(s)}{D(s)}$$

式中，$n_1 + 2n_2 = n$ 为系统的阶次；$-p_j$、$-\zeta_k \omega_{nk} \pm j\omega_{dk}$ 为特征方程 $D(s) = 0$ 的根。

由于 $\delta(t)$ 的拉普拉斯变换为 1，于是系统的单位脉冲响应为

$$C(s) = \Phi(s) = \frac{K_r \prod_{i=1}^{m}(s + z_i)}{\prod_{j=1}^{n_1}(s + p_j) \prod_{k=1}^{n_2}(s^2 + 2\zeta_k \omega_{nk} s + \omega_{nk}^2)} \tag{3-15}$$

$$c(t) = L^{-1}[\Phi(s)]$$

$$= \sum_{j=1}^{n_1} A_j e^{-p_j t} + \sum_{k=1}^{n_2} D_k e^{-\zeta_k \omega_{nk} t} \sin(\omega_{dk} t + \theta_k) \quad (t \geq 0) \tag{3-16}$$

式（3-16）表明，当且仅当系统的特征根全部具有负实部时，系统的单位脉冲响应的暂态分量都会衰减为零，这种系统是稳定的；如果特征方程有一个或一个以上的正实部根，该根对应的暂态分量将随时间的增大而发散，这种系统是不稳定的；如果特征方程存在一个

或一个以上的零实部根，而其余的特征根都具有负实部，则脉冲响应 $c(t)$ 趋于常数或等幅振荡，此时系统处于稳定和不稳定的临界状态，称为临界稳定系统。

线性定常系统稳定的充分必要条件是：闭环系统特征方程的根均具有负实部；或者说，闭环传递函数的极点都位于 s 平面的左半部。

根据系统的稳定条件，如果能解出特征方程的全部根，就可判断系统是否稳定。然而，对于三阶以上的系统，求根是一项艰巨的任务，只有借助计算机才能完成。

3.2.2　劳斯稳定判据

劳斯（Routh）稳定判据是英国人劳斯于 1877 年提出的。劳斯稳定判据利用特征方程的系数进行代数运算来确定特征方程在 s 右平面的根的数目，以判断控制系统的稳定性，也称为代数稳定判据。

1. 线性定常系统稳定的必要条件

设线性定常系统的特征方程为

$$D(s) = a_n s^n + a_{n-1} s^{n-1} + a_{n-2} s^{n-2} + a_{n-3} s^{n-3} + \cdots + a_0 = 0 \tag{3-17}$$

式中，特征方程的系数 $a_n, a_{n-1} \cdots, a_0$ 为实数。

式（3-17）的所有根都具有负实部，即系统稳定的必要条件是：特征方程的所有系数 a_n，a_{n-1}，$\cdots$，a_0 都大于零。

2. 劳斯稳定判据

对于式（3-17）所示特征方程，劳斯判据按以下步骤来判断系统的稳定性。

（1）建立劳斯表

将特征方程的系数按以下方法构成劳斯表：

s^n	a_n	a_{n-2}	a_{n-4}	$\cdots$
s^{n-1}	a_{n-1}	a_{n-3}	a_{n-5}	$\cdots$
s^{n-2}	$b_1 = \dfrac{a_{n-1}a_{n-2} - a_n a_{n-3}}{a_{n-1}}$	$b_2 = \dfrac{a_{n-1}a_{n-4} - a_n a_{n-5}}{a_{n-1}}$	b_3	$\cdots$
s^{n-3}	$c_1 = \dfrac{b_1 a_{n-3} - a_{n-1} b_2}{b_1}$	$c_2 = \dfrac{b_1 a_{n-5} - a_{n-1} b_3}{b_1}$	c_3	$\cdots$
$\vdots$	$\vdots$	$\vdots$	$\vdots$	
s^2	e_1	e_2		
s^1	f_1			
s^0	g_1			

劳斯表的前两行由特征方程的系数直接构成，从第 3 行开始后各行的元素都根据其前两行的元素按照同样的方法逐行计算，一直进行到第 $n+1$ 行计算完为止。

为了简化数据运算，可以将劳斯表中某一行的各项去除或乘一个正数，这时并不改变稳定性的结论。

（2）劳斯稳定判据

劳斯稳定判据指出，系统特征方程具有正实部根的个数等于劳斯表第一列元素符号改变的次数。因此，线性系统稳定的充分必要条件是：特征方程的全部系数大于零，且劳斯表的第一列元素都大于零。

例 3-1　已知控制系统的特征方程为 $D(s) = s^4 + 2s^3 + 8s^2 + 4s + 3 = 0$，试判断系统的稳定性。

解　特征方程的系数都大于零，满足稳定的必要条件。

列劳斯表：

$$
\begin{array}{llll}
s^4 & 1 & 8 & 3 \\
s^3 & 2 & 4 & 0 \\
s^2 & \dfrac{2 \times 8 - 1 \times 4}{2} = 6 & \dfrac{2 \times 3 - 1 \times 0}{2} = 3 & \\
s^1 & \dfrac{6 \times 4 - 2 \times 3}{6} = 3 & 0 & \\
s^0 & 3 & &
\end{array}
$$

劳斯表的第一列数全为正，故系统稳定。

例 3-2　设某控制系统的特征方程为 $D(s) = s^4 + 3s^3 + 3s^2 + 2s + 2 = 0$，试判断系统的稳定性。

解　特征方程的系数都大于零，满足稳定的必要条件。

列劳斯表：

$$
\begin{array}{llll}
s^4 & 1 & 3 & 2 \\
s^3 & 3 & 2 & \\
s^2 & \dfrac{3 \times 3 - 1 \times 2}{3} = \dfrac{7}{3} \to 7 & \dfrac{3 \times 2 - 1 \times 0}{3} = 2 \to 6 & \text{（同乘 3）} \\
s^1 & \dfrac{7 \times 2 - 3 \times 6}{7} = -\dfrac{4}{7} & & \leftarrow \text{符号改变一次} \\
s^0 & 6 & & \leftarrow \text{符号改变一次}
\end{array}
$$

由于劳斯表第一列元素不全为正，故系统不稳定。且劳斯表第一列元素的符号改变了两次，则系统具有两个正实部根。

(3) 两种特殊情况的劳斯判据

在运用劳斯判据时，可能会遇到以下两种特殊情况：

① 在劳斯表的某一行中，第一列数为零，而其余数不全为零。按照劳斯判据，因第一列元素不全大于 0，可以确定系统不稳定。如需要了解根的分布情况，则可用一个有限小的正数 ε 代替 0，完成劳斯表。

例 3-3　某控制系统的特征方程为 $D(s) = s^5 + s^4 + 2s^3 + 2s^2 + 3s + 5 = 0$，试判断该系统的稳定性。

解　特征方程的系数都大于零，满足稳定的必要条件。

列劳斯表：

$$
\begin{array}{cccc}
s^5 & 1 & 2 & 3 \\
s^4 & 1 & 2 & 5 \\
s^3 & 0(\approx\varepsilon) & -2 & \\
s^2 & \dfrac{2\varepsilon+2}{\varepsilon}>0 & 5 & \\
s^1 & \dfrac{-4\varepsilon-4-5\varepsilon^2}{2\varepsilon+2}\to-2 & \leftarrow 符号改变一次 & \\
s^0 & 5 & \leftarrow 符号改变一次 &
\end{array}
$$

由于劳斯表第一列元素符号改变了两次，故系统不稳定且有两个正实部根。

② 劳斯表某行元素全为零，表示特征方程具有对称于原点的根存在。可用全零行的前一行元素组成辅助方程 $P(s)$，并用这个方程的导数 $P'(s)$ 的系数代替全零行的各项，完成劳斯表。利用辅助方程 $P(s)$ 可解得那些对称根。

例 3-4　设系统的特征式为

$$D(s)=s^6+2s^5+8s^4+12s^3+20s^2+16s+16=0$$

试判断系统的稳定性。

解　特征方程的系数都大于零，满足稳定的必要条件。

列劳斯表：

$$
\begin{array}{ccccc}
s^6 & 1 & 8 & 20 & 16 \\
s^5 & 2 & 12 & 16 & \\
s^4 & 2 & 12 & 16 & \\
s^3 & 0 & 0 & 0 &
\end{array}
$$

出现全零行。辅助方程 $P(s)=s^4+6s^2+8=0$，$P'(s)=4s^3+12s$，则

$$
\begin{array}{ccc}
s^3 & 4 & 12 \\
s^2 & 6 & 16 \\
s^1 & \dfrac{4}{3} & \\
s^0 & 16 &
\end{array}
$$

由于劳斯表第一列元素符号没有改变，表明系统不存在 s 右平面的特征根。但 s^3 行系数全为零，则系统有对称于原点的特征根，解辅助方程求对称根

$$P(s)=s^4+6s^2+8=(s^2+4)(s^2+2)=0$$

可得：$s_{1,2}=\pm j2$，$s_{3,4}=\pm j\sqrt{2}$

另外两根为　$s_{5,6}=-1\pm j1$

故系统有两对纯虚数根，临界稳定。

3. 劳斯判据的应用

（1）确定闭环系统稳定时的参数条件

例 3-5　三阶系统的特征方程为 $D(s)=a_3s^3+a_2s^2+a_1s+a_0=0$，确定系统稳定时的参数条件。

解　列劳斯表：

$$\begin{array}{lll} s^3 & a_3 & a_1 \\ s^2 & a_2 & a_0 \\ s^1 & \dfrac{a_2a_1-a_3a_0}{a_2} & 0 \\ s^0 & a_0 & \end{array}$$

根据劳斯稳定判据，三阶系统稳定的条件：$a_3>0$，$a_2>0$，$a_1>0$，$a_0>0$，并且 $a_2a_1-a_3a_0>0$，即 $a_2a_1>a_3a_0$。

例 3-6　确定图 3-4 所示系统稳定时 K 的取值范围。

图 3-4　例 3-6 题图

解　系统的闭环传递函数为

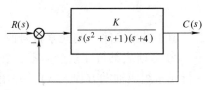

$$\Phi(s)=\frac{C(s)}{R(s)}=\frac{K}{s(s^2+s+1)(s+4)+K}$$

特征方程　$D(s)=s^4+5s^3+5s^2+4s+K=0$

列劳斯表：

$$\begin{array}{llll} s^4 & 1 & 5 & K \\ s^3 & 5 & 4 & 0 \\ s^2 & \dfrac{21}{5}\to 21 & K\to 5K & (\text{同乘}5) \\ s^1 & \dfrac{84-25K}{21} & & \\ s^0 & 5K & & \end{array}$$

系统稳定的条件：$K>0$，$84-25K>0$，即 $\frac{84}{25}>K>0$。

（2）检验系统的稳定裕量

一个稳定系统的特征方程的根都位于 s 平面的虚轴的左半部，虚轴是系统的稳定边界。为了使系统具有良好的暂态性能，应使位于 s 左平面的特征根与虚轴保持一定的距离。在时域分析中，常以最靠近虚轴的特征根距离虚轴的距离 σ 来表示控制系统的相对稳定性，也称该系统具有 σ 的稳定裕量。

为了确定系统是否具有 σ 的稳定裕量，可以将 s 平面的虚轴左移 σ，即令 $s=z-\sigma$ 代入特征方程，建立一个新的 z 平面。若系统的各闭环极点都处于 z 虚轴的左边，则说明系统至少具有 σ 的稳定裕量。

例 3-7　系统特征方程为

$$D(s)=s^3+2s^2+4s+3=0$$

判断系统稳定性，并检验系统是否有 $\sigma=1$ 的稳定裕量。

解　系统特征方程所有系数都为正，且 $2\times4>1\times3$，系统稳定。

将 $s=z-\sigma=z-1$ 代入特征方程，求得 z 坐标下的特征方程为

$$D(z) = z^3 - z^2 + 3z + 4 = 0$$

$$
\begin{array}{ccc}
z^3 & 1 & 3 \\
z^2 & -1 & 4 \\
z^1 & 7 & \\
z^0 & 4 &
\end{array}
$$

可见，劳斯表第一列元素符号改变两次，有两个特征根在 $s = -1$（新虚轴）右边，说明系统没有 $\sigma = 1$ 的稳定裕量。

3.3 控制系统的暂态性能分析

3.3.1 一阶系统分析

一阶系统的微分方程和传递函数为

$$T\frac{\mathrm{d}c(t)}{\mathrm{d}t} + c(t) = r(t) \tag{3-18}$$

$$\Phi(s) = \frac{C(s)}{R(s)} = \frac{1}{Ts+1} \tag{3-19}$$

式中，T 为系统的时间常数。传递函数的极点，即特征方程的根为 $-\dfrac{1}{T}$。

一阶系统的典型结构图如图 3-5 所示，其中 $K = \dfrac{1}{T}$。

在零初始条件下，控制系统在输入信号为单位阶跃信号作用时的输出，称为系统的单位阶跃响应。一阶系统单位阶跃响应的拉普拉斯变换式为

$$C(s) = \Phi(s)R(s) = \frac{1}{Ts+1}\frac{1}{s} \tag{3-20}$$

求反拉普拉斯变换，可得系统的单位阶跃响应

$$c(t) = \mathrm{L}^{-1}[C(s)] = 1 - \mathrm{e}^{-\frac{t}{T}} \qquad t \geqslant 0 \tag{3-21}$$

式中，1 是稳态分量；$-\mathrm{e}^{-\frac{t}{T}}$ 是随时间增加按指数规律逐渐衰减为零的暂态分量。

显然，一阶系统的单位阶跃响应是单调上升的指数曲线，如图 3-6 所示。

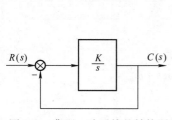

图 3-5　典型一阶系统的结构图

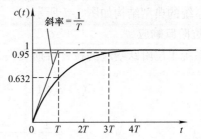

图 3-6　一阶系统单位阶跃响应

一阶系统的单位阶跃响应是一个无振荡无超调的单调上升的指数曲线，因此，其暂态性能主要由调整时间来确定。

由于 $\qquad\qquad c(t)\big|_{t=3T}=0.95,\ c(t)\big|_{t=4T}=0.98$

所以，调整时间为 $\qquad\qquad t_s=\begin{cases}3T & (\Delta=\pm5\%)\\ 4T & (\Delta=\pm2\%)\end{cases}$ （3-22）

从一阶系统的暂态性能可以看出，为了提高一阶系统跟随输入信号的快速性，减小调节时间 t_s，就必须减小时间常数 T，使系统极点 $-1/T$ 远离虚轴。

一阶系统单位阶跃响应在 $t=0$ 处切线的斜率为

$$\frac{\mathrm{d}c(t)}{\mathrm{d}t}\bigg|_{t=0}=\frac{1}{T}\mathrm{e}^{-\frac{t}{T}}\bigg|_{t=0}=\frac{1}{T} \tag{3-23}$$

一阶系统单位阶跃响应的这些特性，为用实验方法建立一阶系统的数学模型提供了理论依据。系统的时间常数 T 可由单位阶跃响应时间 t 以及对应的输出值 $c(t)$ 之间的关系求出，或由曲线 $t=0$ 处的切线斜率 $1/T$ 求出。

3.3.2　二阶系统分析

二阶系统是控制系统中最重要的基本形式，它不仅在工程应用中比较常见，而且许多高阶系统在一定条件下也可以简化成二阶系统来分析。

1. 数学模型

典型二阶系统的微分方程为

$$T^2\frac{\mathrm{d}c^2(t)}{\mathrm{d}t^2}+2\zeta T\frac{\mathrm{d}c(t)}{\mathrm{d}t}+c(t)=r(t) \tag{3-24}$$

系统的传递函数为

$$\Phi(s)=\frac{C(s)}{R(s)}=\frac{1}{T^2s^2+2\zeta Ts+1}=\frac{\omega_n^2}{s^2+2\zeta\omega_n s+\omega_n^2} \tag{3-25}$$

式中，ζ 为系统的阻尼比；T 为二阶系统的时间常数；$\omega_n=\dfrac{1}{T}$ 为无阻尼振荡频率（或自然振荡频率）。

系统的特征方程为

$$s^2+2\zeta\omega_n s+\omega_n^2=0 \tag{3-26}$$

特征方程的根，即闭环系统的极点为

$$s_{1,2}=-\zeta\omega_n\pm\omega_n\sqrt{\zeta^2-1} \tag{3-27}$$

二阶系统的典型结构如图 3-7 所示。

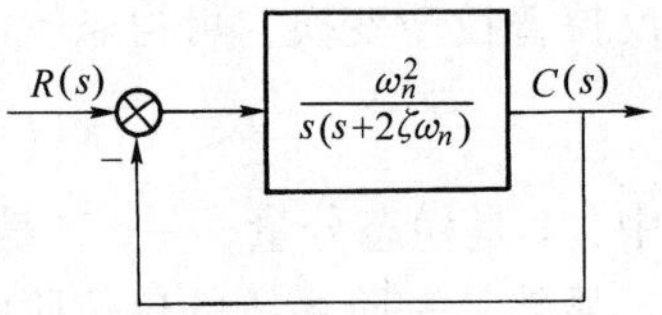

图 3-7　典型二阶系统结构图

2. 单位阶跃响应

二阶系统单位阶跃响应的拉普拉斯变换式为

$$C(s)=\Phi(s)\frac{1}{s}=\frac{\omega_n^2}{s^2+2\zeta\omega_n s+\omega_n^2}\frac{1}{s}$$

$$=\frac{1}{s}-\frac{s+2\zeta\omega_n}{s^2+2\zeta\omega_n s+\omega_n^2} \tag{3-28}$$

对式 （3-28） 求拉普拉斯反变换，第一项对应的是单位阶跃响应稳态项 "1"，第二项对应的是单位阶跃响应暂态项，阻尼比 ζ 为不同值时，系统特征根的表现形式和在 s 平面上的位置不同，暂态项也将呈现不同的形式。下面分几种情况讨论。

（1）$\zeta = 0$，无阻尼情况

在这种情况下，特征方程的根 $s_{1,2} = \pm j\omega_n$，为一对纯虚数根，位于 s 平面的虚轴上。由式（3-28）得

$$C(s) = \frac{1}{s} - \frac{s}{s^2 + \omega_n^2}$$

$$c(t) = 1 - \cos\omega_n t \quad (t \geqslant 0) \tag{3-29}$$

式（3-29）表明，二阶系统无阻尼情况时的单位阶跃响应为等幅振荡曲线，其振荡的角频率为 ω_n，系统不能稳定工作。

（2）$0 < \zeta < 1$，欠阻尼情况

欠阻尼情况时，特征方程的根为一对具有负实部的共轭复数

$$s_{1,2} = -\zeta\omega_n \pm j\omega_n \sqrt{1 - \zeta^2} \tag{3-30}$$

它们位于 s 平面虚轴的左侧，如图 3-8 所示。

由式（3-28）得系统的单位阶跃响应为

$$C(s) = \frac{1}{s} - \frac{s + \zeta\omega_n}{(s + \zeta\omega_n)^2 + \omega_d^2} - \frac{\zeta\omega_n}{(s + \zeta\omega_n)^2 + \omega_d^2}$$

$$c(t) = 1 - e^{-\zeta\omega_n t}\cos\omega_d t - \frac{\zeta}{\sqrt{1 - \zeta^2}}e^{-\zeta\omega_n t}\sin\omega_d t$$

$$= 1 - \frac{1}{\sqrt{1 - \zeta^2}}e^{-\zeta\omega_n t}\left[\sqrt{1 - \zeta^2}\cos\omega_d t + \zeta\sin\omega_d t\right]$$

$$= 1 - \frac{1}{\sqrt{1 - \zeta^2}}e^{-\zeta\omega_n t}\sin(\omega_d t + \theta) \quad (t \geqslant 0) \tag{3-31}$$

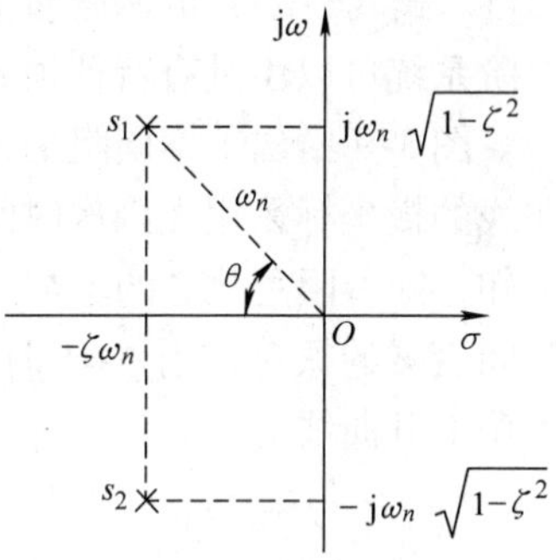

图 3-8 $0 < \zeta < 1$ 时特征方程根的位置

式中，$\theta = \arctan(\sqrt{1 - \zeta^2}/\zeta) = \arccos\zeta$；$\omega_d = \omega_n\sqrt{1 - \zeta_s^2}$。

由式（3-31）可知，欠阻尼二阶系统响应的暂态分量是幅值随时间按指数规律衰减的正弦振荡项。其振荡的角频率由特征方程根的虚部即阻尼振荡频率 ω_d 决定；其衰减的速度由特征方程根的实部 $-\zeta\omega_n$ 决定。

（3）$\zeta = 1$，临界阻尼情况

在这种情况下，特征方程的根 $s_{1,2} = -\omega_n$，为一对相等的负实数根，位于 s 平面的负实轴上。由式（3-28）得

$$C(s) = \frac{1}{s} - \frac{s + 2\omega_n}{s^2 + 2\omega_n s + \omega_n^2} = \frac{1}{s} - \frac{1}{s + \omega_n} - \frac{\omega_n}{(s + \omega_n)^2}$$

$$c(t) = 1 - e^{-\omega_n t}(1 + \omega_n t) \quad (t \geqslant 0) \tag{3-32}$$

式（3-32）表明，临界阻尼二阶系统的单位阶跃响应为单调上升、无振荡无超调的曲线。

（4）$\zeta > 1$，过阻尼情况

过阻尼情况时，特征方程的根是两个不相等的负实数，

$$s_1 = -\zeta\omega_n + \omega_n\sqrt{\zeta^2 - 1} = -\frac{1}{T_1}$$

$$s_2 = -\zeta\omega_n - \omega_n\sqrt{\zeta^2 - 1} = -\frac{1}{T_2}$$

它们位于 s 平面的负实轴上。此时，系统的单位阶跃响应的拉普拉斯变换式为

$$C(s) = \frac{\omega_n^2}{\left(s + \frac{1}{T_1}\right)\left(s + \frac{1}{T_2}\right)} \frac{1}{s}$$

$$= \frac{1}{s} + \frac{T_1}{T_2 - T_1} \frac{1}{\left(s + \frac{1}{T_1}\right)} + \frac{T_2}{T_1 - T_2} \frac{1}{\left(s + \frac{1}{T_2}\right)}$$

$$c(t) = 1 + \frac{T_1}{T_2 - T_1} e^{-\frac{t}{T_1}} + \frac{T_2}{T_1 - T_2} e^{-\frac{t}{T_2}} \quad (t \geqslant 0) \tag{3-33}$$

可见，在过阻尼情况下，二阶系统单位阶跃响应的暂态分量由两个单调衰减的指数项组成。因此，过阻尼二阶系统的单位阶跃响应是无振荡单调上升曲线。当 $\zeta \gg 1$ 时，$|s_1| \ll |s_2|$，式（3-33）的两个暂态项中前一项衰减很慢，是暂态响应中的主要项，因此过阻尼二阶系统可以由具有特征根 s_1 的一阶系统来近似表示和分析。

图3-9给出了不同阻尼比 ζ 时系统特征根在 s 平面的位置及其单位阶跃响应曲线。响应曲线的横坐标采用无因次时间 t/T（$T = 1/\omega_n$），这样，曲线的参变量仅是阻尼比 ζ。由图3-9可知，随着阻尼比 ζ 的增加，二阶系统的单位阶跃响应由无衰减的等幅正弦振荡变为振幅随时间衰减的振荡，当 $\zeta \geqslant 1$ 时，特征根已是虚部为零的负实数，系统响应则变成了无振荡的单调上升曲线。

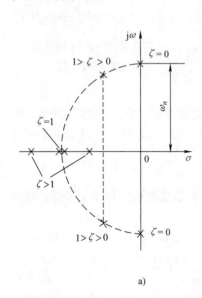

a)

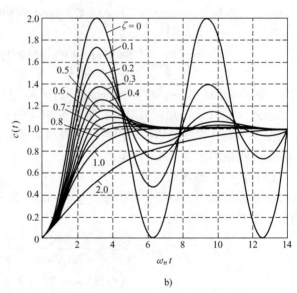

b)

图3-9　二阶系统的根及阶跃响应

a）根的位置　b）单位阶跃响应曲线

3. 欠阻尼典型二阶系统暂态性能指标的计算

在 $0 < \zeta < 1$ 时，二阶系统响应为衰减振荡曲线，其性能指标计算如下。

（1）上升时间 t_r

由式（3-31），令 $c(t_r) = 1$，可求得上升时间 t_r，即

$$c(t_r) = 1 - \frac{1}{\sqrt{1-\zeta^2}} e^{-\zeta\omega_n t_r} \sin(\omega_d t_r + \theta) = 1$$

由于 $e^{-\zeta\omega_n t_r} \neq 0$，只要满足 $\sin(\omega_d t_r + \theta) = 0$，按 t_r 的定义有

$$\omega_d t_r + \theta = \pi$$

则

$$t_r = \frac{\pi - \theta}{\omega_d} = \frac{\pi - \theta}{\omega_n \sqrt{1-\zeta^2}} \tag{3-34}$$

（2）峰值时间 t_p

由式（3-31），令 $\dfrac{dc(t)}{dt} = 0$，可得

$$-\zeta\omega_n \sin(\omega_d t + \theta) + \omega_d \cos(\omega_d t + \theta) = 0$$

$$\tan(\omega_d t + \theta) = \sqrt{1-\zeta^2} / \zeta = \tan\theta$$

当 $\omega_d t = 0$，π，2π，$\cdots$ 时

$$\tan(\omega_d t + \theta) = \tan\theta$$

按定义，t_p 应出现在第一个峰值处，则 $\omega_d t_p = \pi$，所以

$$t_p = \frac{\pi}{\omega_d} = \frac{\pi}{\omega_n \sqrt{1-\zeta^2}} \tag{3-35}$$

式（3-34）和式（3-35）表明，t_r 和 t_p 都与阻尼振荡频率 ω_d 成反比。

（3）（最大）超调量 σ_p

将 t_p 代入式（3-31），可求得输出响应的最大值

$$c(t_p) = 1 - \frac{1}{\sqrt{1-\zeta^2}} \exp\left(-\frac{\zeta\pi}{\sqrt{1-\zeta^2}}\right) \sin(\pi + \theta)$$

因为

$$\sin(\pi + \theta) = -\sin\theta = -\sqrt{1-\zeta^2}$$

所以

$$c(t_p) = 1 + \exp\left(-\frac{\zeta\pi}{\sqrt{1-\zeta^2}}\right)$$

考虑到 $c(\infty) = 1$，按超调量定义得

$$\sigma_p = \frac{c(t_p) - c(\infty)}{c(\infty)} \times 100\% = \exp\left(-\frac{\zeta\pi}{\sqrt{1-\zeta^2}}\right) \times 100\%$$

$$\tag{3-36}$$

式（3-36）表明，σ_p 仅由 ζ 决定。σ_p 和 ζ 的关系曲线如图3-10所示。几个典型阻尼比值对应的 σ_p 列于表3-1。可见，阻尼比 ζ 越大，超调量越小，系统的平稳性越好；相反，ζ 越小，平稳性越差。

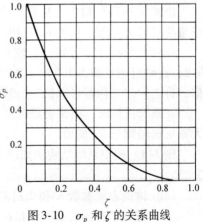

图 3-10　σ_p 和 ζ 的关系曲线

表 3-1　典型阻尼比值对应的 σ_p

ζ	0.4	0.5	0.6	0.68	0.707	0.8
σ_p(%)	25	16.3	9	5	4.3	1.5

（4）调整时间 t_s

由调整时间的定义，有

$$\left| c(t_s) - c(\infty) \right| = \left| \frac{1}{\sqrt{1-\zeta^2}} e^{-\zeta\omega_n t_s} \sin(\omega_d t_s + \theta) \right| \leqslant \Delta \qquad (3\text{-}37)$$

式中，Δ 为允许的误差范围，通常为 0.02 或 0.05。

由式（3-37）求解 t_s 是很困难的，为了简便起见，可用响应曲线 $c(t)$ 的包络线 $c_b(t)$ 代替响应曲线来近似求解调整时间。$c(t)$ 的包络线方程为

$$c_b(t) = 1 \pm \frac{1}{\sqrt{1-\zeta^2}} e^{-\zeta\omega_n t_s} \qquad (3\text{-}38)$$

包络线如图 3-11 所示。

由图 3-11 可见，响应曲线 $c(t)$ 总是位于这两条包络线之内，所以调整时间 t_s 则可由包络线方程近似求得 t_s' 来近似

$$1 \pm \frac{1}{\sqrt{1-\zeta^2}} e^{-\zeta\omega_n t_s} = 1 \pm \Delta \qquad (3\text{-}39)$$

于是
$$t_s = \frac{1}{\zeta\omega_n} \ln\left(\frac{1}{\Delta\sqrt{1-\zeta^2}} \right) \qquad (3\text{-}40)$$

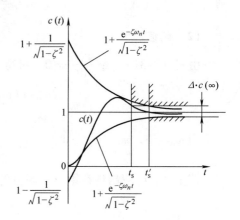

图 3-11 二阶系统阶跃响应曲线的包络线

工程上，当 ζ 很小时（$\zeta < 0.8$），可取 $\sqrt{1-\zeta^2} \approx 1$，得调整时间的进一步近似计算式

$$\begin{cases} t_s = \dfrac{4}{\zeta\omega_n} & (\Delta = 0.02) \\[2mm] t_s = \dfrac{3}{\zeta\omega_n} & (\Delta = 0.05) \end{cases} \qquad (3\text{-}41)$$

由式（3-40）和式（3-41）表明，调整时间与系统特征根的实部 $\zeta\omega_n$ 成反比关系，特征根距离虚轴越远，系统的调整时间 t_s 越小，快速性越好。

从以上分析计算可知，为使系统具有较好的平稳性和快速性，阻尼比一般应取 0.4 ~ 0.8，这时超调量约为 1.5% ~ 25%，而调节时间比较短。工程上常取 $\zeta = 0.707$ 作为设计依据，称之为"二阶最佳系统"。此时，超调量为 4.3%，而 $t_s(\Delta = 0.05)$ 最小。

在系统设计时，通常会根据对系统超调量的要求先确定阻尼比 ζ，再由调整时间 t_s 确定无阻尼振荡频率 ω_n 的值。

例 3-8 控制系统结构图如图 3-12 所示，其中 $K = 4$，$T = 0.25$。

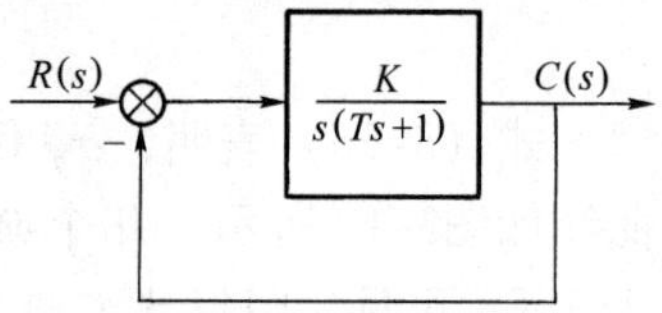

（1）讨论系统参数 K 和 T 对系统暂态性能的影响。

（2）计算系统的暂态性能指标 t_r，t_p，t_s，σ_p。

图 3-12 例 3-8 图

（3）若要求将系统设计成二阶最佳 $\zeta = 0.707$，在不改变 T 的情况下应如何改变 K 值？

解 （1）系统的闭环传递函数为

$$\Phi(s) = \frac{K}{Ts^2 + s + K} = \frac{\dfrac{K}{T}}{s^2 + \dfrac{1}{T}s + \dfrac{K}{T}}$$

与典型二阶系统传递函数比较，有

$$\omega_n^2 = \frac{K}{T} \quad 2\zeta\omega_n = \frac{1}{T}$$

所以
$$\omega_n = \sqrt{\frac{K}{T}} \quad \zeta = \frac{\frac{1}{T}}{2\omega_n} = \frac{1}{2} \sqrt{\frac{1}{KT}}$$

讨论：由参数 K、T 与 ζ 和 ω_n 的关系可知，开环放大系数 K 和时间常数 T 增大，都会使 ζ 减小，超调量增大，系统振荡加剧；而 $\zeta\omega_n = 1/2T$，$t_s(\Delta=0.05)=6T$，系统的调节时间由时间常数 T 唯一确定，T 增大，t_s 增大，快速性下降。

（2）由 $K=4$，$T=0.25$ 得 $\omega_n=4$，$\zeta=0.5$
$$\theta = \arccos\zeta = \arccos 0.5 = \frac{\pi}{3}$$

系统的暂态性能指标为
$$t_r = \frac{\pi - \theta}{\omega_n \sqrt{1-\zeta^2}} = 0.61\text{s}$$

$$t_p = \frac{\pi}{\omega_n \sqrt{1-\zeta^2}} = 0.91\text{s}$$

$$t_s = \frac{3}{\zeta\omega_n} = 1.5\text{s} \quad \Delta = 0.05$$

$$t_s = \frac{4}{\zeta\omega_n} = 2\text{s} \quad \Delta = 0.02$$

$$\sigma_p = \exp\left(-\frac{\zeta\pi}{\sqrt{1-\zeta^2}}\right) \times 100\% = 16.3\%$$

（3）若要求 $\zeta=0.707$
则
$$\zeta = \frac{1}{2\sqrt{0.25K}} = 0.707 \quad K = \sqrt{2}$$

例3-9 某单位负反馈二阶系统的单位阶跃响应曲线如图 3-13 所示，试确定系统的开环传递函数。

解 由图可知，该系统为欠阻尼二阶系统，且有
$$\sigma_p = 30\% \quad t_p = 0.1$$
由式（3-35）和式（3-36）有
$$t_p = \frac{\pi}{\omega_n \sqrt{1-\zeta^2}} = 0.1$$

$$\sigma_p = \exp\left(-\frac{\zeta\pi}{\sqrt{1-\zeta^2}}\right) = 0.3$$

解得
$$\zeta = \sqrt{\frac{(\ln\sigma_p)^2}{\pi^2 + (\ln\sigma_p)^2}} = \sqrt{\frac{1.45}{11.3}} = 0.358$$

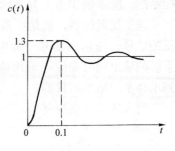

图 3-13 例 3-9 题图

$$\omega_n = \frac{\pi}{t_p \sqrt{1-\zeta^2}} = \frac{31.4}{\sqrt{1-0.358^2}} = 33.63$$

所以
$$G(s) = \frac{\omega_n^2}{s(s+2\zeta\omega_n)} = \frac{1131}{s(s+24.1)}$$

4. 二阶系统性能的改善

从例 3-8 的分析中可以看出，通过调整系统的参数可以改善系统的暂态性能。实际上，时间常数 T 是系统固定参数不可以随意改变，而开环放大系数 K 的改变，只能改善系统的部分性能。如果改变 K 不能使系统的性能完全满足要求，工程上常采用在系统中加入一些附加环节，利用产生附加控制信号的方法改善系统的性能，这就是第 6 章将要讨论的系统校正，或称系统综合。这里仅讨论改善二阶系统性能的两种常用方法。

（1）比例 - 微分控制

比例 - 微分控制又称比例 - 微分校正，或 PD 控制。具有比例 - 微分控制的二阶系统如图 3-14 所示。

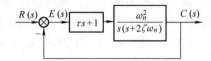

引入比例 - 微分控制后，系统的开环传递函数为　　图 3-14　具有比例 - 微分控制的二阶系统

$$G(s) = \frac{(1 + \tau s)\omega_n^2}{s(s + 2\zeta\omega_n)}$$

闭环传递函数为

$$\Phi(s) = \frac{C(s)}{R(s)} = \frac{(1 + \tau s)\omega_n^2}{s^2 + 2\zeta\omega_n s + \tau\omega_n^2 s + \omega_n^2} = \frac{(1 + \tau s)\omega_n^2}{s^2 + 2\zeta'\omega_n s + \omega_n^2} \qquad (3-42)$$

式中

$$\zeta' = \zeta + \frac{1}{2}\tau\omega_n \qquad (3-43)$$

可见，采用比例 - 微分控制后，系统的阻尼比增大了，自然振荡频率没有改变。只要选择适当的 τ 值，就能得到满意的阻尼比 ζ'，使系统既有好的响应平稳性，又有满意的快速性。

与前面讨论的只含有两个极点的二阶系统典型形式相比，加入比例 - 微分控制后，系统还增加了一个零点 $s = -z = -1/\tau$，故增加了比例 - 微分控制的二阶系统称为有零点的二阶系统。读者可以用 MATLAB 进行阶跃响应仿真验证，当 ζ 和 ω_n 不改变时，零点的存在将使系统响应曲线的上升速度加快，超调量增大。

（2）速度反馈控制

速度反馈控制又称微分反馈控制，具有速度反馈控制的二阶系统如图 3-15 所示。

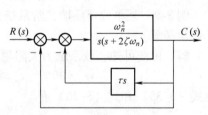

速度反馈控制，就是将系统输出信号的微分作为反馈信号，与输出信号一起同时加到系统的输入端，系统的输出同时受到误差和输出微分的双重控制，起到增加系统阻尼的目的。

图 3-15　速度反馈控制的二阶系统

引入速度反馈控制后的开环传递函数为

$$G(s) = \frac{\omega_n^2}{s(s + 2\zeta\omega_n + \omega_n^2\tau)}$$

闭环传递函数为

$$\Phi(s) = \frac{C(s)}{R(s)} = \frac{\omega_n^2}{s^2 + 2\zeta\omega_n s + \tau\omega_n^2 s + \omega_n^2} = \frac{\omega_n^2}{s^2 + 2\zeta'\omega_n s + \omega_n^2} \qquad (3-44)$$

式中

$$\zeta' = \zeta + \frac{1}{2}\tau\omega_n \qquad (3-45)$$

可见，速度反馈控制也是在 ω_n 不变的基础上，增大了阻尼比 ζ，而且没有附加零点的影响。只要选择适当的 τ 值，就能得到满意的阻尼比 ζ，使系统暂态性能得到改善。

但速度反馈的引入，使系统的开环放大系数由原来的 $\omega_n/2\zeta$ 下降为 $\omega_n/(2\zeta + \omega_n\tau)$，这对系统的稳态性能将产生不利的影响（见3.4节）。为了避免这种影响，可在引入速度负反馈的同时，增大系统的开环放大系数。

图 3-16 分别给出了原系统的单位阶跃响应曲线，以及引入比例 – 微分控制和速度反馈控制后的单位阶跃响应曲线。

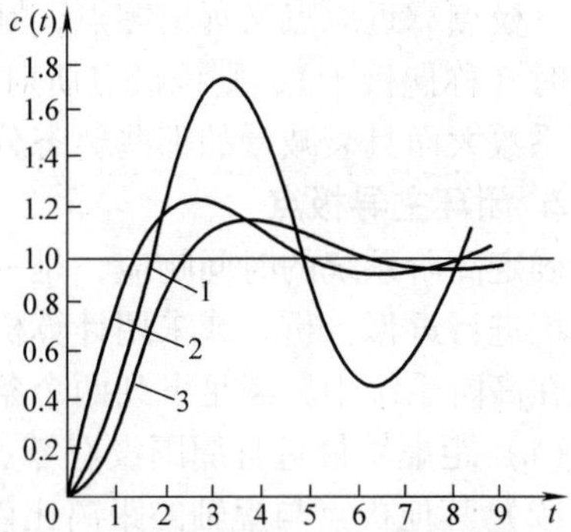

3.3.3 高阶系统分析

图 3-16 二阶系统在不同控制时的单位阶跃响应
1—原系统 2—比例 – 微分控制 3—速度反馈控制

1. 高阶系统的暂态响应分析

三阶及以上的系统一般称为高阶系统，其传递函数的一般形式为

$$\Phi(s) = \frac{C(s)}{R(s)} = \frac{b_m s^m + b_{m-1}s^{m-1} + b_{m-2}s^{m-2} + \cdots + b_0}{a_n s^n + a_{n-1}s^{n-1} + a_{n-2}s^{n-2} + \cdots + a_0} \quad (m \leqslant n) \qquad (3\text{-}46)$$

为了求取高阶系统的单位阶跃响应，分析其暂态性能，需要将式（3-46）的分子、分母多项式进行因式分解，表示成零、极点形式。设系统有不同的实数极点和共轭复数极点，且只有实数零点，则对于单位阶跃输入的响应有

$$C(s) = \frac{K_r \prod\limits_{i=1}^{m}(s + z_i)}{\prod\limits_{j=1}^{n_1}(s + p_j) \prod\limits_{k=1}^{n_2}(s^2 + 2\zeta_k\omega_{nk}s + \omega_{nk}^2)} \cdot \frac{1}{s} \qquad (3\text{-}47)$$

式中，$n_1 + 2n_2 = n$。展开成部分分式

$$C(s) = \frac{A_0}{s} + \sum\limits_{j=1}^{n_1}\frac{A_j}{s + p_j} + \sum\limits_{k=1}^{n_2}\frac{B_k(s + \zeta_k\omega_{nk}) + C_k\omega_{nk}\sqrt{1 - \zeta_k^2}}{s^2 + 2\zeta_k\omega_{nk}s + \omega_{nk}^2} \qquad (3\text{-}48)$$

式中，A_j、B_k 和 C_k 为 $C(s)$ 在各极点处的留数。

对式（3-48）求拉普拉斯反变换，求得系统的单位阶跃响应为

$$c(t) = A_0 + \sum\limits_{j=1}^{n_1}A_j e^{-p_j t} + \sum\limits_{k=1}^{n_2}B_k e^{-\zeta_k\omega_{nk}t}\cos\omega_{nk}\sqrt{1 - \zeta_k^2}\,t +$$

$$\sum\limits_{k=1}^{n_2}C_k e^{-\zeta_k\omega_{nk}t}\sin\omega_{nk}\sqrt{1 - \zeta_k^2}\,t \quad (t \geqslant 0) \qquad (3\text{-}49)$$

由式（3-49）可知，高阶系统单位阶跃响应的稳态分量为 $c(\infty) = A_0$。暂态分量则由一些实数极点构成的指数函数项和共轭复数极点构成的二阶正弦函数项线性组合而成。

如果所有闭环极点都具有负实部，即所有极点都位于 s 平面的左半部，随着时间 t 的增长，式（3-49）中的暂态分量指数函数项和二阶正弦函数项都将衰减趋于零，高阶系统是稳定的。各暂态分量衰减的快慢，取决于对应极点离虚轴的距离。极点离虚轴越远，该极点对应的暂态分量衰减越快。反之，离虚轴很近的极点，其对应的暂态分量项衰减慢，它在整个暂态分量中起主导作用。

暂态分量项的形式仅与其对应的极点形式有关，但其系数 A_j、B_k、C_k 的大小不仅与极点位置有关，而且与其他零点的位置也有关。如果某一极点远离原点，则相应的系数很小。而某一极点靠近原点又远离零点，则相应的系数比较大。若一对零点、极点相邻很近，几乎重合时（称偶极子），则该极点所对应的系数很小，对暂态响应几乎无影响。

系数大而且衰减慢的那些暂态分量，将在系统暂态过程中起主导作用。

2. 闭环主导极点

确定高阶系统的时间响应，是一件比较复杂的工作。工程上常采用主导极点的概念对高阶系统进行近似分析，或采用计算机进行分析。

在高阶系统中，满足下列两个条件的极点称为主导极点：

（1）距虚轴最近且周围没有零点。

（2）其他极点与虚轴的距离比该极点与虚轴的距离大 5 倍以上。

主导极点对应的暂态分量系数大而衰减缓慢，因此，它们在系统的暂态响应过程中起主要作用。利用主导极点的概念可以将高阶系统简化为一阶或二阶系统，其性能指标就可以由一阶或二阶系统的计算方法来近似估算。

例如，某四阶系统的闭环传递函数为

$$\Phi(s) = \frac{C(s)}{R(s)} = \frac{2(2s+1)}{(2.05s+1)(0.125s+1)(0.2s^2+0.4s+1)}$$

系统的闭环极点为 $p_1 = -1/2.05$、$p_2 = -8$、$p_{3,4} = -1 \pm j2$。由于 p_1 与零点 $z_1 = -1/2$ 相距很近，是一对偶极子，且

$$\frac{\mathrm{Re}[p_2]}{\mathrm{Re}[p_{3,4}]} = 8 > 5$$

所以，共轭复数极点 $p_{3,4}$ 是一对主导极点，则该系统可近似为二阶系统进行分析计算

$$\Phi(s) = \frac{C(s)}{R(s)} \approx \frac{2}{0.2s^2+0.4s+1} = \frac{2 \times 5}{s^2+2s+5}$$

3.4　控制系统的稳态性能分析

稳态误差是控制系统稳态响应的性能指标，用以评价系统的稳态性能，表示系统跟踪输入信号或抑制干扰信号的能力。稳态误差仅对稳定系统才有意义。

3.4.1　误差及稳态误差

1. 误差的定义

在控制系统的分析计算中，误差一般有两种定义。

（1）从输入端定义

如图 3-17 所示，以系统的输入信号 $r(t)$ 与反馈信号 $b(t)$ 比较后的偏差信号定义为误差

$$E_1(s) = R(s) - B(s) = R(s) - H(s)C(s) \qquad (3\text{-}50)$$

这种误差可以测量，具有一定的物理意义，也便于用结构图进行分析计算。

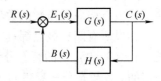

图 3-17　反馈控制系统

（2）从输出端定义

以系统的期望输出 $c_r(t)$ 与实际输出信号 $c(t)$ 之差 $e_2(t)$ 定义为误差。即

$$E_2(s) = C_r(s) - C(s) \tag{3-51}$$

对于单位反馈系统，系统的期望输出就是输入信号，即 $c_r(t) = r(t)$。而对于如图 3-17 所示的非单位反馈系统，可将其变换为如图 3-18 所示的等效单位反馈结构，图中 $C_r(s) = R(s)/H(s)$ 即为系统的期望输出。

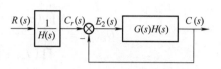

图 3-18　等效单位反馈系统

这种误差常用在性能指标的定义中，因 $e_2(t)$ 在实际系统中无法测量，一般只有数学意义。

显然，两种定义误差的信号间存在如下简单关系

$$E_2(s) = \frac{R(s)}{H(s)} - C(s) = \frac{E_1(s)}{H(s)} \tag{3-52}$$

对于单位反馈系统 $E_1(s) = E_2(s)$，两种误差的定义是一致的。

可见，从系统输入端定义的误差 $E_1(s)$，直接或间接地反映了从输出端定义的误差 $E_2(s)$。在本书以下的叙述中，未加特殊说明时，均采用从系统输入端定义的误差，用 $E(s)$ 表示。有必要进行输出端定义的误差时，利用式（3-52）进行简单的换算即可。

2. 稳态误差

误差信号 $e(t)$ 由两个分量：稳态分量和暂态分量组成。误差信号的稳态分量在 $t \to \infty$ 时的数值被称为稳态误差，用 e_{ss} 表示。对于稳定系统，误差信号的暂态分量在 $t \to \infty$ 时必定衰减为零，因此稳态误差可表示为

$$e_{ss} = \lim_{t \to \infty} e(t) \tag{3-53}$$

由图 3-19 所示典型结构可求出系统的误差信号为

$$E(s) = \frac{1}{1 + G_k(s)} R(s) - \frac{G_2(s)H(s)}{1 + G_k(s)} N(s) = E_r(s) + E_n(s) \tag{3-54}$$

式中，$G_k(s) = G_1(s)G_2(s)H(s)$ 为系统的开环传递函数；$E_r(s)$ 为给定输入作用下的误差；$E_n(s)$ 为扰动输入作用下的误差。

如果 $sE(s)$ 在 s 右平面及其虚轴上解析，即 $sE(s)$ 的极点均位于 s 左半平面（包括坐标原点），根据拉普拉斯变换的终值定理即可求出系统的稳态误差为

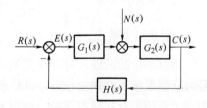

图 3-19　反馈控制系统的典型结构

$$e_{ss} = \lim_{s \to 0} sE(s) = \lim_{s \to 0} sE_r(s) + \lim_{s \to 0} sE_n(s)$$
$$= e_{sr} + e_{sn} \tag{3-55}$$

下面分别讨论给定输入信号和扰动输入信号作用下的稳态误差。

3.4.2　给定输入信号作用下的稳态误差

不计扰动作用，$N(s) = 0$。由式（3-54）、式（3-55）得给定输入信号作用下的稳态误差

$$e_{sr} = \lim_{s \to 0} sE_r(s) = \lim_{s \to 0} s \frac{1}{1 + G_k(s)} R(s) \tag{3-56}$$

将上式中的开环传递函数 $G_k(s)$ 表示为时间常数形式

$$G_k(s) = \frac{K \prod_{i=1}^{m_1} (\tau_i s + 1) \prod_{k=1}^{m_2} (\tau_k^2 s^2 + 2\zeta_k \tau_k s + 1)}{s^\nu \prod_{j=1}^{n_1} (T_j s + 1) \prod_{l=1}^{n_2} (T_l^2 s^2 + 2\zeta_l T_l s + 1)} \quad (n \geqslant m) \tag{3-57}$$

式中，K 为开环放大系数；τ_i、τ_k、T_j 和 T_l 分别为各个典型环节的时间常数；ν 为开环系统积分环节的数目（开环零值极点数）。且有 $m_1 + 2m_2 = m$，$\nu + n_1 + 2n_2 = n$。

将式（3-57）代入式（3-56）有

$$e_{sr} = \lim_{s \to 0} s \frac{1}{1 + \dfrac{K}{s^\nu}} R(s) \tag{3-58}$$

由式（3-58）可见，决定系统稳态误差的是：系统的开环放大系数 K、开环系统积分环节的数目 ν 和输入信号 $R(s)$ 的形式。

由于开环系统积分环节的数目 ν 反映了系统跟踪给定输入信号的能力，因此在研究稳态误差时，通常根据 ν 的不同对控制系统进行分类。当开环系统含积分环节的数目 ν 分别等于 0、1、2、…时，系统分别称为 0 型、1 型、2 型系统。3 型及以上系统的稳定性很差，将不作讨论。

1. 阶跃信号输入

当有阶跃信号输入时，$r(t) = A \cdot 1(t)$，$R(s) = \dfrac{A}{s}$，由式（3-56）有

$$e_{sr} = \lim_{s \to 0} s \cdot \frac{1}{1 + G_k(s)} \frac{A}{s} = \frac{A}{1 + \lim\limits_{s \to 0} G_k(s)} = \frac{A}{1 + K_p} \tag{3-59}$$

式中，$K_p = \lim\limits_{s \to 0} G_k(s)$，称为系统的位置稳态误差系数。

对于 0 型系统，　　　　$K_p = K$　　$e_{sr} = \dfrac{A}{1 + K}$

1 型及以上系统，　　$K_p = \infty$　　$e_{sr} = 0$

当有单位阶跃输入时不同类型系统输出响应的波形如图 3-20a 所示。可见，阶跃输入信号时 0 型系统存在误差稳态，且稳态误差随开环放大系数的增大而减小，称为有差系统。1 型以上系统不存在稳态误差，称为无差系统。

2. 斜坡信号输入

当有斜坡信号输入时，$r(t) = At \cdot 1(t)$，$R(s) = \dfrac{A}{s^2}$，有

$$e_{sr} = \lim_{s \to 0} \frac{s}{1 + G_k(s)} \frac{A}{s^2} = \frac{A}{\lim\limits_{s \to 0} s G_k(s)} = \frac{A}{K_v} \tag{3-60}$$

式中，$K_v = \lim\limits_{s \to 0} s G_k(s)$，称为系统的速度稳态误差系数。

对于 0 型系统　　　　$K_v = 0$　　$e_{sr} = \infty$

1 型系统 $\qquad K_v = K \qquad e_{sr} = \dfrac{A}{K}$

2 型及以上系统 $\quad K_v = \infty \quad e_{sr} = 0$

当有单位斜坡输入时不同类型系统的输出响应波形和稳态误差情况如图 3-20b 所示。可见，0 型系统不能跟踪斜坡输入信号；1 型系统可以跟踪斜坡输入信号，存在稳态误差；而 2 型及以上的系统不存在稳态误差。

3. 抛物线信号输入

当有抛物线信号输入时，$r(t) = \dfrac{1}{2}At^2 \cdot 1(t)$，$R(s) = \dfrac{A}{s^3}$，有

$$e_{sr} = \lim_{s \to 0} \frac{s}{1 + G_k(s)} \frac{A}{s^3} = \frac{A}{K_a} \tag{3-61}$$

式中，$K_a = \lim_{s \to 0} s^2 G_k(s)$，称为系统的加速度稳态误差系数。

对于 1 型及以下系统 $\quad K_a = 0 \quad e_{sr} = \infty$

2 型系统 $\qquad K_a = K \qquad e_{sr} = \dfrac{A}{K}$

当有单位抛物线输入时不同类型系统的输出响应波形和稳态误差情况如图 3-20c 所示。可见，小于 1 型的系统都不能跟踪输入信号，只有 2 型系统能够跟踪抛物线输入信号，存在稳态误差。稳态误差为零的条件是 $v \geqslant 3$。

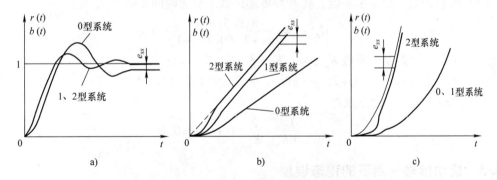

图 3-20　各典型输入时不同类型系统的稳态误差

表 3-2 列出了不同输入信号作用时，各类系统与稳态误差系数及稳态误差间的关系。

表 3-2　不同输入信号作用下的稳态误差和稳态误差系数

系统类型	稳态误差系数			$r(t) = A \cdot 1(t)$	$r(t) = At \cdot 1(t)$	$r(t) = \dfrac{1}{2}At^2 \cdot 1(t)$
	K_p	K_v	K_a	$e_{sr} = \dfrac{A}{1 + K_p}$	$e_{sr} = \dfrac{A}{K_v}$	$e_{sr} = \dfrac{A}{K_a}$
0 型	K	0	0	$\dfrac{A}{1 + K}$	∞	∞
1 型	∞	K	0	0	$\dfrac{A}{K}$	∞
2 型	∞	∞	K	0	0	$\dfrac{A}{K}$

从以上分析中，可以得出控制系统在给定输入信号作用下的稳态误差有如下结论：

（1）系统的稳态误差仅对稳定系统才有意义。

（2）系统稳态误差的存在取决于输入信号的形式和开环系统中积分环节的数目（系统型别）。要消除稳态误差，必须增加开环系统中积分环节的数目。

（3）系统开环放大系数和输入信号的幅值只影响稳态误差的大小。对于有差系统，增大系统的开环放大系数可以减小稳态误差。

事实上，考虑到系统的稳定性和暂态性能，由增加积分环节的个数或增大放大系数来提高系统稳态性能的方法是有限的。

输入信号作用下稳态误差的计算方法有两种：

（1）由系统结构图求出 $E(s)$ 后，直接用终值定理求稳态误差。

（2）根据输入信号的形式求出相应的误差系数后求稳态误差。

例 3-10 已知控制系统的开环传递函数为

$$G_k(s) = \frac{10(s+2)}{s(s+1)(s+4)}$$

试求：（1）系统的稳态误差系数 K_p、K_v、K_a。

（2）当输入 $r(t) = (1+2t) \cdot 1(t)$ 时系统的稳态误差。

解 先判断系统的稳定性

系统的特征方程为 $\qquad s^3 + 5s^2 + 14s + 20 = 0$

根据劳斯稳定判据确定系统是稳定的。

（1）该系统是一个 1 型系统，将开环传递函数改写为时间常数形式

$$G_k(s) = \frac{5(0.5s+1)}{s(s+1)(0.25s+1)}$$

$K = 5$。系统的各稳态误差系数 $K_p = \infty$，$K_v = K = 5$，$K_a = 0$。

（2）输入信号 $r(t) = (1+2t)g \cdot 1(t)$，它是阶跃信号 $1(t)$ 和斜坡信号 $2t \cdot 1(t)$ 的组合，根据叠加原理，系统的稳态误差

$$e_{sr} = \frac{1}{1+K_p} + \frac{2}{K_v} = 0 + 0.4 = 0.4$$

3.4.3 扰动信号作用下的稳态误差

一个实际系统除输入信号的作用外，还经常处于各种扰动信号的作用下，如负载的改变和供电电源的波动等。控制系统在扰动作用下的稳态误差反映了系统抗扰动的能力。

不考虑输入信号的作用，即 $R(s) = 0$。由式（3-54）及终值定理有

$$e_{sn} = \lim_{s \to 0} s E_n(s) = \lim_{s \to 0} \left[-\frac{sG_2(s)H(s)}{1+G_k(s)} N(s) \right] \qquad (3-62)$$

式（3-62）说明，扰动输入引起的稳态误差除与开环传递函数的类型以及扰动信号的形式有关外，还取决于扰动作用点的位置。

图 3-21a、b 所示的两个系统具有相同的开环传递函数

$$G_k(s) = \frac{K_1 K_2 K_3}{s(Ts+1)}$$

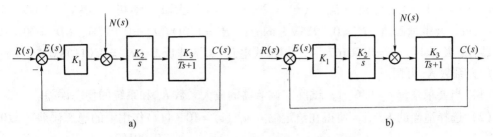

图 3-21　扰动作用点不同的控制系统

图 3-21a 所示的系统在阶跃扰动作用下的稳态误差为

$$e_{sn} = \lim_{s \to 0} s E_n(s) = -\lim_{s \to 0} s \frac{\dfrac{K_2 K_3}{s(Ts+1)}}{1 + \dfrac{K_1 K_2 K_3}{s(Ts+1)}} \frac{1}{s} = -\frac{1}{K_1}$$

图 3-21b 所示的系统在阶跃扰动作用下的稳态误差为

$$e_{sn} = \lim_{s \to 0} s E_n(s) = -\lim_{s \to 0} s \frac{\dfrac{K_3}{Ts+1}}{1 + \dfrac{K_1 K_2 K_3}{s(Ts+1)}} \frac{1}{s} = 0$$

可见，由于扰动作用点不同，扰动引起的稳态误差也不相同。

当开环传递函数 $G_k(s) = G_1(s) G_2(s) H(s) \gg 1$ 时，有

$$E_n(s) \approx -\frac{G_2(s) H(s) N(s)}{G_k(s)} = -\frac{N(s)}{G_1(s)} \qquad (3\text{-}63)$$

式中，$G_1(s)$ 是图 3-19 所示系统中扰动作用点与误差信号 $E(s)$ 之间的传递函数。

设

$$G_1(s) = \frac{K_1(\tau_1 s + 1) \cdots}{s^{v_1}(T_1 s + 1) \cdots}$$

则扰动作用下的稳态误差

$$e_{sn} = -\lim_{s \to 0} s \frac{N(s)}{G_1(s)} = -\lim_{s \to 0} \frac{s^{v_1 + 1}}{K_1} N(s) \qquad (3\text{-}64)$$

可见，扰动作用下稳态误差的大小除与扰动信号 $N(s)$ 的形式有关外，主要取决于扰动作用点到误差信号 $E(s)$ 之间的传递函数 $G_1(s)$ 中的积分环节个数 v_1 和放大系数 K_1。如图 3-21 所示系统，阶跃扰动输入时，由式 (3-64) 可得

$$e_{sn} = -\lim_{s \to 0} \frac{s^{v_1 + 1}}{K_1} \frac{1}{s} = -\lim_{s \to 0} \frac{s^{v_1}}{K_1} \qquad (3\text{-}65)$$

对于 a 系统　　　　　　　　$v_1 = 0, \quad e_{sn} = -\dfrac{1}{K_1}$

对于 b 系统　　　　　　　　$v_1 = 1, \quad e_{sn} = 0$

说明当系统存在扰动作用下的稳态误差时，增大 $G_1(s)$ 部分的放大系数 K_1，可减小稳态误差；要消除阶跃扰动作用时的稳态误差，$G_1(s)$ 部分至少要有一个积分环节。

3.4.4　转速负反馈调速系统分析

例 3-11　对于例 2-7 给出的实例——采用转速负反馈的闭环调速系统，其中给定输入

$u_n^*(t) = 10 \cdot 1(t)$，负载电流 $i_c(t) = 20 \cdot 1(t)$。已知电动机（10kW，220V，55A，1000r/min）及电枢回路：$C_e = 0.1925\text{V} \cdot \text{min/r}$，$R_a = 1.0\Omega$，$L_a = 0.017\text{H}$，$GD^2 = 20\text{N} \cdot \text{m}^2$；整流装置：$K_s = 44$，$T_s = 0.00167\text{s}$（三相桥式电路）；测速反馈：$K_n = 0.01158\text{V} \cdot \text{min/r}$；调节器放大系数 K_c 可调。

（1）当要求系统 $\zeta = 0.6$ 时，试确定调节器的放大系数 K_c 和系统的稳态误差。

（2）选择适当的 K_c 值，使得在给定输入 $u_n^*(t) = 10 \cdot 1(t)$ 作用下的稳态误差 $e_{sr} \leqslant 0.2$。

（3）若将比例调节器改换成比例积分调节器 $G_c(s) = K_c \dfrac{0.00167s + 1}{s}$，试分析其对系统稳态误差的影响。

解　由已知数据可得

$$T_l = \frac{L_a}{R_a} = 0.017\text{s} \qquad T_m = \frac{GD^2 R_a}{375 C_e C_m} = \frac{20 \times 1}{375 \times 0.1925 \times 0.1925 \times \dfrac{30}{\pi}}\text{s} = 0.15\text{s}$$

将已知数据代入图 2-28 所示化简后系统的结构图中，得图 3-22 所示结构图。

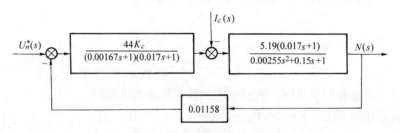

图 3-22　代入参数后的调速系统

（1）由图 3-22 可求得系统的开环传递函数

$$G_k(s) = \frac{2.65 K_c}{(0.00167s + 1)(0.00255s^2 + 0.15s + 1)}$$

为了便于计算，可忽略 T_s 的影响，系统的闭环传递函数可近似为

$$\frac{N(s)}{U_n^*(s)} \approx \frac{228.8 K_c}{0.00255s^2 + 0.15s + 1 + 2.65 K_c}$$

$$= \frac{89725.5 K_c}{s^2 + 58.8s + 392 + 1039.2 K_c}$$

对照二阶系统典型形式，有

$$\omega_n^2 = 392 + 1039.2 K_c$$

$$2\zeta\omega_n = 58.8$$

要求 $\zeta = 0.6$ 时，由上面两式解得 $K_c = 1.93$。

系统为 0 型系统，静态位置误差系数 $K_p = 2.65 K_c$，在 $u_n^*(t) = 10 \cdot 1(t)$ 作用下

$$e_{sr} = \frac{10}{1 + K_p} = \frac{10}{1 + 2.65 \times 1.93} = 1.635$$

负载扰动电流 $i_c(t) = 20 \cdot 1(t)$ 作用时，由式（2-73）有

$$E_n(s) = \frac{0.0602(0.15s + 1)(0.00167s + 1)}{(0.00167s + 1)(0.00255s^2 + 0.15s + 1) + 2.65 K_c} \frac{20}{s}$$

$$e_{sn} = \lim_{s \to 0} s E_n(s) = s \frac{0.0602}{1 + 2.65 \times 1.93} \frac{20}{s} = 0.196$$

所以，系统的稳态误差　$e_{ss} = e_{sr} + e_{sn} = 1.635 + 0.196 = 1.831$。

从系统输出端定义的稳态误差为

$$e'_{ss} = \frac{e_{ss}}{K_n} = \frac{1.831}{0.01158} = 158.1 \text{r/min}$$

可见，在满足 $\zeta = 0.6$，即满足系统的平稳性要求时，有较大的稳态误差。

（2）在 $u_n^*(t) = 10 \cdot 1(t)$ 作用下，要求 $e_{sr} \le 0.2$，即

$$e_{sr} = \frac{10}{1 + K_p} = \frac{10}{1 + 2.65 K_c} \le 0.2$$

解得　　　　　　　　　　　$K_c = 18.49$

可求出这时系统的阻尼比 $\zeta = 0.21$，系统振荡激烈，动态性能很差。

（3）若采用比例积分调节器，则系统的开环传递函数为

$$G_k(s) = \frac{2.65 K_c}{s(0.00255 s^2 + 0.15 s + 1)}$$

系统由 0 型提高到 1 型，在阶跃输入信号作用下的稳态误差为零。同时，因扰动作用点到误差信号 $E(s)$ 之间的传递函数 $G_1(s)$ 中有一个积分环节，所以阶跃扰动作用下的稳态误差也为零。系统总的稳态误差为零，为无差系统。只要选取合适的参数，就可在提高系统稳态精度的情况下，同时满足系统动态性能的要求，这是实际工程中常用的措施。

3.5　MATLAB 用于时域响应分析

3.5.1　用 MATLAB 分析系统的稳定性

MATLAB 中有多条命令用于求解系统特征方程的根和闭环极点，可以方便地确定控制系统的稳定性。

1. 多项式求根命令 roots

例 3-12　已知反馈系统的特征方程为 $D(s) = s^3 + 3s^2 + 4s + 24 = 0$，试判断系统的稳定性。

解　在命令窗口执行命令

d = [1 3 4 24] ;

p = roots(d)

结果显示为

p =

　　－3.6832

　　0.3416 + 2.5297i

　　0.3416 － 2.5297i

再执行命令

if　real(p) < 0

```
    s ='系统稳定'
  else
    s ='系统不稳定'
  end
```
显示结果为
```
    s =
    系统不稳定
```

2. 求系统极点命令 pole

例 3-13　已知反馈系统的传递函数 $\dfrac{C(s)}{R(s)} = \dfrac{s+1}{s^3 + 4s^2 + 5s + 6}$，试确定系统的极点。

解　执行以下命令
```
num = [ 1    1 ] ;
den = [ 1    4    5    6 ] ;
sys = tf( num, den) ;
p = pole( sys)
```
显示结果为
```
p =
    - 3. 0000
    - 0. 5000 + 1. 3229i
    - 0. 5000 - 1. 3229i
```

另外，还可以用 2.5.1 节中介绍的传递函数模型转零、极点模型命令求出传递函数的零、极点及增益。对于例 3-13，再输入命令 [z, p, k] = tf2zp(num, den) 得
```
z =
    - 1
p =
    - 3. 0000
    - 0. 5000 + 1. 3229i
    - 0. 5000 - 1. 3229i
k =
    1
```

3. 5. 2　用 MATLAB 分析系统的暂态性能

1. 求取动态响应曲线

MATLAB 的控制系统工具箱中有以下几条求取线性系统动态响应的命令：

step：求取单位阶跃响应命令。

impulse：求取单位脉冲响应命令。

lsin：求取任意输入信号响应命令。

这些命令都具有相同的调用格式。下面以单位阶跃响应命令为例介绍这些命令的应用。

step 命令的调用格式如下：

（1）step(num,den)　or step(sys)（下同）

（2）step(num,den,t)

（3）[y,x] = step(num,den)

（4）[y,x,t] = step(num,den) or　[y,x] = step(num,den,t)

格式（1）：求系统阶跃响应并作图，时间向量 t 的范围自动给定。

格式（2）：时间向量 t 的步距和终止时间由人工给定。

格式（3）：返回变量格式。返回输出变量 y、状态 x，不作图。

格式（4）：返回变量格式。时间向量 t 可选择是否返回，不作图。

例 3-14　已知控制系统的传递函数为

$$G(s) = \frac{1.5}{s^3 + 3s^2 + 2s + 1.5}$$

用 MATLAB 求系统的单位阶跃响应。

解　在 MATLAB 的命令窗口输入以下命令：

num = 1.5;

den = [1,3,2,1.5];

step(num,den);

grid;

xlabel('t'), ylabel('c(t)');

title('Step Response')

执行命令后，图形窗口显示的单位阶跃响应曲线如图 3-23 所示。

例 3-15　已知典型二阶系统的闭环传递函数为

$$\Phi(s) = \frac{C(s)}{R(s)} = \frac{\omega_n^2}{s^2 + 2\zeta\omega_n s + \omega_n^2}$$

用 step 命令绘制 $\omega_n = 1$，$\zeta = 0$，0.3，0.5，0.7，1，2 时的单位阶跃响应曲线。

解　在 MATLAB 的命令窗口输入以下命令：

t = [0:0.1:14];

num = [1];

zt0 = 0;den0 = [1,2 * zt0,1];

zt3 = 0.3;den3 = [1,2 * zt3,1];

zt5 = 0.5;den5 = [1,2 * zt5,1];

zt7 = 0.7;den7 = [1,2 * zt7,1];

zt10 = 1;den10 = [1,2 * zt10,1];

zt20 = 2;den11 = [1,2 * zt20,1];

[y0,x,t] = step(num,den0,t);

[y3,x,t] = step(num,den3,t);

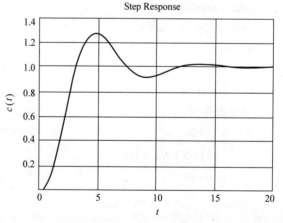

图 3-23　例 3-14 单位阶跃响应曲线

```
[y5,x,t] = step(num,den5,t);
[y7,x,t] = step(num,den7,t);
[y10,x,t] = step(num,den10,t);
[y20,x,t] = step(num,den20,t);
plot(t,y0,t,y3,t,y5,t,y7,t,y10,t,y20);
grid
```

执行命令后，图形窗口显示的单位阶跃响应曲线如图 3-24 所示。

2. 求取性能指标

例 3-16 已知典型二阶系统参数 $\zeta = 0.45$，$\omega_n = 2$，求系统的性能指标 t_p、σ_p、t_{ss}（$\Delta = \pm 2\%$）。

解　MATLAB 程序为

```
% 求单位阶跃响应
t = [0:0.1:9.9];
num = [2^2];
den = [1,2*0.45*2,2^2];
y = step(num,den,t);
plot(t,y),grid
% 求峰值时间和超调量
dimt = length(t);
[ymax,tpp] = max(y);
yss = y(dimt);
mp = 100*(ymax - yss)/yss;
tp = tpp*0.1;
% 求调整时间
for i = 1:100
    if   y(i) > 1.02*yss
        ts = i*0.1;
    elseif   y(i) < 0.98*yss
        ts = i*0.1;
    end
end
tss = max(ts);        % 求出调整时间
mp,tp,tss
```

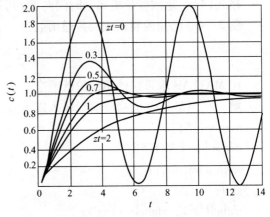

图 3-24　例 3-15 不同 ζ 时的单位阶跃响应曲线

% 计算超调量 mp
% 峰值时间，其中 0.1 为步长

程序执行后，系统的单位阶跃响应曲线如图 3-25 所示，性能指标计算结果为

```
mp =
    20.4660
```

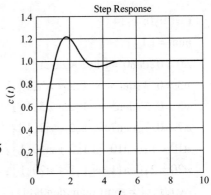

图 3-25　例 3-16 单位阶跃响应曲线

tpp =

   1. 9000

tss =

   4. 2000

小　结

时域分析法通过求解控制系统在典型输入信号作用下的时间响应来分析系统的稳定性、暂态性能和稳态性能。时域分析具有直观、准确、物理概念清楚的特点，是学习和研究自动控制原理最基本的方法。

自动控制系统的时域性能指标主要有上升时间 t_r、峰值时间 t_p、超调量 σ_p、调节时间 t_s 和稳态误差 e_{ss} 等。常用超调量、调节时间来评价控制系统的暂态性能，用稳态误差指标来评价控制系统的稳态性能。

稳定性是系统能够正常工作的首要条件。线性系统稳定的充分必要条件是其闭环极点都位于 s 平面的左半部（即特征方程的根必须具有负实部）。劳斯稳定判据可以通过特征方程的系数用代数方法判断系统的稳定性，还可以确定使系统稳定的参数条件。

典型一阶系统的时间常数 T 和典型二阶系统的特征参数 ζ、ω_n 决定了典型一、二阶系统的动态响应和性能指标，必须牢固掌握它们与性能指标间的关系。二阶系统的时域响应分析在自动控制理论中占有重要地位。阻尼比 ζ 决定了二阶系统的动态响应形式。欠阻尼情况时增大 ζ，可使超调量 σ_p 减小，系统响应平稳性提高。

高阶系统时域响应分析相当复杂，当系统具有主导极点时，常以主导极点的概念对高阶系统进行近似分析。

稳态误差是衡量系统控制精度的一个重要性能指标。稳态误差的存在取决于输入信号的形式和开环系统中积分环节的数目（系统型别）。系统的型别决定了系统的稳态误差对不同典型输入信号的跟踪能力。可以通过提高系统型别和增大开环放大系数，引入补偿控制环节等方法来消除或减小系统的稳态误差。

习　题

3-1 已知反馈系统的特征方程式如下，试用劳斯判据判断系统的稳定性，并指出位于 s 平面的右半部和虚轴上特征根的个数。

（1）$s^3 + 20s^2 + 9s + 100 = 0$

（2）$s^4 + 2s^3 + 8s^2 + 4s + 5 = 0$

（3）$5s^4 + 3s^3 - 10s^2 + 12s + 4 = 0$

（4）$s^5 + s^4 + 3s^3 + 9s^2 + 16s + 10 = 0$

（5）$s^5 + 12s^4 + 44s^3 + 48s^2 + 5s + 1 = 0$

（6）$s^5 + 7s^4 + 6s^3 + 42s^2 + 8s + 56 = 0$

3-2 已知单位反馈系统的开环传递函数为

（1）$G(s) = \dfrac{K}{s(s+1)(0.5s+1)}$

（2）$G(s) = \dfrac{K(0.5s+1)}{s(5s^2+2s+1)}$

试确定系统稳定时 K 的取值范围。

3-3　已知控制系统结构如图 3-26 所示，试确定系统稳定时 K_H、τ 的取值范围。

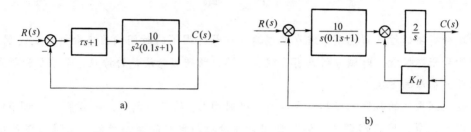

a)　　　　　　　　　　　　　　　　　　　b)

图 3-26　题 3-3 图

3-4　已知单位反馈系统的开环传递函数为

$$G(s) = \dfrac{4}{2s^3+10s^2+8s+1}$$

试用劳斯判据判定系统是否具有 $\sigma=1$ 的稳定裕量。

3-5　设单位反馈控制系统的开环传递函数为

$$G(s) = \dfrac{K}{(s+2)(s+4)(s^2+6s+25)}$$

确定引起闭环系统响应持续振荡时的 K 值和相应的振荡频率 ω。

3-6　具有单位反馈的系统框图如图 3-27 所示，若使系统以 $\omega_n=2\text{rad/s}$ 的频率振荡，试确定振荡时的 K 值和 a 值。

3-7　已知图 3-28 所示系统，$G(s) = \dfrac{10}{0.2s+1}$，现采用负反馈控制使调节时间 t_s 为原来的 0.1 倍，并保证总放大倍数不变。试选择 K_H、K_0 值。

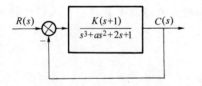

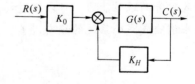

图 3-27　题 3-6 图　　　　　　　　　　　图 3-28　题 3-7 图

3-8　某测温系统如图 3-29 所示。现用该系统测量容器内水的温度，发现 1min 时间才指示实际水温 98% 的数值。若给容器加热，使水温以 $10℃/\text{min}$ 的速度线性变化，测温系统的稳态误差有多大？

3-9　已知系统的单位阶跃响应为 $c(t) = 1 - 1.8e^{-4t} + 0.8e^{-9t}$，试求：

（1）系统的闭环传递函数和脉冲响应。

（2）系统的阻尼比 ζ 和无阻尼自然振荡频率 ω_n。

3-10　系统结构如图 3-30 所示，求系统在零初始条件下的单位阶跃响应。

（1）$G(s) = \dfrac{1}{0.2s}$，$H(s) = 2$

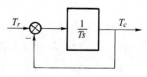

图 3-29　题 3-8 图

（2）$G(s) = \dfrac{8}{s(s+2)}$，$H(s) = 0.4$

3-11　已知二阶系统的单位阶跃响应曲线如图 3-31 所示，试确定系统的闭环传递函数。

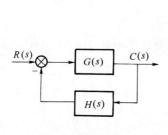

图 3-30　题 3-10 图

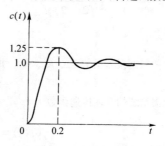

图 3-31　题 3-11 图

3-12　图 3-32a 所示的控制系统在单位阶跃信号 $r(t) = 1(t)$ 作用下，系统的输出 $c(t)$ 如图 3-32b 所示，其中 $t_s = 4\mathrm{s}$（按 $\Delta = 2\%$ 计算），求 K_1，K_2 和 a。

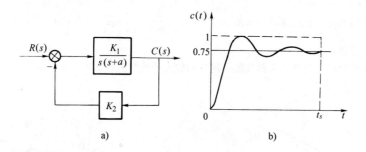

a)　　　　　　　　　　　b)

图 3-32　题 3-12 图

3-13　已知单位反馈控制系统的开环传递函数 $G(s) = \dfrac{K}{s(Ts+1)}$，试求下列条件下的系统单位阶跃响应超调量 σ_p 和调节时间 t_s。

（1）$K = 4.5$，$T = 1\mathrm{s}$　　（2）$K = 1$，$T = 1\mathrm{s}$　　（3）$K = 0.16$，$T = 1\mathrm{s}$

3-14　已知单位反馈系统开环传递函数 $G(s) = \dfrac{K}{s(Ts+1)}$。当 $\sigma_p \leqslant 15\%$ 和 $t_s = 4\mathrm{s}(\Delta = \pm 5\%)$ 时，试确定 K、T 值。

3-15　闭环系统结构如图 3-33 所示。

（1）当 $G(s) = \dfrac{16}{s(s+2)}$ 时，试分析加入速度负反馈时对系统暂态性能有何影响？若要求系统 $\zeta = 0.7$，则参数 τ 值应选多大？

（2）当 $G(s) = \dfrac{K}{s^2}$ 时，求 $\sigma_p \leqslant 10\%$ 和 $t_s = 4\mathrm{s}(\Delta = \pm 2\%)$ 时的参数 K、τ 值应选多大？

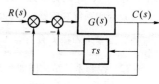

图 3-33　题 3-15 图

3-16　已知某系统的闭环传递函数为

$$\Phi(s) = \frac{C(s)}{R(s)} = \frac{16.8(s+2.1)}{(s+8)(s+2)(s^2+2s+2)}$$

试确定系统的主导极点，并估算系统的性能指标 σ_p 和 t_s。

3-17　已知单位反馈控制系统的开环传递函数为

(1) $G_k(s) = \dfrac{50}{(0.1s+1)(2s+1)}$

(2) $G_k(s) = \dfrac{7}{s(s+4)(s^2+2s+2)}$

(3) $G_k(s) = \dfrac{5(s+1)}{s^2(0.1s+1)}$

试求各系统的稳态误差系数 K_p、K_v、K_a，并求出输入信号 $r(t) = (2+2t+t^2) \cdot 1(t)$ 时系统的稳态误差 e_{sr}。

3-18　某反馈系统的开环传递函数为

$$G_k(s) = \frac{K}{s(0.01s+1)(s+1)}$$

当 $r(t) = (1+2t) \cdot 1(t)$ 时要求系统的稳态误差 $e_{sr} < 0.05$，试确定 K 值。

3-19　已知一单位反馈系统的闭环特征方程为

$$s^3 + As^2 + 20s + K_1 = 0$$

输入 $r(t)$，输出 $c(t)$ 的曲线如图 3-34 所示，试求 A 与 K_1 的取值。

3-20　如图 3-35 所示，已知 $G_1(s) = K_1$，$G_2(s) = \dfrac{K_2}{s(Ts+1)}$，$r(t) = (2+2t) \cdot 1(t)$，$n(t) = -1(t)$。

(1) 求系统的稳态误差。

(2) 要想减小扰动稳态误差，应提高哪一部分的放大系数？为什么？

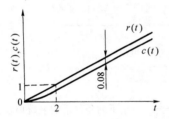

图 3-34　题 3-19 图

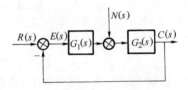

图 3-35　题 3-20 图

3-21　已知单位负反馈系统的闭环传递函数为

$$\Phi(s) = \frac{a_2 s + a_1}{s^3 + a_3 s^2 + a_2 s + a_1}$$

其中，a_1、a_2、a_3 均为不为零的系数。

(1) 证明系统在阶跃信号和斜坡信号作用时的稳态误差为零。

(2) 求系统在输入 $r(t) = \dfrac{1}{2}t^2$ 作用下的稳态误差。

3-22　控制系统结构图如图 3-36 所示。

(1) 当 $G_1(s) = \dfrac{s+10}{s}$ 时，分析说明内反馈 τs 的存在对系统稳定性的影响。

(2) 当 $G_1(s) = \dfrac{2s+1}{s}$ 时，试计算 $r(t) = (2+2t+t^2) \cdot 1(t)$ 时系统的稳态误差，并说明内反馈 τs 的存在对稳态误差的影响。

3-23　控制系统结构图如图 3-37 所示，欲保证 $\zeta = 0.7$ 和单位斜坡函数输入时的稳态误差 $e_{sr} = 0.25$，试确定参数 K、τ 的值。

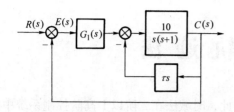

图 3-36　题 3-22 图

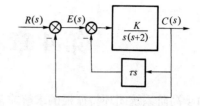

图 3-37　题 3-23 图

3-24　若反馈系统的闭环传递函数为

$$\Phi(s) = \frac{192}{s^3 + 16s^2 + 64s + 192}$$

试用 MATLAB

（1）绘制出系统在单位阶跃、单位脉冲和正弦信号 $\sin t$ 函数作用下的响应曲线。

（2）判断系统的稳定性。

（3）求出系统的暂态性能指标：超调量 σ_p、上升时间 t_r、峰值时间 t_p 和调整时间 t_s。

第4章 根轨迹法

由于高阶系统闭环特征根的求解非常复杂，因此，时域法在二阶以上高阶控制系统中的应用受到了极大的限制。

根轨迹法，是1948年伊文思（W. R. Evans）提出的求解闭环特征方程根的图解法。利用这种方法，可以根据开环系统中零、极点的分布，绘制出系统参数变化时闭环特征根在 s 平面上变化的轨迹。利用根轨迹法，通过简单的计算便可以确定系统闭环极点的分布，同时还可以看出参数变化对闭环极点分布的影响。

根轨迹法较好地解决了高阶系统的性能分析及性能指标的估算问题，对分析与设计反馈系统具有重要的意义。

4.1 根轨迹的基本概念

4.1.1 根轨迹

所谓根轨迹，是指系统中某个参数由 $0 \rightarrow \infty$ 变化时，闭环系统特征根在 s 平面上移动的轨迹。

下面以一个二阶系统为例，说明用解析法绘制根轨迹的过程。

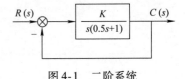

图4-1 二阶系统

如图4-1所示二阶系统，其开环传递函数为

$$G_k(s) = \frac{K}{s(0.5s+1)} = \frac{K_r}{s(s+2)}$$

式中，K 为开环放大系数；K_r 为零、极点形式下开环传递函数的放大系数，也称根轨迹增益，$K = 0.5K_r$。

系统的闭环传递函数为 $\qquad \Phi(s) = \dfrac{K_r}{s^2 + 2s + K_r}$

闭环系统特征方程为 $\qquad s^2 + 2s + K_r = 0$

特征方程的根为 $\qquad s_{1,2} = -1 \pm \sqrt{1 - K_r}$

当根轨迹增益 K_r 由 $0 \rightarrow \infty$ 变化时，特征根 $s_{1,2}$ 变化情况如下：

当 $K_r = 0$ 时，$s_1 = 0$，$s_2 = -2$，特征根位于开环传递函数的两个极点处。

当 K_r 由 $0 \rightarrow 1$ 时，s_1、s_2 都是负实数，且 s_1 从0沿负实轴向左移动，s_2 从 -2 沿负实轴向右移动。

当 $K_r = 1$ 时，$s_1 = s_2 = -1$，为重根；

当 K_r 由 $1 \rightarrow \infty$ 时，s_1、s_2 为一对实部为 -1，虚部由0逐渐增大的共轭复数根，即在 -1 点处分成两支沿平行于虚轴移动的直线，$K_r \rightarrow \infty$ 时，$s_{1,2} = -1 \pm j\infty$。

根据以上分析，可以绘制出当 K_r 由 $0 \rightarrow \infty$ 变化时闭环系统特征方程根的运动轨迹，即根轨迹如图 4-2 所示。

图 4-2 的根轨迹显示了参数 K_r 和特征根之间的关系，可以直观地分析出系统的控制性能。

稳定性：当 K_r 由 $0 \to \infty$ 变化时，根轨迹都位于 s 左半平面，因此，当 $0 < K_r < \infty$ 时，系统是稳定的。

动态性能：当 $0 < K_r < 1$ 时，根轨迹在负实轴上，系统闭环特征根 $s_{1,2}$ 是两个负实数，故系统呈过阻尼状态，阶跃响应无超调；当 $K_r = 1$ 时，$s_{1,2}$ 为实数重根，系统呈临界阻尼状态；当 $K_r > 1$ 时，$s_{1,2}$ 为共轭复数根，系统呈欠阻尼状态，阶跃响应具有衰减振荡特征，且超调量将随 K_r 值的增大而加大，平稳性变差。

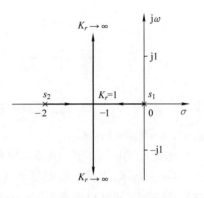

图 4-2　二阶系统的根轨迹

从以上分析可以看出，根轨迹与系统性能之间的联系十分密切。然而，对于高阶系统，用解析的方法绘制系统的根轨迹图，显然是不现实的。因此，需要寻找开环零、极点与系统特征方程的根之间的关系，从而能够由已知开环传递函数迅速绘制出闭环系统的根轨迹。

4.1.2　根轨迹方程

设反馈系统的结构图如图 4-3 所示。

将系统的开环传递函数用如下的零、极点形式表示

$$G_k(s) = G(s)H(s) = \frac{K_r \prod\limits_{i=1}^{m}(s - z_i)}{\prod\limits_{j=1}^{n}(s - p_j)} \qquad (4-1)$$

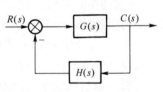

图 4-3　系统结构图

式中，z_i 和 p_j 分别为控制系统开环传递函数的零点和极点，它们可以是实数也可以是共轭复数。m 和 n 分别为开环传递函数零点和极点的个数。K_r 为根轨迹增益。

由图 4-3 可得系统的闭环传递函数为

$$\frac{C(s)}{R(s)} = \frac{G(s)}{1 + G(s)H(s)} = \frac{G(s)}{1 + G_k(s)}$$

其闭环特征方程为

$$1 + G_k(s) = 0 \qquad (4-2)$$

或

$$G_k(s) = -1 \qquad (4-3)$$

将式（4-1）代入式（4-3）有

$$\frac{K_r \prod\limits_{i=1}^{m}(s - z_i)}{\prod\limits_{j=1}^{n}(s - p_j)} = -1 \qquad (4-4)$$

显然，当根轨迹增益 K_r 由 $0 \to \infty$ 变化时，满足式（4-4）对应于所有 K_r 的 s 都是闭环特征方程式（4-2）的根，所以式（4-3）或式（4-4）称为根轨迹方程。

4.1.3　幅值条件方程和相角条件方程

由于根轨迹方程是复数方程，由它可派生出幅值条件方程和相角条件方程，即

$$\frac{K_r \prod\limits_{i=1}^{m} |s - z_i|}{\prod\limits_{j=1}^{n} |s - p_j|} = 1 \tag{4-5}$$

$$\sum_{i=1}^{m} \angle (s - z_i) - \sum_{j=1}^{n} \angle (s - p_j) = (2k + 1)\pi \tag{4-6}$$

式中，$k = 0$，± 1，± 2，…。

比较式（4-5）、式（4-6）可见，幅值条件方程式（4-5）与 K_r 有关，而相角条件方程式（4-6）与 K_r 无关。所以复平面上的某点 s，只要满足相角条件方程式（4-6），则该点必在根轨迹上。而将根轨迹上的任一点 s 代入幅值条件方程式（4-5），都可求得一个对应的 K_r 值。因此，相角条件是确定 s 平面上的某个点是否在根轨迹上的必要条件，幅值条件主要是用来确定根轨迹上任意点对应的根轨迹增益 K_r 值。

例如，对于如图 4-1 所示系统，可以用相角条件方程来判断 $s_1(-1, j2)$、$s_2(-2, j1)$ 两点是否在系统的根轨迹上。系统没有开环零点，只有两个开环极点 $p_1 = 0$，$p_2 = -2$，过这两个开环极点分别向 s_1 和 s_2 作向量，如图 4-4 所示。可以计算出引向 s_1 和 s_2 的向量相角分别为

$$\angle(s_1 - p_1) + \angle(s_1 - p_2) = 180°$$
$$\angle(s_2 - p_1) + \angle(s_2 - p_2) = -243.4°$$

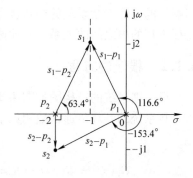

图 4-4　图 4-1 系统 s_1、s_2 的向量

可见，该系统位于实部为 -1 直线上的 s_1 点满足相角条件，说明 s_1 在根轨迹上，是该系统的闭环极点；s_2 点不满足相角条件，不在系统的根轨迹上。

根据幅值条件方程可以计算出根轨迹上对应 s_1 的 K_r 值为

$$K_r = \frac{\prod\limits_{j=1}^{n} |s - p_j|}{\prod\limits_{i=1}^{m} |s - z_i|} = |s_1 - p_1| \, |s_1 - p_2| = |-1 + j2 + 0| \, |-1 + j2 + 2| = 5$$

4.2　绘制根轨迹的基本法则

下面将通过根轨迹方程讨论根轨迹与开环系统零点、极点的关系，给出以根轨迹增益 K_r 为可变参量的根轨迹绘制的基本法则。

规则 1　根轨迹的连续性、对称性

根轨迹是对称于实轴的连续曲线。

由于闭环系统特征方程的根是根轨迹增益 K_r 的连续函数，所以当 K_r 由 $0 \to \infty$ 连续变化时，特征方程的根必然是连续变化的。

闭环系统特征方程的根必为实根或共轭复数根，即根轨迹必然位于 s 平面的实轴上或对称于实轴。

规则 2　根轨迹的分支数

根轨迹的分支数为开环极点数 n 和开环零点数 m 中的最大数。

由于根轨迹是指系统中某个参数由 $0 \to \infty$ 变化时，闭环特征根在 s 平面上移动的轨迹，故根轨迹的分支数就是闭环特征方程根的数目，即特征方程的阶数。特征方程的阶数为开环极点数 n 和开环零点数 m 中最大数。通常 $n \geq m$，则根轨迹的分支数通常为开环极点数 n。

规则 3　根轨迹起点和终点

根轨迹起始于开环传递函数的极点，终止于开环传递函数的零点（包括无穷远零点）。

由根轨迹的幅值条件方程式（4-5）有

$$\frac{\prod\limits_{i=1}^{m} |s - z_i|}{\prod\limits_{j=1}^{n} |s - p_j|} = \frac{1}{K_r} \tag{4-7}$$

当 $K_r = 0$ 时，只有 $s = p_j (j = 1 \sim n)$ 时式（4-7）才成立，所以 n 条根轨迹的起点位于系统的 n 个开环极点处。

当 $K_r \to \infty$ 时，只有 $s = z_i (i = 1 \sim m)$ 时式（4-7）才成立，故有 m 条根轨迹的终点位于开环零点处。

若 $n > m$，只有当 $s \to \infty$ 时有

$$\lim_{s \to \infty} \frac{\prod\limits_{i=1}^{m} (s - z_i)}{\prod\limits_{j=1}^{n} (s - p_j)} = \lim_{s \to \infty} \frac{s^m}{s^n} = \lim_{s \to \infty} \frac{1}{s^{n-m}} = 0$$

式（4-7）才符合 $K_r \to \infty$ 的条件，故系统有 $n - m$ 条根轨迹分支的终点为无穷远处，也称根轨迹无穷远处的终点为无穷远零点。

规则 4　实轴上的根轨迹

实轴上根轨迹段右侧的开环零点数和开环极点数之和为奇数。

图 4-5 所示为某系统的开环零点、极点分布情况。由图可见，该系统有一个开环零点 z_1，一个开环实数极点 p_1 和一对共轭复极点 p_2、p_3，系统的开环传递函数为

$$G_k(s) = \frac{K_r(s - z_1)}{(s - p_1)(s - p_2)(s - p_3)}$$

在实轴上 p_1 和 z_1 之间取一点 s_1，并画出各开环零点、极点指向 s_1 的向量，如图 4-5 所示。

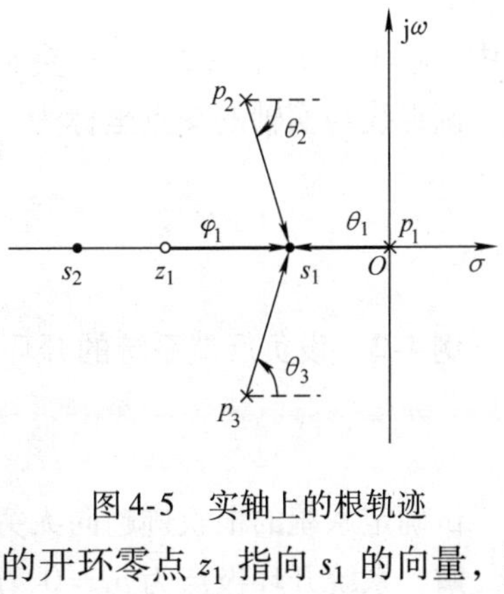

由图 4-5 可见，位于 s_1 右侧实轴的开环极点 p_1 指向

图 4-5　实轴上的根轨迹

s_1 的向量，其相角 $\angle(s_1 - p_1) = \theta_1$ 为 π；位于 s_1 左侧实轴的开环零点 z_1 指向 s_1 的向量，其相角 $\angle(s_1 - z_1) = \varphi_1$ 为 0；共轭复极点 p_2、p_3 指向 s_1 的两向量对称于实轴，故它们的相角 θ_2、θ_3 大小相等，符号相反，在相角方程中相互抵消，不起作用；所以 s_1 对应的相角条件方程为

$$\angle(s_1 - z_1) - [\angle(s_1 - p_1) + \angle(s_1 - p_2) + \angle(s_1 - p_3)] = \varphi_1 - (\theta_1 + \theta_2 + \theta_3) = -\pi$$

符合根轨迹相角条件，故 s_1 所在的 $p_1 \sim z_1$ 区段是根轨迹段。

如果在开环零点 z_1 与 $-\infty$ 间的实轴上取一点 s_2，如图 4-5 所示。由于位于 s_2 右侧的实

轴上有开环极点 p_1 和开环零点 z_1，它们指向 s_1 的向量引起的相角 $\angle(s_2 - p_1) = \theta_1$、$\angle(s_2 - z_1) = \varphi_1$ 都为 π，所以 s_2 对应的相角方程为

$$\angle(s_2 - z_1) - [\angle(s_2 - p_1) + \angle(s_2 - p_2) + \angle(s_2 - p_3)] = \varphi_1 - (\theta_1 + \theta_2 + \theta_3) = \pi - \pi = 0$$

不满足相角条件，因此 s_2 所在的 $z_1 \sim -\infty$ 区段不存在根轨迹。

以上分析说明，实轴上某区段是否存在根轨迹只与其右侧的开环零点、极点有关，只有当实轴上某些区段右侧的开环零点、极点个数之和为奇数时才能满足相角条件。

例4-1　设系统的开环传递函数为

$$G_k(s) = \frac{K_r(s+3)}{s^2(s+1)(s+5)(s+8)}$$

试确定实轴上的根轨迹。

解　开环零点、极点分布如图4-6所示。注意：在原点有两个极点 p_1、p_2，双重极点以双叉表示。

因为实轴上区段 $-3 \sim -1$ 内的右侧有 3 个开环极点，为奇数，所以 $-3 \sim -1$ 段为根轨迹段。实轴上 $-8 \sim -5$ 区段内的右侧有 1 个开环零点、4 个开环极点，开环零点、极点个数之和为 5 个，故该区段亦为根轨迹段，绘制出实轴上的根轨迹如图4-6所示。

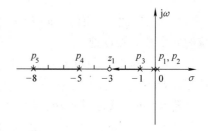

图4-6　例4-1 实轴上的根轨迹

规则5　根轨迹的渐近线

由规则3知，当 $n > m$ 时，则有 $n - m$ 条根轨迹趋向无穷远处，这 $n - m$ 条根轨迹的方位可由渐近线决定。

渐近线与实轴的夹角

$$\varphi = \frac{(2k+1)\pi}{n-m} \tag{4-8}$$

式中，$k = 0$，± 1，± 2，…；直到取满 $n - m$ 个倾角。

渐近线与实轴的交点坐标为

$$\sigma_a = \frac{\sum\limits_{j=1}^{n} p_j - \sum\limits_{i=1}^{m} z_i}{n - m} \tag{4-9}$$

例4-2　设负反馈系统的开环传递函数为

$$G_k(s) = \frac{K_r}{s(s+2)(s+4)}$$

试确定系统的根轨迹趋向无穷远的渐近线，并绘制根轨迹。

解　系统开环极点为 $p_1 = 0$，$p_2 = -2$，$p_3 = -4$，$n = 3$；没有零点，$m = 0$。

由规则2、3可知，系统的根轨迹有 3 条分支，它们的起点分别在开环极点：0，-2 和 -4 点处。因为系统没有开环零点，且 $n - m = 3$，所以 3 条根轨迹分支都趋向无穷远。

由规则4可知，实轴上 $0 \sim -2$ 区段及 $-4 \sim -\infty$ 区段为根轨迹段。

根轨迹的渐近线

$$\varphi = \frac{(2k+1)\pi}{3} = 60°, -60°, 180° \quad (k = 0, -1, 1)$$

$$\sigma_a = \frac{0 - 2 - 4}{3 - 0} = -2$$

绘制系统的根轨迹如图 4-7 所示，根轨迹的
渐近线用虚线所示。

规则 6　根轨迹的分离（会合）点

当根轨迹增益 K_r 由 0→∞ 变化时，会出现几
条根轨迹在 s 平面上会合而后又分开的点，这些
点称为根轨迹的分离（会合）点，分离（会合）
点实质上就是闭环特征方程的重根。由于根轨迹
的对称性，故其分离（会合）点必然是实数或共
轭复数对。在一般情况下，分离（会合）点多出
现在实轴上。

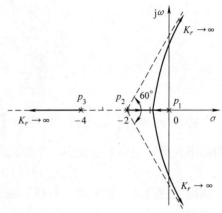

图 4-7　例 4-2 系统的根轨迹渐近线

若实轴上两相邻开环极点之间有根轨迹，则
这两相邻极点之间必有分离（会合）点；如果实
轴上相邻开环零点（其中一个可能是无限大零点）之间有根轨迹，则这两相邻零点之间必
有分离（会合）点。

设系统的开环传递函数为

$$G_k(s) = K_r \frac{\prod\limits_{i=1}^{m}(s - z_i)}{\prod\limits_{j=1}^{n}(s - p_j)} = K_r \frac{B(s)}{A(s)} \tag{4-10}$$

则分离（会合）点 d 的坐标可由式（4-11）求得

即

$$\sum_{j=1}^{n} \frac{1}{d - p_j} = \sum_{i=1}^{m} \frac{1}{d - z_i} \tag{4-11}$$

证明：由式（4-10）所示系统的开环传递函数可得闭环特征方程为

$$K_r \prod_{i=1}^{m}(s - z_i) + \prod_{j=1}^{n}(s - p_j) = 0 \tag{4-12}$$

根轨迹若有分离（会合）点，根据方程重根的条件还必须满足

$$\frac{\mathrm{d}}{\mathrm{d}s}\left[K_r \prod_{i=1}^{m}(s - z_i) + \prod_{j=1}^{n}(s - p_j) \right] = 0$$

则

$$\frac{\mathrm{d}}{\mathrm{d}s} \prod_{j=1}^{n}(s - p_j) = - K_r \frac{\mathrm{d}}{\mathrm{d}s} \prod_{i=1}^{m}(s - z_i) \tag{4-13}$$

由式（4-12）有

$$\prod_{j=1}^{n}(s - p_j) = - K_r \prod_{i=1}^{m}(s - z_i) \tag{4-14}$$

将式（4-13）除以式（4-14）得

$$\frac{\dfrac{\mathrm{d}}{\mathrm{d}s} \prod\limits_{j=1}^{n}(s - p_j)}{\prod\limits_{j=1}^{n}(s - p_j)} = \frac{\dfrac{\mathrm{d}}{\mathrm{d}s} \prod\limits_{i=1}^{m}(s - z_i)}{\prod\limits_{i=1}^{m}(s - z_i)}$$

$$\frac{\mathrm{d}\left[\ln\prod_{j=1}^{n}(s-p_{j})\right]}{\mathrm{d}s}=\frac{\mathrm{d}\left[\ln\prod_{i=1}^{m}(s-z_{i})\right]}{\mathrm{d}s}$$

$$\sum_{j=1}^{n}\frac{\mathrm{d}\ln(s-p_{j})}{\mathrm{d}s}=\sum_{i=1}^{m}\frac{\mathrm{d}\ln(s-z_{i})}{\mathrm{d}s}$$

即

$$\sum_{j=1}^{n}\frac{1}{s-p_{j}}=\sum_{i=1}^{m}\frac{1}{s-z_{i}} \tag{4-15}$$

若将 $B(s)=\prod_{i=1}^{m}(s-z_{i})$、$A(s)=\prod_{j=1}^{n}(s-p_{j})$ 代入式（4-13）和式（4-14），可以很容易得出求分离（会合）点的另一个公式

$$A(s)B'(s)=A'(s)B(s) \tag{4-16}$$

值得注意的是，根据式（4-15）或式（4-16）求得的是 K_{r} 在 $-\infty\rightarrow+\infty$ 区域内的重根，而根轨迹是在 $K_{r}=0\rightarrow+\infty$ 区域内。只有位于根轨迹上的重根才是分离点或会合点，故若根据式（4-15）或式（4-16）求得的点不在根轨迹上，则不是分离点或会合点，应该舍去。

例 4-3　设负反馈系统的开环传递函数为

$$G_{k}(s)=\frac{K_{r}(s+3)}{(s+1)(s+2)}$$

试绘制 K_{r} 由 $0\rightarrow\infty$ 变化时系统的根轨迹。

解　系统的开环极点、零点为 $p_{1}=-1$，$p_{2}=-2$，$z_{1}=-3$；$n=2$，$m=1$。

根轨迹有两条分支，一条终止于零点 z_{1}，$n-m=1$，故还有一条根轨迹趋向于无穷远处，渐近线与实轴的夹角为

$$\varphi=\frac{(2k+1)\pi}{1}=180°\qquad(k=0)$$

即这条根轨迹将沿负实轴趋向于无穷远处。

实轴上根轨迹段为 $p_{1}\sim p_{2}$ 段和 $z_{1}\sim-\infty$。

由于 $p_{1}\sim p_{2}$ 段和 $z_{1}\sim-\infty$ 段存在根轨迹，这两个区段必存在分离（会合）点

由规则 6　　　　$\dfrac{1}{d+1}+\dfrac{1}{d+2}=\dfrac{1}{d+3}$

整理得　　　　　$d^{2}+6d+7=0$

解得　　　　　　$d_{1}=-1.6$　　$d_{2}=-4.4$

其中 d_{1} 为根轨迹的分离点，d_{2} 为根轨迹的会合点。

根据以上的分析和计算，绘制出的系统根轨迹如图 4-8 所示。系统有两条根轨迹，一条从 p_{1} 出发，经过分离点 d_{1} 后进入复平面，再经过会合点 d_{2} 回到实轴，最后到终点 z_{1}。另一条从 p_{2} 出发，经过分离点 d_{1} 后进入复平面，再经过会合点 d_{2} 回到实轴，然后

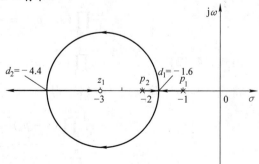

图 4-8　例 4-3 系统的根轨迹

沿180°渐近线趋于终点 $-\infty$。图中根轨迹的复平面段为一个圆，圆心在（-3，j0），半径为圆心到分离点的距离。可以证明，若二阶系统的根轨迹有复平面段，一定是圆或者圆的一部分。

规则7 根轨迹的出射角和入射角

当开环零点、极点处于复数平面上时，根轨迹在复数极点起点处的切线与水平正方向的夹角称为出射角；根轨迹终止于开环复数零点处的切线与水平正方向的夹角称为入射角。

以图4-9所示控制系统为例，说明出射角的求取。

由图4-9可见，该系统有1个开环零点 z_1 和3个开环极点 p_1、p_2、p_3，其中 p_1、p_2 为一对共轭复数极点。在离开 p_1 的根轨迹上取一点 s_1，则 s_1 应满足相角条件

$$\angle(s_1 - z_1) - \angle(s_1 - p_1) - \angle(s_1 - p_2) - \angle(s_1 - p_3) = (2k+1)\pi$$

（4-17）

当 $s_1 \to p_1$ 时，$\angle(s_1 - p_1) = \theta_{p1}$，为开环极点 p_1 的出射角，则由式（4-17）可得

$$\angle(p_1 - z_1) - \theta_{p1} - \angle(p_1 - p_2) - \angle(p_1 - p_3) = (2k+1)\pi$$

考虑到相角的周期性，出射角 θ_{p1} 可写为

$$\theta_{p1} = (2k+1)\pi + \angle(p_1 - z_1) - \angle(p_1 - p_2) - \angle(p_1 - p_3)$$

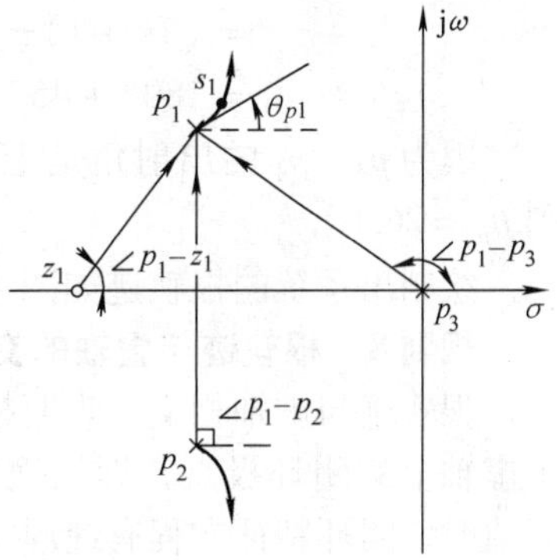

图4-9 根轨迹的出射角

由此可推广得出射角的一般表达式

$$\theta_{pl} = (2k+1)\pi + \sum_{i=1}^{m} \angle(p_l - z_i) - \sum_{\substack{j=1 \\ j \neq l}}^{n} \angle(p_l - p_j) \tag{4-18}$$

式中，$\displaystyle\sum_{\substack{j=1 \\ j \neq l}}^{n} \angle(p_l - p_j)$ 为除了 p_l 之外的所有开环极点指向 p_l 的向量的相角之和。

同理，可求得入射角的一般表达式

$$\varphi_{zl} = (2k+1)\pi - \sum_{\substack{i=1 \\ j \neq l}}^{m} \angle(z_l - z_i) + \sum_{j=1}^{n} \angle(z_l - p_j) \tag{4-19}$$

式中，$\displaystyle\sum_{\substack{i=1 \\ i \neq l}}^{m} \angle(z_l - z_i)$ 为除了 z_l 之外的所有开环零点指向 z_l 的向量的相角之和。

例4-4 设负反馈系统的开环传递函数为

$$G_k(s) = \frac{K_r(s+2)}{s(s+3)(s^2+2s+2)}$$

试确定根轨迹离开复数开环极点的出射角，并绘制出根轨迹。

解 系统的开环极点、零点为 $p_1 = 0$、$p_2 = -3$、$p_3 = -1 + j$、$p_4 = -1 - j$、$z_1 = -2$，$n = 4$、$m = 1$。

（1）实轴上的根轨迹段 $p_1 \sim z_1$ 和 $p_2 \sim -\infty$ 段

（2）根轨迹的渐近线 $n - m = 3$，有三条根轨迹趋于无穷远

渐近线与实轴的夹角 $\varphi = \dfrac{(2k+1)\pi}{3} = 60°, 180°, -60°$ （$k = 0, 1, -1$）

渐近线与实轴的交点 $\sigma = \dfrac{-3 - 1 - 1 - (-2)}{3} = -1$

渐近线如图 4-10 中虚线所示。

（3）根轨迹的出射角　根据开环零点、极点的分布情况，画出系统开环零点和其他开环极点到复数开环极点 p_3 的向量，并计算出每个向量的相角。由规则 7 可知，开环复数极点 p_3 的出射角为

$$\theta_{p_3} = (2k+1)\pi + \sum_{i=1}^{m} \angle(p_3 - z_i) - \sum_{\substack{j=1 \\ j\neq 3}}^{n}(p_3 - p_j)$$

$$= (2k+1)\pi + \angle(p_3 - z_1) - [\angle(p_3 - p_1) + \angle(p_3 - p_2) + \angle(p_3 - p_4)]$$

$$= 180° + 45° - (135° + 26.6° + 90°) = -26.6°$$

因为 p_3、p_4 的出射角是上、下对称的，则 $\theta_{p_4} = 26.6°$。

绘制出系统的根轨迹如图 4-10 所示。

规则 8　根轨迹与虚轴的交点

根轨迹与虚轴相交，表明控制系统有位于虚轴上的闭环极点，即根轨迹增益 K_r 为某值时，闭环特征方程有纯虚根，此时系统处于临界稳定状态。

将 $s = j\omega$ 代入闭环特征方程，可以确定根轨迹与虚轴的交点坐标及对应的根轨迹增益 K_r。

即　　　　$1 + G(j\omega)H(j\omega) = 0$　　　　(4-20)

从上式便可解出 ω 值及对应的 K_r。

例 4-5　设负反馈系统的开环传递函数为

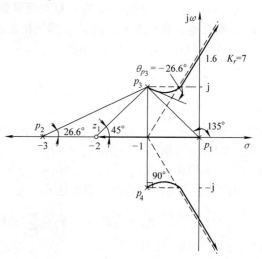

图 4-10　例 4-4 根轨迹的出射角

$$G_k(s) = \frac{K_r}{(s+1.5)(s^2 + 4s + 8)}$$

试绘制 K_r 由 $0 \to \infty$ 变化时系统的根轨迹。

解　系统开环极点为 $p_1 = -1.5$、$p_{2,3} = -2 \pm j2$，$n = 3$，没有零点，$m = 0$。

（1）系统的根轨迹有 3 条分支，起始于 3 个开环极点。因为 $m = 0$，且 $n - m = 3$，所以 3 条根轨迹分支都趋向无穷远。

（2）实轴上的根轨迹段为 $-1.5 \sim -\infty$ 区段。

（3）根轨迹的渐近线与实轴的夹角和交点为

$$\varphi = \frac{(2k+1)\pi}{3} = 60°, 180°, -60° \qquad (k = 0, 1, -1)$$

$$\sigma_a = \frac{-1.5 - 2 - 2}{3 - 0} = -1.8$$

（4）根轨迹的出射角

$$\theta_{p_2} = (2k+1)\pi + \sum_{i=1}^{m} \angle(p_2 - z_i) - \sum_{\substack{j=1 \\ j\neq 3}}^{n}(p_2 - p_j)$$

$$= \pi - \angle(p_2 - p_1) - \angle(p_2 - p_3) = \pi - 104° - 90° = -14°$$

$$\theta_{p_3} = 14°$$

（5）根轨迹与虚轴的交点

系统的闭环特征方程 $\quad s^3 + 5.5s^2 + 14s + 12 + K_r = 0$

令 $s = j\omega$ 代入，得 $\quad -j\omega^3 - 5.5\omega^2 + j14\omega + 12 + K_r = 0$

所以 $\qquad \begin{cases} -5.5\omega^2 + 12 + K_r = 0 \\ -\omega^3 + 14\omega = 0 \end{cases}$

解得 $\quad \omega = \pm 3.7 \quad K_r = 65$

即当 $K_r = 65$ 时，根轨迹与虚轴相交，交点为 $\pm j3.7$

绘制出系统的根轨迹如图 4-11 所示。

规则 9　闭环极点之和

将系统开环传递函数表达为零点、极点形式

$$G_k(s) = \frac{K_r \prod\limits_{i=1}^{m} (s - z_i)}{\prod\limits_{j=1}^{n} (s - p_j)} \qquad (m \leqslant n)$$

则系统的闭环特征方程为

$$1 + G_k(s) = 0$$

即 $\quad \prod\limits_{j=1}^{n} (s - p_j) + K_r \prod\limits_{i=1}^{m} (s - z_i) = 0 \quad (4\text{-}21)$

上式表示的 n 阶特征方程也可表示为

$$F(s) = s^n + a_{n-1}s^{n-1} + a_{n-2}s^{n-2} + \cdots + a_1 s + a_0 = 0$$

其特征根 s_1, s_2, $\cdots$, s_n 的因式表示为

$$F(s) = \prod\limits_{j=1}^{n} (s - s_j) = 0 \quad (4\text{-}22)$$

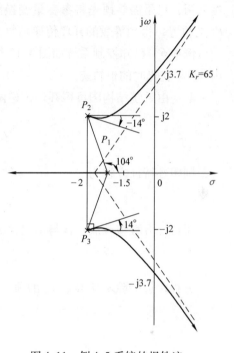

图 4-11　例 4-5 系统的根轨迹

如果满足条件 $n - m \geqslant 2$，可展开式（4-21）和式（4-22）两方程为

$$s^n + \left(\sum\limits_{j=1}^{n} -p_j \right)s^{n-1} + \cdots = s^n + \left(\sum\limits_{j=1}^{n} -s_j \right)s^{n-1} + \cdots \quad (4\text{-}23)$$

可见 $\qquad\qquad \sum\limits_{j=1}^{n} s_j = \sum\limits_{j=1}^{n} p_j \qquad\qquad (4\text{-}24)$

式（4-24）说明对于任意 K_r，闭环极点之和等于开环极点之和。对于一个给定的系统来说，开环极点之和总是一个常值，因此式（4-24）表明，满足 $n - m \geqslant 2$ 的负反馈系统，当 K_r 由 $0 \to \infty$ 变化时，部分特征根在复平面上向右移动时，必有另一些特征根向左移动，如此才能保持特征根，即闭环极点之和为常值，这一规律对于判别根轨迹的走向很有意义。

按照以上给出的绘制根轨迹的基本规则，当已知系统的开环零点、极点时，可以较迅速地画出根轨迹增益 K_r 由 $0 \to \infty$ 变化时，系统根轨迹的大致形状和变化趋势。

4.3　参量根轨迹

4.2 节中介绍的以根轨迹增益 K_r 或开环增益 K 为可变参数绘制的根轨迹称为常规根轨

迹。在实际工程系统的分析与设计过程中，常常需要分析非增益参数（如开环零点、极点、时间常数和反馈系数等）变化对系统性能的影响。这种以非根轨迹增益 K_r 或非开环增益 K 为可变参数绘制的根轨迹称为参量根轨迹。

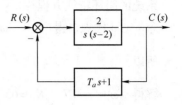

图 4-12　例 4-6 系统结构图

绘制参量根轨迹时，上述关于绘制根轨迹的基本法依然适用，只是需要预先将参变量变换到相当于根轨迹增益 K_r 的位置，得到等效的开环传递函数。

例 4-6　已知控制系统如图 4-12 所示，试绘制参数 T_a 由 $0 \to \infty$ 变化时的根轨迹。

解　由系统结构图可得开环传递函数为

$$G_k(s) = \frac{2(T_a s + 1)}{s(s - 2)}$$

则闭环特征方程为

$$s(s - 2) + 2(T_a s + 1) = 0$$

将特征方程整理成包含与不包含 T_a 的两部分

$$(s^2 - 2s + 2) + 2T_a s = 0$$

方程两边同除不含参量 T_a 的项，得

$$1 + \frac{2T_a s}{s^2 - 2s + 2} = 0$$

重新构造一个等效系统，等效系统的闭环特征方程与原系统完全相同，而等效系统的开环传递函数为

$$G'_k(s) = \frac{2T_a s}{s^2 - 2s + 2}$$

按照前述绘制根轨迹的基本规则，即可绘制出系统测速反馈系数 T_a 由 $0 \to \infty$ 变化时的根轨迹。

（1）系统的开环零点、极点为 $p_{1,2} = 1 \pm j$、$z_1 = 0$，$n = 2$，$m = 1$。

系统有两条根轨迹，起始于两个开环极点，一条终止于开环零点，一条终止于无穷远。

（2）实轴上的根轨迹段为 $z_1 \sim -\infty$ 段

（3）根轨迹的出射角为

$$\theta_{p_1} = (2k + 1)\pi + \sum_{i=1}^{m} \angle(p_1 - z_i) - \sum_{\substack{j=1 \\ j \neq 1}}^{n} \angle(p_1 - p_j) = (2k + 1)\pi + 45° - 90° = 135°$$

$$\theta_{p_2} = -135°$$

（4）根轨迹的分离（会合）点

由 $\dfrac{1}{d-1+j}+\dfrac{1}{d-1-j}=\dfrac{1}{d}$

解得 $d_1=\sqrt{2}$（舍去） $d_2=-\sqrt{2}$

（5）根轨迹与虚轴的交点

由系统的闭环特征方程 $s^2+2(T_a-1)s+2=0$

可得 $T_a=1$ 时，系统特征根 $s_{1,2}=\pm j\sqrt{2}$

绘制出根轨迹如图 4-13 所示。

需要强调的是，这里的等效开环传递函数是从系统的特征方程得来，等效的含义仅在于其闭环极点与原系统的闭环极点相同，但是零点还必须是原开环传递函数的零点。

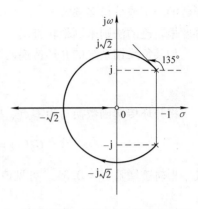

图 4-13　例 4-6 根轨迹图

4.4　正反馈回路和零度根轨迹

在某些复杂的自动控制系统中，可能包含局部正反馈回路，其正反馈内回路的闭环传递函数为

$$\varPhi(s)=\frac{G(s)}{1-G(s)H(s)}$$

其闭环特征方程为 $\qquad 1-G(s)H(s)=0$

根轨迹方程为 $\qquad G(s)H(s)=1$

其幅值条件方程和相角条件方程为

$$|G(s)H(s)|=1 \tag{4-25}$$

$$\sum_{i=1}^{m}(s-z_i)-\sum_{j=1}^{n}(s-p_j)=0°+2k\pi \qquad (k=0,\pm1,\pm2,\cdots) \tag{4-26}$$

将式（4-25）和式（4-26）和常规根轨迹的条件方程相比，可见它们的幅值条件完全相同，而相角条件由 $(2k+1)\pi$ 变为了 $2k\pi$。因此，称这种相角条件为 $2k\pi$ 的根轨迹为零度根轨迹，而常规根轨迹也被称为 $180°$ 根轨迹。

在绘制正反馈回路根轨迹规则中，不同于负反馈系统的法则有如下几条：

（1）实轴上根轨迹区段的右侧，开环零点、极点数目之和为偶数。

（2）根轨迹的渐近线与实轴正方向的夹角为

$$\theta=\frac{2k\pi}{n-m} \qquad (k=0,\pm1,\pm2,\cdots) \tag{4-27}$$

（3）根轨迹的出射角与入射角的计算公式为

$$\theta_{p_l}=\sum_{i=1}^{m}\angle(p_l-z_i)-\sum_{\substack{j=1\\j\neq l}}^{n}\angle(p_l-p_j) \tag{4-28}$$

$$\theta_{z_l}=-\sum_{\substack{i=1\\i\neq l}}^{m}\angle(z_l-z_i)+\sum_{j=1}^{n}\angle(z_l-p_j) \tag{4-29}$$

除具有正反馈结构的系统外，有些非最小相位系统虽然是负反馈结构，但在其开环传递函数的分子或分母多项式中，s 的最高次幂项的系数为负，使系统具有正反馈的性质，要用零度根轨迹的法则来画根轨迹图。

如某负反馈系统的开环传递函数为

$$G_k(s) = \frac{K(1 - 0.5s)}{s^2 + 2s + 2}$$

将开环传递函数换写为零点、极点形式为

$$G_k(s) = -\frac{0.5K(s - 2)}{s^2 + 2s + 2} = -\frac{K_r(s - 2)}{s^2 + 2s + 2}$$

式中根轨迹增益 $K_r = 0.5K$。可见该系统符合零点根轨迹的绘制条件。

4.5　用根轨迹分析系统性能

用根轨迹法分析系统时，首先由系统开环传递函数绘制出系统的根轨迹，然后通过根轨迹来分析系统性能。

应该说系统的根轨迹包含了系统性能的全部信息：根轨迹的起点是开环极点，而开环极点在原点的数目和开环增益决定了系统的稳态性能；而随着 K_r 的变化，闭环系统特征根在 s 平面上的变化轨迹反映了控制系统的动态性能。

4.5.1　用根轨迹确定系统的闭环极点

闭环系统的性能由闭环传递函数的零点、极点来决定，用幅值条件方程，可以确定根轨迹上任意一点，即闭环极点对应的 K_r 值。因此利用根轨迹图，可以确定出性能指标要求的闭环极点所对应的 K_r 值。同样，当 K_r 值已知时，也可以在根轨迹图上确定该 K_r 值对应的闭环极点区域，然后由试探法找出对应的闭环极点。

例 4-7　设负反馈系统的开环传递函数为

$$G_k(s) = \frac{K_r}{s(s + 1)(s + 2)}$$

试用根轨迹法求取具有阻尼比 $\xi = 0.5$ 的闭环共轭极点和其他的闭环极点，并估算此时系统的性能指标。

解　（1）做根轨迹图

系统开环极点为　$p_1 = 0$、$p_2 = -1$、$p_3 = -2$，$n = 3$、$m = 0$

根轨迹有三条根轨迹分支，它们起始于 3 个开环极点，都终止于无穷远处。

根轨迹渐近线与实轴的夹角和交点为

$$\theta = \frac{(2k + 1)\pi}{n - m} = 60°, 180°, -60°$$

$$\sigma = \frac{0 + (-1) + (-2)}{3} = -1$$

实轴上（$0 \sim -1$），（$-2 \sim -\infty$）为根轨迹段。

分离（会合）点：　由 $\dfrac{1}{d + 1} + \dfrac{1}{d + 2} + \dfrac{1}{d} = 0$

解得　$d_1 = -0.423$　$d_2 = -1.58$（不在根轨迹段上，舍去）

根轨迹与虚轴的交点坐标：闭环特征方程式为

$$D(s) = s^3 + 3s^2 + 2s + K_r = 0$$

令 $s = j\omega$ 代入闭环方程式后，解得根轨迹与虚轴的交点为 $\omega_{1,2} = \pm 1.414$，$K_r = 6$。由以上分析计算绘制出系统的根轨迹如图 4-14 所示。

（2）确定阻尼比 $\zeta = 0.5$ 时的闭环极点

在根轨迹图上作 $\xi = 0.5$ 的等阻尼线，它与负实轴的夹角

$$\beta = \arccos\zeta = \arccos 0.5 = 60°$$

由图中读出等阻尼线与根轨迹相交点，即相应的闭环极点及其共轭复数极点的坐标为 $s_{1,2} = -0.33 \pm j0.58$。

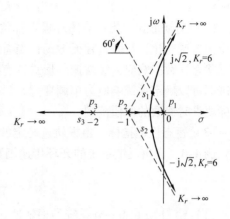

图 4-14 例 4-7 系统根轨迹图

由根轨迹的幅值条件方程式还可求得 s_1（或 s_2）点对应的 K_r 值。

$$K_r = |s_1 - p_1||s_1 - p_2||s_1 - p_3|$$
$$= |-0.33 + j0.58||-0.33 + j0.58 + 1||-0.33 + j0.58 + 2| = 1.05$$

因为本系统 $n - m = 3 > 2$，由规则 9 可确定根轨迹第三条分支上对应的闭环极点 s_3，即

$$s_1 + s_2 + s_3 = p_1 + p_2 + p_3 = -3, \quad s_3 = -2.34$$

则系统的闭环传递函数为

$$\Phi(s) = \frac{1.05}{(s + 0.33 - j0.58)(s + 0.33 + j0.58)(s + 2.34)}$$

（3）估算系统的性能指标

因为 s_3 离虚轴的距离与 s_1（或 s_2）离虚轴的距离之比 $\frac{2.34}{0.33} = 7.09 > 5$，则闭环极点 s_1、s_2 是本系统的主导极点。因此，可根据闭环主导极点 $s_{1,2}$ 来估算系统的性能指标。

系统闭环传递函数可近似为

$$\Phi(s) = \frac{s_1 s_2}{(s - s_1)(s - s_2)} = \frac{0.445}{s^2 + 0.667s + 0.445}$$

则系统的无阻尼自然振荡频率和阻尼比分别为 $\omega_n = \sqrt{0.445} = 0.667$，$\zeta = 0.5$，系统的暂态性能指标为

$$\sigma_P = e^{-\zeta\pi/\sqrt{1-\zeta^2}} = e^{-0.5 \times 3.14/\sqrt{1-(0.5)^2}} = 16.3\%$$

$$t_s = \frac{3}{\zeta\omega_n} = \frac{3}{0.5 \times 0.667}s = 9s$$

4.5.2 用根轨迹确定系统性能与参数的关系

根轨迹图是系统某个参数变化时闭环系统特征根的变化轨迹，而闭环系统特征根在 s 平面的位置决定了控制系统的性能，因此利用根轨迹图可以很方便地确定控制系统的性能与参数之间的关系。

（1）稳定性及稳定条件 当所有的闭环极点均位于 s 左半平面上时，系统稳定。由根轨迹图可以确定根轨迹都位于 s 左平面时参数的取值范围。如例 4-7 所示系统，由根轨迹图可

以确定系统稳定时 K_r 的取值范围为 $0 < K_r < 6$。

（2）运动形式　当所有闭环极点都位于 s 左平面的实轴上时，系统呈过阻尼状态，暂态响应为单调变化，暂态过程无振荡；当有闭环极点是位于 s 左平面的复数极点时，系统呈欠阻尼状态，暂态响应为衰减振荡形式，有超调，且复数极点离虚轴越近，振荡越激烈。由根轨迹图可以确定系统响应为单调变化、具有衰减振荡形式或主导极点离虚轴的距离满足性能指标要求时参数的取值范围。

（3）暂态性能指标　由根轨迹确定的主导极点来估算。

例 4-8　设负反馈系统的开环传递函数为

$$G_k(s) = \frac{K_r(s+2)(s+3)}{s(s+1)}$$

（1）绘制 K_r 由 $0 \rightarrow \infty$ 系统的根轨迹。

（2）确定系统暂态响应为衰减振荡形式时 K_r 的取值范围。

（3）在根轨迹上确定系统具有最小阻尼比时的闭环极点。

解　（1）已知开环零点、极点为 $p_1 = 0$、$p_2 = -1$，$z_1 = -2$、$z_2 = -3$，$n = 2$、$m = 2$。系统有两条根轨迹分支，起始于两个开环极点，终止于两个开环零点。

求出根轨迹的分离（会合）点为　$d_1 = -0.634$、$d_2 = -2.366$

由幅值条件求对应的增益值为

$$K_{rd1} = \frac{|d_1||d_1+1|}{|d_1+2||d_1+3|} = 0.072 \qquad K_{rd2} = \frac{|d_2||d_2+1|}{|d_2+2||d_2+3|} = 13.92$$

绘制出根轨迹如图 4-15 所示，根轨迹是一个圆心位于 $\dfrac{d_1+d_2}{2} = -1.5$，半径为 $\dfrac{|d_2|-|d_1|}{2} = 0.866$ 的圆。

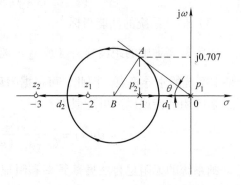

（2）由图 4-15 所示根轨迹可以确定系统呈欠阻尼状态时，根轨迹增益 K_r 值范围为

$$0.072 < K_r < 13.92$$

（3）过原点作与根轨迹圆相切的直线，即最小阻尼比线，相切点 A 即为所求极点位置。由直角 ΔOAB 的关系，可求得

最小阻尼比　　$\zeta = \cos\theta = \cos 35.26 = 0.816$

对应的闭环极点　　$s_{1,2} = -1 \pm j0.707$

图 4-15　例 4-8 系统的根轨迹图

4.5.3　增加开环零点、极点对系统性能的影响

从前述分析可知，控制系统的根轨迹完全取决于系统的开环零点和极点。因此，控制系统中的开环零点、极点的变化或增减都会对根轨迹产生影响。在工程上，常通过增加开环零点、极点的方法来改造根轨迹，以达到改善控制系统性能的目的。

1. 增加开环零点对根轨迹的影响

由根轨迹的绘制法则可知，增加一个开环零点，最明显的作用就是改变了根轨迹渐近线的条数及其与实轴的夹角。

设原有三阶系统的开环传递函数为 $G_k(s) = \dfrac{K_r}{s^2(s+5)}$，对应的根轨迹如图 4-16a 所示。该系统没有零点，$n-m=3$，三条根轨迹的渐近线方向为 $\pm 60°$、$180°$，三条根轨迹分支沿着三条渐近线终止于无穷远处。因为，有两条根轨迹始终位于 s 右半平面，系统不稳定。

当系统增加一个位于 $-5 \sim 0$ 间的负实数开环零点，例如增加一个 $z_1 = -2$ 的开环零点时，开环传递函数改变为 $G_k(s) = \dfrac{K_r(s+2)}{s^2(s+5)}$，对应的根轨迹如图 4-16b 所示。可见，增加了零点以后，$n-m=2$，根轨迹的渐近线的方向为 $\pm 90°$，位于 s 左半平面。三条根轨迹分支中一条终止于 z_1，另两条根轨迹沿着渐近线终止于无穷远处。可见，零点的增加，使从原点出发的两条根轨迹左移至 s 左半平面，并沿 $\pm 90°$ 渐近线趋于无穷远，系统稳定。而且增加的零点越靠近虚轴，左移更明显。

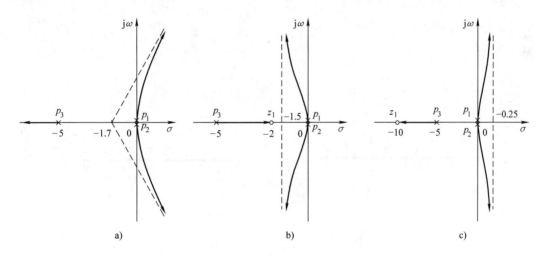

图 4-16　增加零点对系统根轨迹的影响

a）原系统的根轨迹　b）增加了 $z_1 = -2$ 的根轨迹　c）增加了 $z_1 = -10$ 的根轨迹

如果系统增加一个小于 -5 的负实数开环零点，例如增加一个 $z_1 = -10$ 的开环零点，开环传递函数为 $G(s)H(s) = \dfrac{K_r(s+10)}{s^2(s+5)}$，对应的根轨迹如图 4-16c 所示。加了零点以后，$n-m=2$，虽然根轨迹的渐近线方向仍为 $\pm 90°$，但由于零点的模值大于极点的模值，根轨迹的渐近线位于 s 右半平面，系统仍然不稳定。

通过以上的分析可知，选择增加合适的开环零点，可以使根轨迹向左弯曲或移动，以改善系统的稳定性和快速性。但零点选择不合适，则达不到改善系统性能的目的。一般，先根据性能指标的要求确定闭环极点的位置，再选择增加合适的开环零点。

2. 增加开环极点对根轨迹的影响

由根轨迹的绘制法则可知，增加一个开环极点，即增加了根轨迹的分支数、改变了渐近线。

设原二阶系统的开环传递函数为 $G_k(s) = \dfrac{K_r(s+3)}{s(s+1)}$，原系统及分别增加开环极点 $p_3 = -6$、$p_3 = -2$ 和 $p_3 = -0.5$ 后系统的根轨迹如图 4-17 所示。

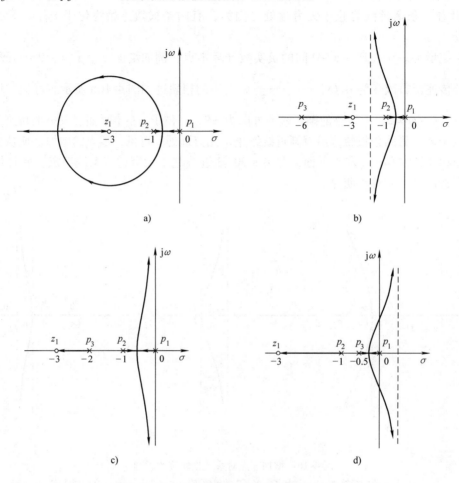

图 4-17　增加开环极点对系统根轨迹的影响

a) 原二阶系统的根轨迹　b) 增加极点 $p_3 = -6$ 的根轨迹

c) 增加极点 $p_3 = -2$ 的根轨迹　d) 增加极点 $p_3 = -0.5$ 的根轨迹

比较图 4-17 中的各根轨迹图不难发现，与增加开环零点时的情况相反，在系统的开环传递函数中增加极点，将会使系统的根轨迹向右弯曲或移动，系统的稳定性变差。且所增加极点的模值越小，即离虚轴越近，根轨迹向右弯曲或移动的趋势越明显，对系统稳定性的影响也越大。当所增加极点的模值进一步减小至某值后，有可能因为 K_r 取值偏大而使得系统不稳定。

4.6　MATLAB 用于根轨迹分析

用 MATLAB 可以精确地绘制根轨迹，并能求取根轨迹上某点的值和相应的根轨迹增益。MATLAB 中有关根轨迹的函数主要有：

（1）rlocus（num，den）或 rlocus（sys）：绘制给定系统（num，den）或（sys）的根轨迹图。

（2）[r，k] = rlocus（num，den）：返回计算的系统各个闭环极点值（实部和虚部值）以及对应的根轨迹增益 K_r 值，不作图。

（3）[k，pole] = rlocfind（num，den）：在已经绘制的根轨迹图上，获取光标指定位置的根轨迹增益值 K_r 以及对应于该增益值所有闭环极点位置。

例 4-9 给定反馈系统的开环传递函数为

$$G_k(s) = \frac{K_r(s+1)}{s(s-1)(s^2+4s+16)}$$

试绘制该系统的根轨迹。

解 键入如下命令

num = [1 1]；den = [1 3 12 −16 0]；

rlocus（num，den）

用 rlocus 命令绘制如图 4-18 所示的根轨迹，其 x、y 坐标轴的范围是自动给出的。当用户需要自行设置显示图形的坐标范围时，则可以在上述程序后加入 axis（[−x x −y y]）命令。

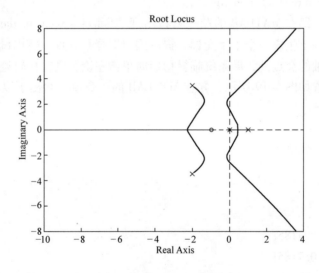

图 4-18 例 4-9 系统的根轨迹图

例 4-10 给定反馈系统的开环传递函数为

$$G_k(s) = \frac{K_r(s+2)}{s(s+4)(s+6)(s^2+2s+2)}$$

试绘制系统的根轨迹，并确定系统临界稳定时 K_r 的值以及对应的所有闭环极点。

解 键入命令

num = [1 2]；den = conv（[1 0]，conv（[1 4]，conv（[1,6]，[1 2 2]）））；

rlocus（num，den）；

axis([-10 5 -5 5])

运行结果如图4-19所示。

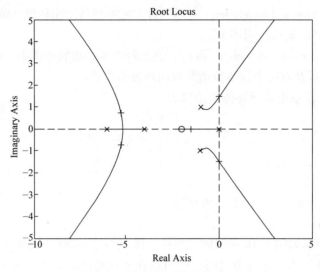

图4-19　例4-10系统的根轨迹图

再键入：[k,p] = rlocfind(num,den);

运行该命令后，即在MATLAB的命令窗口出现"Select a point in the graphics window"，并在根轨迹图形屏幕上生成一个十字光标，提示用户选择某一点。使用鼠标，移动这个十字光标到根轨迹与虚轴的交点处，即系统临界稳定时单击左键，则在根轨迹图上标出了该点及对应的所有极点位置如图4-19所示，并在MATLAB的命令窗口给出了以下极点及根轨迹增益的值：

selected_ point =

　0.0059 + 1.4752i

k =

　46.4905

pole =

　-5.2445 + 0.7185i

　-5.2445 - 0.7185i

　0.0111 + 1.4711i

　0.0111 - 1.4711i

　-1.5333

小　　结

闭环系统特征方程的根在 s 平面上的位置确定了系统的动态性能。根轨迹法，是一种求解闭环特征方程根的图解法，在已知开环传递函数的情况下，可以清晰地给出系统闭环特征方程根随着系统参数变化而在 s 平面上变化的轨迹。通过绘制出的根轨迹图可以确定闭环极点、分析系统的动态性能，还可以根据根轨迹的性质来设计系统，改善系统的动态性能，较好地解决了高阶系统的性能分析及性能指标的估算问题，因而适合于工程应用。

本章详细地介绍了在已知系统开环零点、极点分布情况下，绘制以根轨迹增益 K_r 为参变量时根轨迹的 9 个基本规则，掌握绘制根轨迹的基本规则，对正确绘制出根轨迹图是十分重要的。

根轨迹法分析系统的基本思路是：通过绘制出的根轨迹图，定性分析系统参数的变化对控制系统性能的影响；也可按指定的参数或要求的系统性能指标，通过根轨迹图求得相应的闭环极点，利用闭环主导极点的概念对控制系统性能进行定量估算。

用 MATLAB 能够准确地绘制出根轨迹图，并能够计算出任何给定条件下需要的参数、闭环系统的极点以及相应的动态性能。

习 题

4-1 已知系统的零点、极点分布如图 4-20 所示，试大致绘出根轨迹的形状。

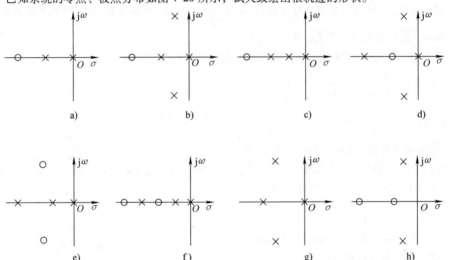

图 4-20 题 4-1 图

4-2 如果单位反馈控制系统的开环传递函数 $G_k(s) = \dfrac{K_r}{s+1}$，试用解析法绘出 K_r 从零变化到无穷时的闭环根轨迹图，并判断点 $(-2+j0),(0+j1),(-0.5+j2)$ 是否在根轨迹上。

4-3 已知反馈控制系统的开环传递函数为

(1) $G_k(s) = \dfrac{K_r}{(s+1)(s+2)(s+3)}$

(2) $G_k(s) = \dfrac{K_r(s+2)}{s(s+1)(s+4)}$

(3) $G_k(s) = \dfrac{K_r}{s(s+1)^2}$

(4) $G_k(s) = \dfrac{K_r(s+2)}{s^2+2s+2}$

(5) $G_k(s) = \dfrac{K_r}{s(s+4)(s^2+4s+20)}$

(6) $G_k(s) = \dfrac{K_r(s-1)}{(s+5)(s+2)^2}$

试画出各系统 K_r 由 0→∞ 的根轨迹图。

4-4 已知单位反馈系统的开环传递函数为 $G_k(s) = \dfrac{K_r(s+2)}{s(s+1)}$

(1) 画出系统的根轨迹，标出分离点和会合点。

（2）当增益 K_r 为何值时，复数特征根的实部为 -2？求出此根。

4-5　设反馈系统的开环传递函数为 $G_k(s) = \dfrac{K_r(s+2)}{s(s-2)}$

（1）求系统具有阻尼振荡响应的 K_r 值范围。

（2）确定稳定情况下的 K_r 值范围。

（3）求出系统等幅振荡响应时的振荡频率。

4-6　已知反馈系统的开环传递函数为 $G_k(s) = \dfrac{K(0.5s-1)^2}{(0.5s+1)(2s-1)}$

（1）绘出系统当 K 由 $0 \to \infty$ 时的根轨迹图。

（2）确定保证系统稳定的 K 值范围。

4-7　已知反馈系统的开环传递函数为 $G_k(s) = \dfrac{K}{s(s+1)(0.5s+1)}$

（1）绘制系统的根轨迹。

（2）若主导极点的阻尼比 $\zeta = 0.707$，试确定 K 值并仿算系统的性能指标。

4-8　已知反馈系统的开环传递函数为 $G_k(s) = \dfrac{K_r s}{s^2 - 2s + 5}$，试绘制系统 K_r 由 $0 \to \infty$ 时的根轨迹，并确定系统无超调时的 K_r 取值范围及系统临界稳定的 K_r 值。

4-9　已知控制系统的开环传递函数，试用 MATLAB 绘制系统的根轨迹。

（1）$G_k(s) = \dfrac{K_r(s+1)}{s^2(s+4)(s+6)}$　　　（2）$G_k(s) = \dfrac{K_r}{s(s+1)(s+3.5)(s^2+6s+13)}$

（3）$G_k(s) = \dfrac{K_r}{s(s+3)(s^2+2s+2)}$　　　（4）$G_k(s) = \dfrac{K_r(s+1)(s+3)}{s^3}$

4-10　已知反馈控制系统的结构如图 4-21 所示，试画出反馈系数 K_H 为参变量的根轨迹。

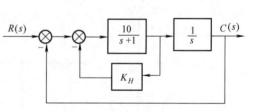

4-11　已知单位反馈系统开环传递函数为

$$G_k(s) = \dfrac{K(1+Ts)}{s(s+1)(s+2)}$$

试画出 $K = 24$，参数 T 由 $0 \to \infty$ 时系统的根轨迹，并确定系统稳定时参数 T 的取值范围。

图 4-21　题 4-10 图

4-12　已知系统结构如图 4-22 所示。

（1）绘制 K_r 由 $0 \to \infty$ 时的根轨迹。

（2）求出使系统产生重根和纯虚根时的 K_r 值。

4-13　已知系统结构如图 4-23 所示，试绘制系统的根轨迹图。

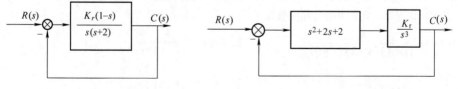

图 4-22　题 4-12 图　　　　　　　　　图 4-23　题 4-13 图

4-14　已知单位反馈系统的开环传递函数为 $G(s) = \dfrac{K_r(s+1)}{s^2(s+a)}$，$a > 0$。试确定除坐标原点以外，使根轨迹具有一个、两个分离点（会合点）时的 a 取值范围，并画出几种情况下的根轨迹草图。

4-15　已知单位反馈系统的闭环特征方程为 $s^3 + 2s^2 + (K_r+1)s + 4K_r = 0$，试绘制系统的根轨迹，并求闭环出现重根时的 K_r 值和对应的闭环根。

第5章 频率特性法

频率特性法简称频率法，它基于控制系统的频域数学模型——频率特性对系统进行分析和设计，所研究的问题仍然是自动控制系统控制过程的性能——稳定性、暂态性能、稳态性能。

与其他方法相比，频率法具有很多优点：有明确的物理意义，很多元件或系统的频率特性可以通过实验获得；用图解法来研究系统稳定性，进而对系统进行分析和设计，不用面对求高阶系统特征根的难题；不仅适用于线性定常系统，还可以推广应用于某些非线性系统。频率法非常适合于工程实践，因此得到了广泛的应用。

本章主要介绍频率特性的基本概念，频率特性曲线的绘制方法，频域稳定判据，频率特性与时域响应的关系等。

5.1 频率特性的基本概念

5.1.1 频率响应

在正弦输入信号作用下，系统输出的稳态响应称为频率响应。

对于输入和输出分别为 $r(t)$ 和 $c(t)$ 的线性定常系统，其传递函数可表示为

$$G(s) = \frac{C(s)}{R(s)} = \frac{b_m s^m + b_{m-1}s^{m-1} + \cdots + b_1 s + b_0}{a_n s^n + a_{n-1}s^{s-1} + \cdots + a_1 s + a_0} = \frac{M(s)}{D(s)} \tag{5-1}$$

假设系统的闭环极点为 $-p_1, -p_2, \cdots, -p_n$，且无重极点，则式（5-1）可表示为

$$G(s) = \frac{M(s)}{(s+p_1)(s+p_2)\cdots(s+p_n)} \tag{5-2}$$

当输入为正弦信号时，$r(t) = A_r \sin\omega t$，则系统输出的拉普拉斯变换为

$$C(s) = G(s)R(s) = \frac{M(s)}{(s+p_1)(s+p_2)\cdots(s+p_n)} \frac{A_r\omega}{s^2+\omega^2}$$

$$= \sum_{i=1}^{n} \frac{k_i}{s+p_i} + \frac{k_0}{s+j\omega} + \frac{\overline{k}_0}{s-j\omega} \tag{5-3}$$

对上式求拉普拉斯反变换，得

$$c(t) = \sum_{i=1}^{n} k_i e^{-p_i t} + k_0 e^{-j\omega t} + \overline{k}_0 e^{j\omega t} \tag{5-4}$$

式（5-4）中，第一项是系统对正弦输入响应的暂态分量，后两项是稳态分量。对于稳定系统，$-p_i$ 都位于 s 平面左半部，各暂态项 $\lim_{t\to\infty}(k_i e^{-p_i t}) = 0$，于是系统输出的稳态响应为

$$c(\infty) = k_0 e^{-j\omega t} + \overline{k}_0 e^{j\omega t} \tag{5-5}$$

式中

$$k_0 = G(s) \frac{A_r \omega}{s^2 + \omega^2}(s + j\omega)\big|_{s = -j\omega} = -\frac{A_r}{2j}G(-j\omega) \tag{5-6}$$

$$\overline{k_0} = G(s) \frac{A_r \omega}{s^2 + \omega^2}(s - j\omega)\big|_{s = j\omega} = \frac{A_r}{2j}G(j\omega) \tag{5-7}$$

其中，$G(j\omega)$ 是一个复数，可表示为

$$G(j\omega) = |G(j\omega)| \angle G(j\omega) = |G(j\omega)| e^{j\varphi(\omega)} \tag{5-8}$$

考虑到 $G(j\omega)$ 和 $G(-j\omega)$ 是共轭复数，即

$$G(-j\omega) = |G(-j\omega)| \angle G(-j\omega) = |G(j\omega)| e^{-j\varphi(\omega)} \tag{5-9}$$

将式（5-6）～式（5-9）代入式（5-5），得系统的频率响应

$$
\begin{aligned}
c(\infty) &= A_r |G(j\omega)| \cdot \frac{e^{j(\omega t + \varphi(\omega))} - e^{-j(\omega t + \varphi(\omega))}}{2j} \\
&= A_r |G(j\omega)| \cdot \sin(\omega t + \varphi(\omega)) \\
&= A_c \sin(\omega t + \varphi(\omega))
\end{aligned} \tag{5-10}
$$

式（5-10）表明：对于一个稳定的线性定常系统 $G(s)$，当输入正弦信号 $r(t) = A_r \sin\omega t$ 时，系统的稳态输出，即频率响应是一个与输入同频率的正弦信号，但幅值变化了 $|G(j\omega)|$ 倍，相位移动了 $\varphi(\omega) = \angle G(j\omega)$，如图5-1所示。

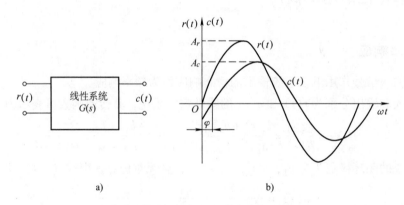

图5-1　线性系统及其频率响应波形

a) 线性系统（或元件）　b) 输入、输出波形

5.1.2　频率特性的定义

频率特性定义为：线性定常系统在零初始条件下频率响应与输入信号的复数比。若用 $G(j\omega)$ 表示，则有

$$G(j\omega) = \frac{C(j\omega)}{R(j\omega)} \tag{5-11}$$

将系统传递函数中的 s 代之以 $j\omega$ 便是系统的频率特性

$$G(j\omega) = G(s)\big|_{s = j\omega}$$

$G(j\omega)$ 是复变函数，它可用其模 $|G(j\omega)| = A(\omega)$ 与相角 $\angle G(j\omega) = \varphi(\omega)$ 来表示

$$G(j\omega) = \begin{cases} |G(j\omega)| = A(\omega) \\ \angle G(j\omega) = \varphi(\omega) \end{cases} \tag{5-12}$$

即，频率特性可表达为

$$G(j\omega) = A(\omega) \angle \varphi(\omega) = A(\omega)e^{j\varphi(\omega)} \tag{5-13}$$

式中，$A(\omega)$ 称为幅频特性，它等于频率响应输出幅值与输入信号幅值之比；$\varphi(\omega)$ 称为相频特性，它是频率响应输出信号与输入信号的相位移；它们都是角频率 ω 的函数。

频率特性反映了系统对不同频率信号的变幅和移相特性，描述了系统对不同频率信号的传递能力。频率特性与微分方程及传递函数一样，是系统在频域的数学模型，它表征了系统的内在特性，与外界因素无关。当系统结构参数确定之后，系统的频率特性也随之确定。

频率特性除了用式（5-13）所示的辐角型或指数型形式来表示以外，在系统的分析法中，还常用频率特性的实频特性 $P(\omega)$ 和虚频特性 $Q(\omega)$ 之和的复数形式来表示，即

$$G(j\omega) = \mathrm{Re}[G(j\omega)] + j\mathrm{Im}[G(j\omega)] = P(\omega) + jQ(\omega) \tag{5-14}$$

实频特性和虚频特性也都是角频率 ω 的函数。两种表示之间的关系如下：

$$A(\omega) = \sqrt{P(\omega)^2 + Q(\omega)^2} \tag{5-15}$$

$$\varphi(\omega) = \arctan\frac{Q(\omega)}{P(\omega)} \tag{5-16}$$

频率特性可以表示为复平面上的向量，如图 5-2 所示。

例如，图 5-3 所示的 RC 网络，其传递函数为

$$G(s) = \frac{U_c(s)}{U_r(s)} = \frac{1}{Ts + 1}$$

式中，$T = RC$ 为 RC 网络的时间常数。

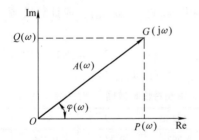

图 5-2　$G(j\omega)$ 在复平面上的表示

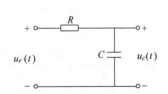

图 5-3　RC 网络

则其频率特性为

$$G(j\omega) = G(s)\big|_{s = j\omega} = \frac{1}{j\omega T + 1} = \frac{1}{\sqrt{\omega^2 T^2 + 1}}e^{-j\arctan\omega T}$$

$$= \frac{1}{\omega^2 T^2 + 1} - \frac{j\omega T}{\omega^2 T^2 + 1}$$

则 RC 网络的幅频特性和相频特性为

$$A(\omega) = \frac{1}{\sqrt{\omega^2 T^2 + 1}} \qquad \varphi(\omega) = -\arctan\omega T \tag{5-17}$$

实频特性和虚相频特性为

$$P(\omega) = \frac{1}{\omega^2 T^2 + 1} \qquad Q(\omega) = -\frac{\omega T}{\omega^2 T^2 + 1} \qquad (5\text{-}18)$$

由以上的频率特性概念，可知当正弦信号 $r(t) = A_r \sin\omega t$ 输入时，RC 网络电容两端电压的稳态输出为

$$u_c(t) = A_r \cdot A(\omega) \sin(\omega t + \varphi(\omega))$$

$$= A_r \cdot \frac{1}{\sqrt{\omega^2 T^2 + 1}} \sin(\omega t - \arctan\omega T)$$

若时间常数 $T = 2$，当输入 $u_r(t) = 2\sin t$ 时，带入参数 $T = 2$、$A_r = 2$、$\omega = 1$ 有

$$u_c(t) = 0.89\sin(t - 63.4°)$$

5.1.3 频率特性的图形表示

在控制工程中，用频率特性法分析、设计系统时一般采用图解法。因此，掌握频率特性的图形表示显得尤为重要。下面介绍控制工程中常用的三种频率特性图形。

1. 极坐标图

极坐标图，也称幅相频率特性图或奈奎斯特（Nyquist）图，简称奈氏图，它是在复平面上以极坐标形式表示的图形。若将频率特性表示为复指数形式，即 $G(j\omega) = A(\omega) \cdot e^{j\varphi(\omega)}$，则极坐标图是当 ω 由 0 变化到 ∞ 时向量 $G(j\omega)$ 端点在复平面上运动形成的轨迹图。通常规定从正实轴开始按逆时针方向作为相角的正值。若将频率特性表示为实频特性和虚频特性之和的形式，即 $G(j\omega) = P(\omega) + jQ(\omega)$，则极坐标图是复平面上以 ω 为参变量，以实频为横坐标，以虚频为纵坐标的关系图。

所以极坐标图可以通过计算幅频特性 $A(\omega)$ 和相频特性 $\varphi(\omega)$ 值，或计算实频 $P(\omega)$ 和虚频 $Q(\omega)$ 值而绘制出来。

图 5-3 所示的 RC 网络就是一个惯性环节，由式（5-17）和式（5-18）可以计算出一些特殊 ω 值时的幅频、相频特性、实频特性、虚频特性数值，见表 5-1。

表 5-1　RC 网络的幅频特性、相频特性等数据

$\omega/(\text{rad/s})$	0	$1/(5T)$	$1/(2T)$	$1/T$	$2/T$	$5/T$	∞
$A(\omega)$	1	0.981	0.890	0.707	0.447	0.196	0
$\varphi(\omega)/(°)$	0	-11.3	-26.6	-45.0	-63.4	-78.7	-90.0
$P(\omega)$	1	0.96	0.8	0.5	0.2	0.04	0
$Q(\omega)$	0	-0.19	-0.4	-0.5	-0.4	-0.19	0

按表 5-1 中的数值可画出 RC 网络的极坐标曲线如图 5-4 所示，并以箭头表示 ω 增大时曲线的走向。

由实频特性和虚频特性可以证明，RC 网络的极坐标图是在第四象限中的半个圆，其圆心为 (1/2, 0)，半径为 1/2。

对于高阶系统，频率特性用实频 $P(\omega)$ 和虚频 $Q(\omega)$ 表达比较繁琐，而用幅频特性和相频特性表达更为简单和方便。因此，本教材在以下的极坐标图绘制中一般采用幅频特性和相频特性表达。

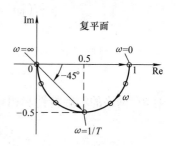

图 5-4　RC 网络的极坐标图

2. 伯德（Bode）图

伯德图又称对数频率特性图，它由对数幅频特性 $L(\omega)$ 和对数相频特性 $\varphi(\omega)$ 两条曲线组成。

在伯德图中，两条曲线的横坐标采用同一个按对数分度的频率轴，即横坐标按 $\lg \omega$ 分度，但标写的是 ω 的实际值，单位为弧度/秒（rad/s）。对数幅频特性以 $L(\omega) = 20\lg A(\omega)$ 为纵坐标，单位为分贝（dB）；对数相频特性以 $\varphi(\omega)$ 为纵坐标，单位为度（°）。纵坐标均按线性分度。伯德图采用的这种纵坐标线性分度、横坐标对数分度的坐标系称为半对数坐标。

RC 网络，即惯性环节的伯德图如图 5-5 所示。其作图方法将在 5.3 节中介绍。

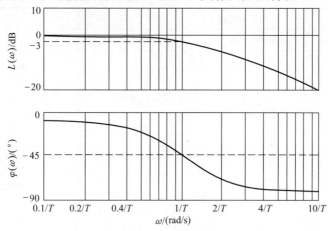

图 5-5　RC 网络的伯德图

3. 尼柯尔斯（Nichols）图

尼柯尔斯图又称对数幅相频率特性图，它是由对数幅频特性 $L(\omega) = 20\lg A(\omega)$ dB 为纵坐标和对数相频特性 $\varphi(\omega)$（°）为横坐标而绘制成的曲线，横坐标和纵坐标均是线性分度。

尼柯尔斯图可以从伯德图中读取不同频率 ω 时的对数幅频值 $L(\omega)$ 和相角值 $\varphi(\omega)$，然后在对数幅相坐标上以 ω 作为参变量得到描述点以完成尼柯尔斯图。

由图 5-5 所示的 RC 网络的伯德图，按 $T = 1$ 绘制出的尼柯尔斯图如图 5-6 所示。

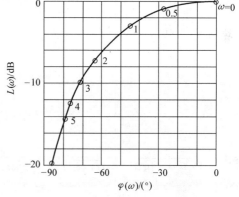

图 5-6　RC 网络的尼柯尔斯图

5.2　极坐标图（奈氏图）

5.2.1　典型环节的极坐标图

在第 2 章中已指出，控制系统是由一些典型环节组合而成。一般控制系统所包含的典型环节有：比例、积分、惯性、振荡、微分、一阶微分、二阶微分以及延迟环节。其一般表达

式为

$$G(s) = \frac{K\prod_{i=1}^{m_1}(T_i s + 1)\prod_{k=1}^{m_2}(T_k^2 s^2 + 2\zeta_k T_k s + 1)}{s^\nu \prod_{j=1}^{n_1}(T_j s + 1)\prod_{l=1}^{n_2}(T_l^2 s^2 + 2\zeta_l T_l s + 1)} e^{-\tau s} \tag{5-19}$$

因此，系统的频率特性也可视为由典型环节的频率特性组合而成。以 $s = j\omega$ 代入各环节的传递函数中，可得到各个环节的频率特性、幅频特性、相频特性，再由一些特殊频率点数据就可绘制出该环节的极坐标图。表 5-2 给出了各种典型环节的频率特性及其极坐标图。

表 5-2 典型环节的频率特性及其极坐标图

环节	频率特性式			极坐标图
	频率特性 $G(j\omega)$	幅频特性 $A(\omega)$	相频特性 $\varphi(\omega)$	
比例	K	K	$0°$	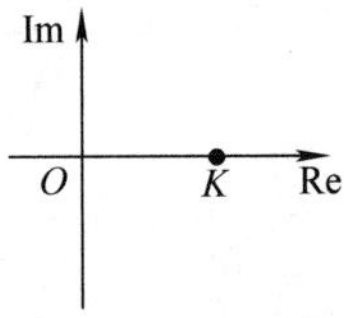
积分	$\dfrac{1}{j\omega}$	$\dfrac{1}{\omega}$	$-90°$	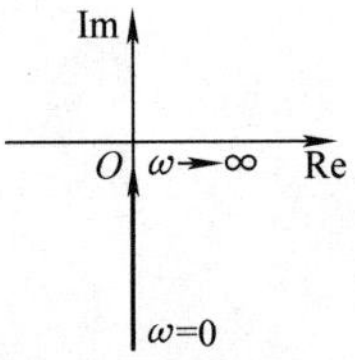
惯性	$\dfrac{1}{j\omega T + 1}$	$\dfrac{1}{\sqrt{(\omega T)^2 + 1}}$	$-\arctan\omega T$	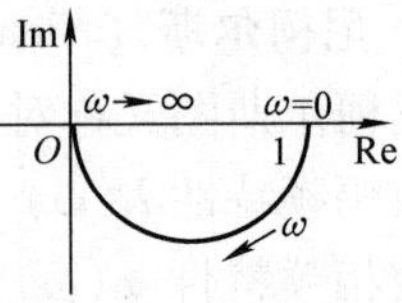
振荡	$\dfrac{1}{1 - T^2\omega^2 + j2\zeta T\omega}$	$\dfrac{1}{\sqrt{(1 - \omega^2 T^2)^2 + (2\zeta\omega T)^2}}$	$-\arctan\dfrac{2\zeta\omega T}{1 - \omega^2 T^2}$	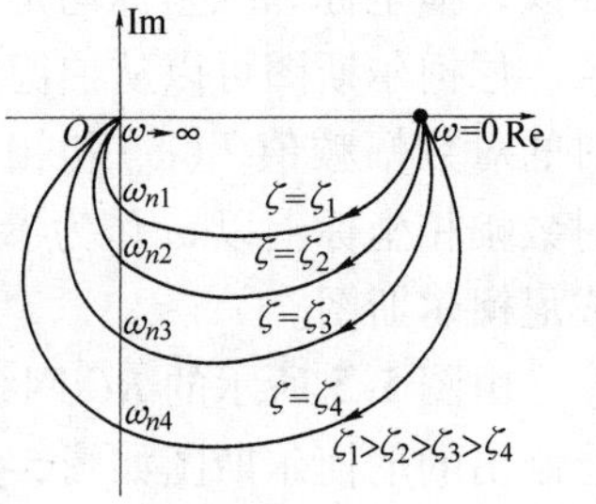
微分	$j\omega$	ω	$90°$	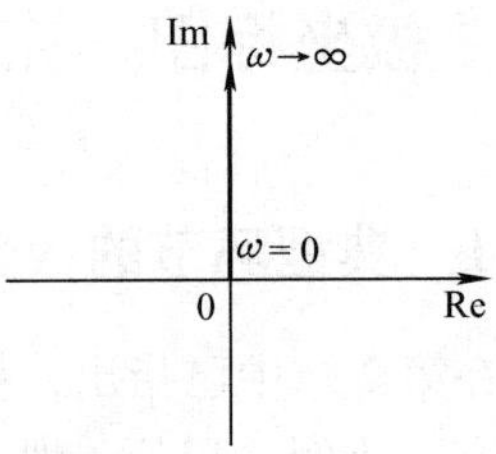

（续）

环节	频率特性式			极坐标图
	频率特性 $G(j\omega)$	幅频特性 $A(\omega)$	相频特性 $\varphi(\omega)$	
一阶微分	$j\omega T + 1$	$\sqrt{(\omega T)^2 + 1}$	$\arctan \omega T$	
二阶微分	$1 - T^2\omega^2 + j2\zeta T\omega$	$\sqrt{(1-\omega^2 T^2)^2 + (2\zeta\omega T)^2}$	$\arctan \dfrac{2\zeta\omega T}{1 - \omega^2 T^2}$	
延迟	$e^{-j\tau\omega}$	1	$-\omega\tau$	

熟悉表 5-2 中典型环节的频率特性以及它们的特点，对绘制和研究控制系统的频率特性很有帮助。

振荡环节是控制系统中很常见的环节，该环节的频率特性有几个需要特别说明的特点：

1）ω 由 0→∞ 变化时，振荡环节的频率特性 $A(\omega)\angle\varphi(\omega)$ 由 $1\angle 0°$→$0\angle -180°$。

2）当 $\omega = 1/T = \omega_n$，即 ω 等于无阻尼振荡频率时，$A(\omega)\angle\varphi(\omega) = 1/(2\zeta)\angle -90°$，与负虚轴相交，不同 ζ 值时有不同的交点。

3）相频特性须分低频和高频两种计算

$$\varphi(\omega) = \begin{cases} -\arctan \dfrac{2\zeta\omega T}{(1 - \omega^2 T^2)} & (\omega \leqslant \dfrac{1}{T}) \\ -180° + \arctan \dfrac{2\zeta\omega T}{(\omega^2 T^2 - 1)} & (\omega > \dfrac{1}{T}) \end{cases} \tag{5-20}$$

4）由 $dA(\omega)/d\omega = 0$，可求得幅频特性的最大值点，也称为谐振点

$$\begin{cases} \omega_r = \dfrac{1}{T}\sqrt{1 - 2\zeta^2} & (0 < \zeta < \dfrac{1}{\sqrt{2}}) \\ M_r = \dfrac{1}{2\zeta\sqrt{1 - \zeta^2}} \end{cases} \tag{5-21}$$

式中，ω_r 称为谐振频率；M_r 称为谐振峰值。

5.2.2　控制系统开环极坐标图

用逐点计算，即描点的方法准确绘制系统的极坐标图是一件很麻烦的工作。实际上，用极坐标图对控制系统进行分析和设计时，并不需要准确画出精确曲线，只要知道曲线的走向和主要特征，对曲线的关键部分进行准确计算，概略绘制即可。

下面介绍概略绘制控制系统开环极坐标图的方法。

1. 确定开环极坐标图的起点和终点

控制系统的开环频率特性可表示为

$$G_k(j\omega) = \frac{K\prod_{i=1}^{m_1}(jT_i\omega+1)\prod_{k=1}^{m_2}\left[T_k^2(j\omega)^2+2\zeta_kT_k(j\omega)+1\right]}{s^\nu\prod_{j=1}^{n_1}(jT_j\omega+1)\prod_{l=1}^{n_2}\left[T_l^2(j\omega)^2+2\zeta_lT_l(j\omega)+1\right]} \tag{5-22}$$

式中，K 为系统的开环增益；ν 为积分环节的个数，即系统的类型；$m_1+2m_2=m$ 为分子多项式的阶次；$\nu+n_1+2n_2=n$ 为分母多项式的阶次，且 $n\geqslant m$。

开环极坐标图的起点，即当 $\omega\rightarrow0$ 时极坐标图所处的位置 $G_k(j0)$，由式（5-22）有

$$G_k(j0) = \frac{K}{(j\omega)^\nu} = \frac{K}{\omega^\nu}\angle-\nu\cdot90° \tag{5-23}$$

由式（5-23）可见，极坐标图的起点与 ν 有关，ν 不同时极坐标图的起点如图 5-7 所示。

开环极坐标图的终点为 $\omega\rightarrow\infty$ 时曲线终止的位置。因为实际的物理系统通常是 $n>m$。因此，极坐标图的终点为

$$\lim_{\omega\rightarrow\infty}G_k(j\omega) = 0\angle-(n-m)\cdot90° \tag{5-24}$$

式（5-24）表明，$n>m$ 时极坐标图的终点是坐标原点，且终止于原点的相角与开环传递函数的分子、分母的阶次之差有关，如图 5-8 所示。

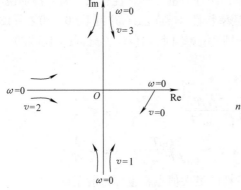

图 5-7　开环极坐标图的起点

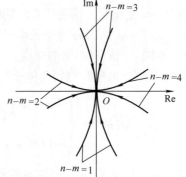

图 5-8　开环极坐标图的终点

2. 确定开环极坐标图与负实轴的交点

系统开环极坐标图与负实轴有交点是判断闭环系统稳定的主要因素。确定方法有两种：

1）频率特性用幅频－相频形式表示时，令 $\varphi(\omega)=(2k+1)\pi$，$k=0$、$\pm1$、$\pm2$、…求出交点频率 ω 后代入幅频特性 $A(\omega)$ 中解得。

2）频率特性用实频－虚频形式表示时，令虚部 $\mathrm{Im}[G_k(\mathrm{j}\omega)]=0$，求出交点频率 ω 后代入实部 $\mathrm{Re}[G_k(\mathrm{j}\omega)]$ 中解得。

3. 确定开环极坐标图的变化趋势

由频率特性的幅频、相频或实频、虚频确定极坐标图以何种趋势、单调性由起点进入终点，或图所在的象限区。

例 5-1　设系统开环传递函数为

$$G_k(s)=\frac{K}{s(T_1s+1)(T_2s+1)}\quad(K,T_1,T_2>0)$$

试概略绘制系统开环极坐标图。

解　系统的幅频特性和相频特性为

$$A(\omega)=\frac{K}{\omega\ \sqrt{(\omega T_1)^2+1}\ \sqrt{(\omega T_2)^2+1}}$$

$$\varphi(\omega)=-90°-\arctan\omega T_1-\arctan\omega T_2$$

此系统 $m=0$、$n=3$、$\nu=1$

起点：$\omega\to0$，$G_k(\mathrm{j}0)=\infty\angle-90°$

终点：$\omega\to\infty$，$\lim\limits_{\omega\to\infty}G_k(\mathrm{j}\omega)=0\angle-270°$

起点和终点的值说明曲线与负实轴有交点。计算交点：令 $\varphi(\omega)=-180°$，即

$$\arctan\omega T_1+\arctan\omega T_2=\arctan\frac{\omega T_1+\omega T_2}{1-T_1\times T_2\omega^2}=90°$$

得与负实轴的交点频率 $\omega=\dfrac{1}{\sqrt{T_1T_2}}$，代入幅频特性解得交点处幅值 $A(\omega)=\dfrac{KT_1T_2}{T_1+T_2}$，即极坐标图与实轴交于 $\left(-\dfrac{KT_1T_2}{T_1+T_2},\ \mathrm{j}0\right)$ 点。

根据求出的这些特征值概略绘出系统的极坐标图，如图5-9 所示。

极坐标图在频率特性分析中具有一定的价值，5.4 节中讨论的奈奎斯特稳定判据，就是根据系统开环极坐标曲线的特征来判断闭环系统的稳定性的。但是在对控制系统进行分析和设计中，即使采用概略绘制系统极坐标图的方法，也解决不了对结构复杂或环节多的系统分析和设计中的问题，或在已知系统中增加附加装置时复数运算的复杂性问题，这也限制了极坐标图在系统设计中的应用。

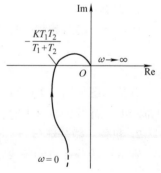

图 5-9　例 5-1 系统的极坐标图

5.3　伯德图

伯德图由于具有以下几个特点使它成为控制系统设计的有效工具，得到了非常广泛的应用：

1）横坐标采用对数分度实现了横坐标的非线性压缩，即将低频段展宽、高频段压缩，因此伯德图既可以拓宽视野，又便于研究低频段特性。

2）当控制系统由多个环节串联而成时

$$G(s) = G_1(s) G_2(s) \cdots G_N(s) = \prod_{i=1}^{N} G_i(s) \tag{5-25}$$

式中，N 为典型环节的个数。则系统频率特性为

$$G(j\omega) = G_1(j\omega) G_2(j\omega) \cdots G_N(j\omega) = \prod_{i=1}^{N} G_i(j\omega) \tag{5-26}$$

$$A(\omega) = \prod_{i=1}^{N} A_i(\omega) \tag{5-27}$$

$$\varphi(\omega) = \sum_{i=1}^{N} \varphi_i(\omega) \tag{5-28}$$

系统的对数幅频特性为

$$L(\omega) = 20\lg A(\omega) = \sum_{i=1}^{N} 20\lg A_i(\omega) = \sum_{i=1}^{N} L_i(\omega) \tag{5-29}$$

式（5-28）和式（5-29）表明系统的对数幅频特性和对数相频特性都是一些典型环节特性的代数和。可见伯德图的对数运算将幅频特性的乘除运算转化为加减运算，大大简化了频率特性的计算和绘图步骤。

3）对数幅频特性曲线可用分段直线近似表示，使得图形易于绘制且有一定的精确度。

5.3.1 典型环节的伯德图

表 5-2 已经给出了各典型环节的频率特性、幅频特性和相频特性，下面介绍它们的伯德图绘制方法。

1. 比例环节

比例环节的对数频率特性分别为

$$L(\omega) = 20\lg K \tag{5-30}$$

$$\varphi(\omega) = 0° \tag{5-31}$$

其伯德图如图 5-10 所示。比例环节的 $L(\omega)$ 是一条高度为 $20\lg K$ 的水平线，当 $K > 1$ 时，$L(\omega) > 0$，而当 $0 < K < 1$ 时，$L(\omega) < 0$，$\varphi(\omega)$ 是一条 0° 的水平线。

2. 积分、微分环节

积分、微分环节的频率特性和对数频率特性为

$$G(j\omega) = \frac{1}{(j\omega)^\nu} \qquad (\nu = \pm 1, \pm 2, \cdots) \tag{5-32}$$

$$L(\omega) = -\nu \cdot 20\lg\omega \tag{5-33}$$

$$\varphi(\omega) = -\nu \cdot 90° \tag{5-34}$$

由于伯德图的横坐标是以 $\lg\omega$ 分度，由式（5-33）可见，$L(\omega)$ 对 $\lg\omega$ 的关系式是一直线方程，直线的斜率为 $-\nu \cdot 20\text{dB/dec}$（每十倍频程幅值减小 $\nu \cdot 20$）。所以积分、微分环节的对数幅频特性是一条斜率为 $-\nu \cdot 20\text{dB/dec}$ 的直线，当 $\omega = 1$ 时 $L(\omega) = 0$，$L(\omega)$ 与 0dB 相交。相频特性是一条 $-\nu \cdot 90°$ 的水平直线。其伯德图如图 5-11 所示。

当 $\nu = 1$ 时，是一个积分环节，对数幅频特性斜率为 -20dB/dec 的直线，相频特性是一条 $-90°$ 的水平直线；当 $\nu = -1$ 时，是一个微分环节，对数幅频特性斜率为 20dB/dec 的直线，相频特性是一条 $90°$ 的水平直线。

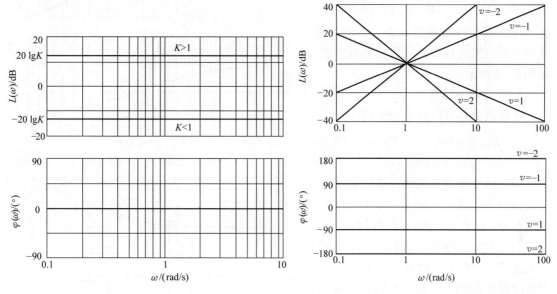

图 5-10　比例环节的伯德图　　　　　　图 5-11　积分环节和微分环节的伯德图

3. 惯性环节

惯性环节的对数频率特性为

$$L(\omega) = -20\lg \sqrt{(\omega T)^2 + 1} \tag{5-35}$$

$$\varphi(\omega) = -\arctan\omega T \tag{5-36}$$

由式（5-35）可见，$L(\omega)$ 对 $\lg\omega$ 的关系式不是直线方程。逐点取 ω 的值，计算出相应的 $L(\omega)$ 值，可描点绘制出惯性环节 $L(\omega)$ 的精确曲线，如图 5-12 所示。

但在工程中，常用图 5-12 所示的两条渐近线来近似表示惯性环节的 $L(\omega)$，即

$$L(\omega) \approx \begin{cases} -20\lg \sqrt{0+1} = 0 & \left(\omega \ll \dfrac{1}{T}\right) \\ -20\lg \sqrt{(\omega T)^2 + 0} = -20\lg\omega T & \left(\omega \gg \dfrac{1}{T}\right) \end{cases} \tag{5-37}$$

当 $\omega \ll 1/T$ 时，它是一条 0dB 的水平线，称为低频段渐近线；当 $\omega \gg 1/T$ 时，它是一条斜率为 -20dB/dec 的直线，称为高频段渐近线。两条渐近线相交于 $\omega = 1/T$ 处，这个频率称为惯性环节的转折频率。

实际上，由渐近线表示的对数幅频特性与精确曲线之间是有误差的，最大误差就产生在转折频率处，其值为 $L(1/T) = -20\lg\sqrt{2} = -3\text{dB}$。由式（5-37）还可求得：当 $\omega = 10/T$ 及 $\omega = 1/10T$ 时，渐近线与精确曲线的误差几乎为 0。所以，采用对数幅频特性的渐近线近似表示惯性环节的精确曲线时，引起的误差不超过 3dB，但却大大简化了对数幅频特性的绘制步骤。

当需要进行修正时，可以在转折频率 $\omega = 1/T$ 处作 -3dB 点，并以此点作光滑线逐渐与

渐近线重合，即可得到精确曲线。

对数相频特性曲线的绘制不能作简化处理，通常采用逐点计算的方法。$\varphi(\omega)$是关于$\varphi(1/T) = -45°$点对称的反正切函数，根据这个特点并参照表 5-1 的数据，就可以画出惯性环节的对数相频特性曲线如图 5-12 所示。

4. 一阶微分环节

一阶微分环节的对数频率特性为

$$L(\omega) = 20\lg\sqrt{(\omega T)^2 + 1} \quad (5\text{-}38)$$

$$\varphi(\omega) = \arctan\omega T \quad\quad (5\text{-}39)$$

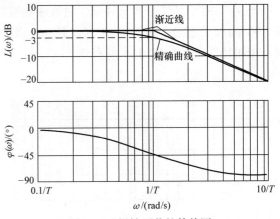

图 5-12　惯性环节的伯德图

一阶微分环节和惯性环节的频率特性互为倒数，将式（5-35）、式（5-36）和式（5-38）、式（5-39）进行比较可见，它们的对数幅频特性和对数相频特性都只是相差了一个负号。因此，它们的伯德图对称于横坐标轴，$\omega \gg 1/T$后，一阶微分环节的$L(\omega)$是一条斜率为 20dB/dec 的直线；$\varphi(\omega)$则是从 0° 开始，随着 ω 的增大而最终接近于 90°。一阶微分环节的伯德图如图 5-13 所示。

5. 振荡环节

振荡环节的对数频率特性为

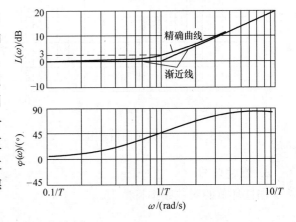

图 5-13　一阶微分环节的伯德图

$$L(\omega) = -20\lg\sqrt{(1 - \omega^2 T^2)^2 + (2\zeta\omega T)^2} \quad\quad\quad (5\text{-}40)$$

$$\varphi(\omega) = -\arctan\frac{2\zeta\omega T}{1 - \omega^2 T^2} \quad\quad\quad (5\text{-}41)$$

振荡环节的对数幅频特性也可以用渐近线近似表示

$$L(\omega) \approx \begin{cases} -20\lg\sqrt{(1-0)+0} = 0 & \left(\omega \ll \dfrac{1}{T}\right) \\ -20\lg\sqrt{(0-\omega^2 T^2)^2+0} = -40\lg\omega T & \left(\omega \gg \dfrac{1}{T}\right) \end{cases} \quad (5\text{-}42)$$

可见，振荡环节的低频渐近线也是一条 0dB 的水平线，高频渐近线是一条斜率为 -40dB/dec 的直线，转折频率 $\omega = 1/T = \omega_n$，如图 5-14 所示。

用渐近线近似表示振荡环节的$L(\omega)$时，在转折频率ω_n处也存在误差，其值为 $-20\lg 2\zeta$，因此在ω_n附近精确曲线与渐近线的误差将随着ζ的不同而有很大的变化，图 5-14 给出了不同ζ值时振荡环节精确的曲线。

由图 5-14 可见，当$0.3 < \zeta < 0.7$时，渐近线与精确曲线的误差不大，振荡环节的$L(\omega)$完全可用渐近线来近似。而当ζ值较小时，精确曲线与渐近线之间的误差比较大，甚至还出现了谐振现象，必要时可以计算出谐振频率ω_r及谐振峰值M_r进行误差修正。式（5-21）

已经给出了振荡环节当 $\zeta < 1/\sqrt{2}$ 时存在谐振及谐振频率及谐振峰值的计算式。

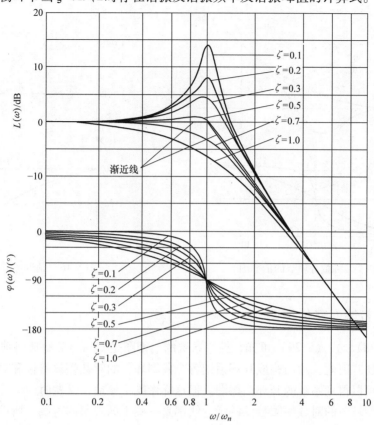

图 5-14　振荡环节的伯德图

由式（5-41）按不同频率点计算并描点，可画出振荡环节相频特性曲线如图 5-14 所示。可见，振荡环节的相频特性除了 $\varphi(0) = 0°$、$\varphi(1/T) = -90°$、$\varphi(\infty) = -180°$ 与 ζ 无关外，其他频率的相角都与 ζ 有关，曲线的形状因 ζ 不同而异，ζ 越小，在转折频率附近 $\varphi(\omega)$ 的变化越大。

6. 二阶微分环节

二阶微分环节的对数频率特性为

$$L(\omega) = 20\lg \sqrt{(1 - \omega^2 T^2)^2 + (2\zeta\omega T)^2} \tag{5-43}$$

$$\varphi(\omega) = \arctan \frac{2\zeta\omega T}{1 - \omega^2 T^2} \tag{5-44}$$

由于二阶微分环节与振荡环节的频率特性互为倒数关系，因而它们的对数幅值和相角与振荡环节的对数幅值和相角只相差一个负号，它们的伯德图对称于横坐标，如图 5-15 所示。

7. 延时环节

延时环节的对数幅频特性为

$$L(\omega) = 20\lg 1 = 0\mathrm{dB} \tag{5-45}$$

$$\varphi(\omega) = -\tau\omega = -57.3(°) \tag{5-46}$$

延迟环节的伯德图如图 5-16 所示。其中对数幅频特性 $L(\omega)$ 与 0dB 线重合，而对数相

频特性随着 ω 的增大，相位滞后越来越大。

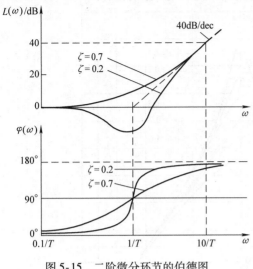

图 5-15　二阶微分环节的伯德图

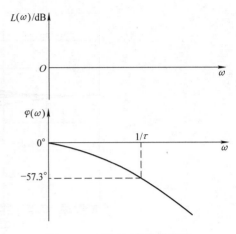

图 5-16　延迟环节的伯德图

5.3.2　控制系统开环伯德图

由式（5-28）、式（5-29）可知，控制系统的伯德图是 $G(j\omega)$ 分解成各典型环节后的伯德图曲线的叠加。因此，画出构成开环系统各个典型环节的对数幅频特性和对数相频特性曲线后叠加，就可以得到系统的开环伯德图。但这样做既不便捷，又费时间。

由于各典型环节的对数幅频特性的渐近线都是一些不同斜率的直线，所以叠加后系统的对数幅频特性渐近线仍是由不同斜率的直线组成。因此，工程上常用斜率叠加的方法，直接画出系统的开环对数幅频特性 $L(\omega)$ 的渐近线。$L(\omega)$ 的作图的步骤如下。

1）确定各典型环节的转折频率。将开环传递函数 $G_k(j\omega)$ 表示成时间常数形式后进行典型环节分解，确定各典型环节的转折频率，并由小到大依次标注在频率轴上。

2）绘制低频段渐近线。当 $\omega \to 0$ 时，$G_k(j\omega)$ 的低频段表达式为

$$G_k(j\omega) = \frac{K}{(j\omega)^{\nu}}$$

因此，系统开环对数幅频特性低频段渐近线只取决于比例环节和积分、微分环节。ν 型系统的低频段渐近线为

$$L(\omega) = 20\lg\frac{K}{\omega^{\nu}} = 20\lg K - \nu \cdot 20\lg\omega \tag{5-47}$$

式（5-47）表明，当 $\omega = 1$ 时，对于任何 ν 的系统都有 $L(\omega) = 20\lg K$；低频段渐近线的斜率由系统型别 ν 决定，为 $-\nu \cdot 20\text{dB/dec}$。

低频渐近线绘制方法：确定 $\omega = 1$、$L(\omega) = 20\lg K$ 之点，过该点画斜率为 $-\nu \cdot 20\text{dB/dec}$ 的直线。

3）绘制高频段渐近线。将低频段直线沿着频率增大的方向延伸，每遇到一个转折频率，根据该环节的对数频率特性改变一次直线的斜率，直至最后一个转折频率。即每遇到一个 $(1 + Ts)^{\pm 1}$ 环节，斜率改变 ± 20；每遇到一个 $(1 + 2\zeta Ts + T^2 s^2)^{\pm 1}$ 环节，斜率改变 ± 40。

高频段渐近线斜率为 $-20(n-m)\mathrm{dB/dec}$，其中 n 为 $G_k(s)$ 的极点数，m 为 $G_k(s)$ 的零点数。

4）误差修正。如果需要，再按照各典型环节的误差曲线进行修正，就可得到精确的对数幅频特性曲线。

至于系统开环对数相频特性曲线的绘制方法，可以先分别画出各典型环节的对数相频特性，然后将曲线相加。实际画图时，会根据相频特性的表达式选择若干个频率并计算出对应的 $\varphi(\omega)$ 值，然后取点连成光滑曲线。

例 5-2　已知系统开环传递函数为

$$G_k(s) = \frac{4(0.5s+1)}{s(2s+1)(0.01s^2+0.06s+1)}$$

试绘制系统开环对数频率特性曲线。

解　绘制对数幅频特性 $L(\omega)$：

1）系统由比例、积分、惯性、一阶微分、振荡五个典型环节组成。惯性环节的转折频率 $\omega_1=0.5$，一阶微分的转折频率 $\omega_2=2$，振荡环节 $\omega_3=\omega_n=10$，$\zeta=0.3$。

2）确定低频段渐近线。在 $\omega=1$ 处，确定 $L(\omega)=20\lg4=12\mathrm{dB}$ 的点，过该点画斜率为 $-20\mathrm{dB/dec}$ 的直线（$v=1$）。

3）绘制高频段渐近线。将低频段渐近线延长至 $\omega_1=0.5$ 处，在此处斜率由 $-20\mathrm{dB/dec}$ 变为 $-40\mathrm{dB/dec}$；继续延长到 $\omega_2=2$ 处，斜率由 $-40\mathrm{dB/dec}$ 变成 $-20\mathrm{dB/dec}$；渐近线再延长至 $\omega_3=10$ 处，斜率由 $-20\mathrm{dB/dec}$ 转变为 $-60\mathrm{dB/dec}$。绘制完成的系统开环对数幅频特性 $L(\omega)$ 渐近线如图 5-17 所示。

4）误差修正。振荡环节 $\zeta=0.3$，如果需要可以进行误差修正，按式（5-21）可求得 ω_r 和 M_r 分别为

$$\omega_r = \omega_n\sqrt{1-2\zeta^2} = 9.1\mathrm{rad/s}$$

$$M_r = \frac{1}{2\zeta\sqrt{1-\zeta^2}} = 1.75 = 4.8\mathrm{dB}$$

图 5-17 中的虚线为振荡环节的误差修正曲线。

绘制对数相频特性 $\varphi(\omega)$：

系统开环相频特性为

$$\varphi(\omega) = -90° - \arctan2\omega + \arctan0.5\omega - \arctan\frac{0.06\omega}{1-0.01\omega^2}$$

按 $\varphi(\omega)$ 选取频率点计算相频值见表 5-3。

表 5-3　例 5-2 系统相频特性值

ω	0.1	0.2	0.5	1	2	5	10	20	100
$\varphi(\omega)$	$-98.4°$	$-107.2°$	$-123.9°$	$-132.5°$	$-132.7°$	$-139.5°$	$-188.4°$	$-240.7°$	$-265.2°$

由表 5-3 绘制系统相频特性曲线如图 5-17 所示。由于系统为 1 型系统，$v=1$，故系统相频特性从 $-90°$ 开始，$\omega\to\infty$ 时，$\varphi(\infty)=-(n-m)\times90°=-(4-1)\times90°=-270°$。

$L(\omega)=0\mathrm{dB}$，即 $A(\omega)=1$ 时的频率称为截止频率，常用 ω_c 表示。用频率特性分析控制系统时，截止频率 ω_c 和该频率对应的相频值 $\varphi(\omega_c)$ 是确定系统性能的重要参数。在伯德图中，可由各典型环节在不同频段的渐近特性写出 $L(\omega)$ 的分段近似表达式，来求取 ω_c

$$L(\omega) = \begin{cases} 20\lg\dfrac{4}{\omega} & (\omega < 0.5) \\[2mm] 20\lg\dfrac{4}{\omega \times 2\omega} & (0.5 \leqslant \omega < 2) \\[2mm] 20\lg\dfrac{4 \times 0.5\omega}{\omega \times 2\omega} & (2 \leqslant \omega < 10) \\[2mm] 20\lg\dfrac{4 \times 0.5\omega}{\omega \times 2\omega \times 0.01\omega^2} & (10 \leqslant \omega) \end{cases}$$

本系统的 $L(\omega)$ 在 $0.5 < \omega < 2$ 间穿越 0dB 线, 即 $0.5 \leqslant \omega_c < 2$。由 $L(\omega_c) = 0$, 即 $A(\omega_c) = 4/(\omega_c \times 2\omega_c) = 1$, 可解得 $\omega_c = \sqrt{2}$。可见, 求得的 ω_c 满足 $0.5 \leqslant \omega_c < 2$ 的条件。

5.3.3　由伯德图确定传递函数

1. 最小相位系统和非最小相位系统

最小相位系统是指, 在 s 右平面上既无极点也无零点, 也没有滞后环节的系统; 反之, 则称其为非最小相位系统。

设有三个系统, 它们的传递函数分别为

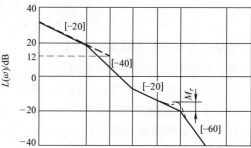

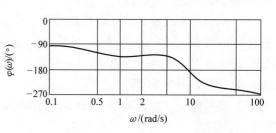

图 5-17　例 5-2 系统开环伯德图

$$G_1(s) = \frac{T_2 s + 1}{T_1 s + 1} \qquad G_2(s) = \frac{1 - T_2 s}{T_1 s + 1}$$

$$G_3(s) = \frac{T_2 s + 1}{T_1 s - 1}$$

其中 $0 < T_2 < T_1$。系统 1 的零、极点都位于 s 左半平面, 它是最小相位系统。系统 2 因其零点在 s 右半平面, 是一个非最小相位系统。系统 3 因其极点位于 s 右半平面, 也是一个非最小相位系统。

它们的频率特性分别为

$$G_1(j\omega) = \frac{j\omega T_2 + 1}{j\omega T_1 + 1} \qquad G_2(j\omega) = \frac{1 - j\omega T_2}{j\omega T_1 + 1} \qquad G_3(j\omega) = \frac{j\omega T_2 + 1}{j\omega T_1 - 1}$$

三个系统的幅频特性完全相同

$$A(\omega) = \sqrt{\frac{(\omega T_2)^2 + 1}{(\omega T_1)^2 + 1}}$$

它们的相频特性表达式分别为

$$\varphi_1(\omega) = \arctan T_2\omega - \arctan T_1\omega$$

$$\varphi_2(\omega) = \arctan(-T_2\omega) - \arctan T_1\omega$$

$$\varphi_3(\omega) = \arctan T_2\omega - (180° - \arctan T_1\omega)$$

三个系统的伯德图如图 5-18 所示。可见, 三个系统的对数幅频特性系统相同, 但是相频特性则相差很大。当 ω 由 $0 \to \infty$ 时, $\varphi_1(\omega)$ 变化范围是 $0° \to -90°$, 而 $\varphi_2(\omega)$ 变化范围是

$0° \rightarrow -180°$，$\varphi_3(\omega)$ 变化范围为 $-180° \rightarrow 0°$。可见，最小相位系统的相角变化范围最小，这就是"最小相位"名称的由来。

2. 最小相位系统的传递函数

最小相位系统的传递函数、幅频特性和相频特性之间存在着唯一确定的关系，因此，可根据对数幅频特性渐近线确定最小相位系统的传递函数。这也为我们通过实验确定最小相位系统的传递函数提供了一种方法。

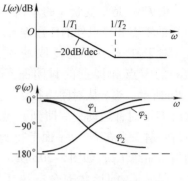

图 5-18　最小相位系统和非最小相位系统伯德图

由对数幅频渐近特性求传递函数是伯德图曲线绘制的逆问题。一般来说，由对数幅频特性低频渐近线的斜率可以确定系统积分或微分环节的个数，由低频段渐近线或其延长线在 $\omega = 1$ 的幅高 $20\lg K$ 可以确定系统开环增益 K 的值，由每个转折频率及该频率处的斜率变化可以确定典型环节的参数和种类。

例 5-3　设某最小相位系统的对数幅频特性渐近线如图 5-19 所示，试确定系统的传递函数。

解　由于对数幅频特性低频渐近线的斜率为 $-20\mathrm{dB/dec}$，所以 $\nu = 1$。根据转折频率及其对应对数幅频特性渐近线斜率的改变情况，可确定系统的传递函数为

$$G(s) = \dfrac{K(s+1)}{s\left(\dfrac{1}{0.4}s+1\right)\left(\dfrac{1}{10}s+1\right)}$$

由于低频段线与 0dB 线的交点频率 $\omega = 5$，由式（5-47）有

$L(\omega)\big|_{\omega=5} = 20\lg K - \nu \cdot 20\lg\omega = 0$，解得 $K = 5$

所以，系统的传递函数为

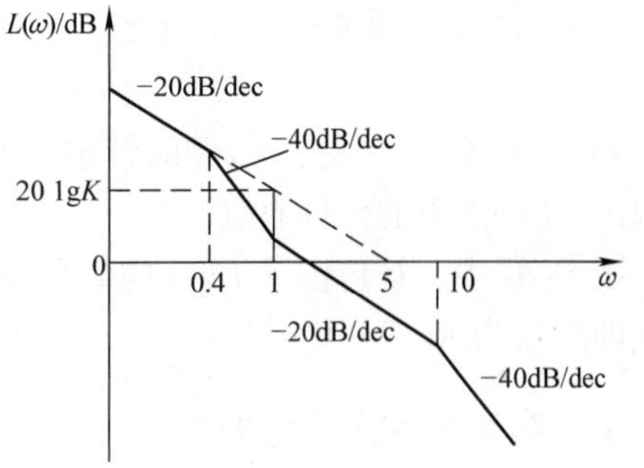

图 5-19　例 5-3 系统的对数幅频特性渐近线

$$G(s) = \dfrac{5(s+1)}{s(2.5s+1)(0.1s+1)}$$

5.4　奈奎斯特稳定判据

奈奎斯特稳定判据，简称奈氏判据，是奈奎斯特（Nyquist）在 1932 年提出来了的，是一种利用开环频率特性来判断闭环系统稳定性的判据。利用奈氏判据，不但可以判断系统是否稳定，还可以确定系统的相对稳定性、分析系统的暂态性能以及指出改善系统性能的方法。因此，奈氏稳定判据是一种极其重要而实用的判据。

奈奎斯特判据的数学基础是复变函数理论中的辐角定理。它通过建立开环频率特性 $G_k(\mathrm{j}\omega)$ 曲线与闭环特征式 $F(s) = 1 + G_k(s)$ 在 s 右半平面上的零点、极点个数的关系，来判断闭环系统的稳定性。

5.4.1　辐角定理

设 $F(s)$ 是复变量 s 的单值有理复变函数。由复变函数的理论可知，在 s 平面上除了 $F(s)$ 的零点和极点外的任意点 s_i，均可在 $F(s)$ 平面上找到与之对应的映射点 $F(s_i)$。

对于在 s 平面上任取的一条不通过 $F(s)$ 的零点和极点的封闭路径 Γ，如图 5-20a 所示。当 s 从封闭路径 Γ 上任一点 s_1 起沿 Γ 顺时针运动一周回到 s_1 点时，可以通过映射关系在 $F(s)$ 平面上得到与它对应的封闭曲线 Γ_F，如图 5-20b 所示。

映射 Γ_F 的形状完全取决于复变函数 $F(s)$，一般比较复杂。但是，Γ_F 绕 $F(s)$ 平面坐标原点的圈数与 Γ 所包围的 $F(s)$ 的零点、极点数目存在简单的关系。这就是辐角定理。

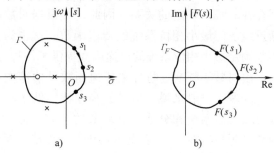

图 5-20　从 s 平面到 $F(s)$ 平面的映射

辐角定理　设 s 平面上封闭路径 Γ 包围了 $F(s)$ 的 Z 个零点、P 个极点，则当 s 沿 Γ 按顺时针方向运行一周时，$F(s)$ 平面上的映射 Γ_F 以逆时针方向包围坐标原点的圈数为

$$R = P - Z \tag{5-48}$$

若 $R < 0$，即 $Z > P$，表示 Γ_F 顺时针包围 $F(s)$ 平面的坐标原点，若 $R = 0$，即 $Z = P$，表示 Γ_F 不包围 $F(s)$ 平面的坐标原点。

图 5-20 中，Γ 包围了 $F(s)$ 的 2 个极点、1 个零点，所以 Γ_F 逆时针包围 $F(s)$ 平面坐标原点的圈数为 $R = 2 - 1 = 1$。

5.4.2　奈奎斯特稳定判据

对于图 5-21 所示反馈控制系统，设其开环传递函数为

$$G_k(s) = G(s)H(s) = \frac{M(s)}{N(s)} \tag{5-49}$$

式中，$N(s)$ 为开环传递函数的分母多项式，n 阶；$M(s)$ 为开环传递函数的分子多项式，m 阶，$n \geq m$。

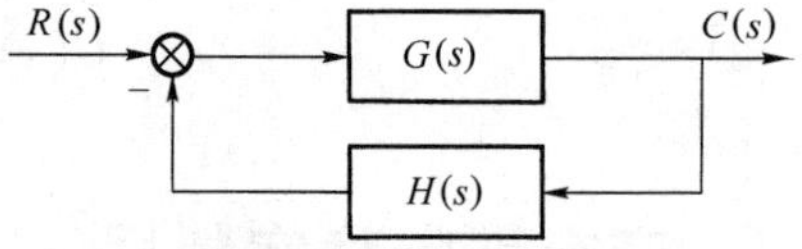

系统的闭环传递函数为

$$\frac{C(s)}{R(s)} = \frac{G(s)}{1 + G_k(s)} \tag{5-50}$$

图 5-21　反馈控制系统

系统的特征方程

$$F(s) = 1 + G_k(s) = \frac{N(s) + M(s)}{N(s)}$$

$$= \frac{K_1(s - s_1)(s - s_2) \cdots (s - s_n)}{(s - p_1)(s - p_2) \cdots (s - p_n)} \tag{5-51}$$

由式 (5-49)~式(5-51) 可知：

1）$F(s)$ 的零点数和极点数相等，都是 n 个。

2）$F(s)$ 的零点 $s_1, s_2, \cdots, s_n$ 为特征方程的根，即闭环系统的极点。

3）$F(s)$ 的极点 p_1，p_2，…，p_n 为系统的开环极点。

1. 奈氏路径

闭环系统稳定的充分必要条件是特征方程的根，即闭环系统的极点必须都位于 s 左半平面。也就是说系统的稳定性取决于闭环极点，即 $F(s)$ 的零点位于 s 右半平面的个数是否为 0。由式 (5-51) 可见，对于一个已知开环传递函数系统，开环极点位置已知，即 $F(s)$ 在 s 右半平面的极点数 P 是已知的。如果取一个包围整个 s 右半平面的封闭路径 Γ，由辐角定理，就可以通过其在 $F(s)$ 平面的映射 Γ_F 逆时针包围坐标原点的圈数 R，由式(5-48)得到 $F(s)$ 的零点位于 s 右半平面的数目 Z。若 $Z = 0$，即闭环特征根均位于 s 左半平面，闭环系统稳定。

当 $G_k(s)$ 无虚轴上的极点时，可选取图 5-22 所示包围整个 s 右半平面闭合路径 Γ，s 按顺时针方向沿着 j0→ +j∞ → −j∞ →j0 绕行，其中 +j∞ → −j∞ 是沿半径无穷大的半圆弧绕行。这个闭合路径 Γ 称为奈氏路径。

2. 奈奎斯特稳定判据

如果图 5-22 所示的奈氏路径包围了 $F(s)$ 的 Z 个零点和 P 个极点。由辐角原理可知，当 s 按顺时针方向沿奈氏路径 Γ 绕行一周时，即 $s = j\omega$：ω 自 0→ +∞ → −∞ →0 变化时，其在 $F(j\omega)$ 平面上的映射 Γ_F 将逆时针围绕坐标原点旋转 R 周，且

$$R = P - Z \qquad (5\text{-}52)$$

若 $R = P$，则 $Z = P - R = 0$，表明 $F(s)$ 的零点数为 0，即闭环系统的极点在 s 右半平面的个数是 0，闭环系统是稳定的。

由于
$$F(j\omega) = 1 + G_k(j\omega) \qquad (5\text{-}53)$$
$$G_k(j\omega) = F(j\omega) - 1 \qquad (5\text{-}54)$$

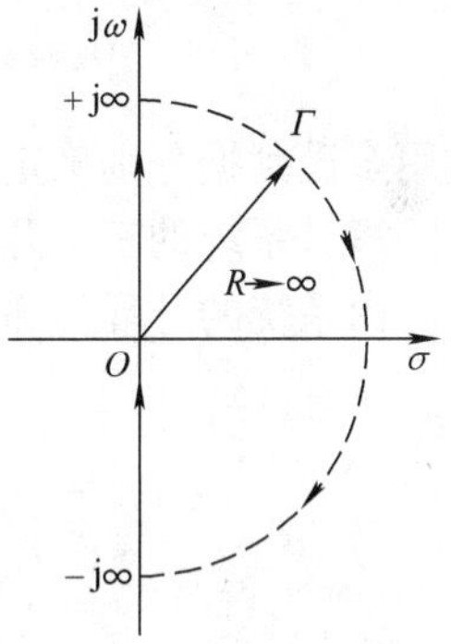

图 5-22 奈氏路径

所以，$F(j\omega)$ 平面的坐标原点就是 $G_k(j\omega)$ 平面上的（−1，j0）点，映射 Γ_F 对 $F(j\omega)$ 坐标原点的包围就等于映射 Γ_G 对 $G_k(j\omega)$ 平面（−1，j0）的包围。

映射 Γ_G 由以下 3 部分组成：

① 奈氏路径正虚轴部分的映射：$G_k(s)\big|_{s=j\omega}$，ω 自 0→∞ 曲线，为系统的开环极坐标图曲线。

② 奈氏路径无穷大圆弧的映射：当开环传递函数分母的阶次大于分子的阶次，即 $n \geqslant m$ 时，$s→∞$，$G_k(s)→0$，映射为坐标原点。

③ 奈氏路径负虚轴部分的映射：$G_k(s)\big|_{s=j\omega}$，ω 自 −∞ →0 曲线，为与①对称于实轴的镜像。

可见，映射 Γ_G 是由系统开环极坐标图及其镜像构成，Γ_{GH} 称为奈奎斯特曲线。于是闭环系统的稳定性可通过其开环频率特性及其镜像，即奈奎斯特曲线对点（−1，j0）的包围情况来判断，这就是奈奎斯特稳定判据，也称奈氏判据。

综上所述，可将奈奎斯特稳定判据的内容表述如下：

闭环系统稳定的充分必要条件是：系统的奈奎斯特曲线逆时针包围（−1，j0）点的圈数 R 等于开环传递函数的正实部极点数 P。

对于最小相位系统，$P = 0$，则系统稳定的充分必要条件是系统奈奎斯特曲线不包围（−1，j0）点。也就是说，奈奎斯特曲线不包围（−1，j0）点，系统稳定；反之，奈奎斯特

曲线包围（-1，j0）点，系统不稳定；若奈奎斯特曲线穿越（-1，j0）点，系统临界稳定。

例 5-4 系统的开环传递函数为

$$G_k(s) = \frac{2}{(s+1)(5s+1)}$$

试用奈氏判据判断闭环系统的稳定性。

解 系统有两个开环极点 -1 和 -0.2，都为负实数，即 s 右半平面无开环极点，$P = 0$。

这是一个 0 型系统。系统开环极坐标图的起点和终点：$G_k(j\omega)\big|_{\omega=0} = 2\angle 0°$，$G_k(j\omega)\big|_{\omega\to\infty} = 0\angle -180°$，与负实轴无交点。则系统的极坐标图（实线）及其镜像（虚线）如图 5-23 所示。可见奈奎斯特曲线未包围（-1，j0）点，即 $R = 0 = P$，满足奈氏稳定条件，故闭环系统是稳定的。

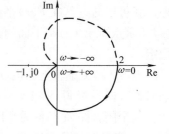

图 5-23 例 5-4 的极坐标图

例 5-5 已知反馈系统的开环传递函数为

$$G_k(s) = \frac{K}{(s+2)(s^2+2s+5)}$$

试用奈氏判据分别确定 $K=20$ 和 $K=52$ 时闭环系统的稳定性。

解 系统的三个开环极点 -2 和 $-1\pm j2$ 都在 s 左半平面，$P = 0$。

由系统的开环传递函数得幅频特性和相频特性为

$$A(\omega) = \frac{K}{\sqrt{\omega^2+4}\sqrt{(5-\omega^2)^2+4\omega^2}}$$

$$\varphi(\omega) = -\arctan\frac{\omega}{2} - \arctan\frac{2\omega}{5-\omega^2}$$

开环极坐标图的起点和终点：$G_k(j0) = \dfrac{K}{10}\angle 0°$，$\lim_{\omega\to\infty} G_k(j\omega) = 0\angle -270°$

显然，极坐标曲线与负实轴有交点，由 $\varphi(\omega) = -180°$ 可解得 $\omega = 3$ 时曲线与负实轴相交，将 $\omega = 3$ 代入幅频特性可得曲线与实轴交于（$-K/26$，j0）。

可见极坐标图的起点及其与负实轴的交点位置都与 K 有关，绘制出 $K=20$ 和 $K=52$ 时系统的极坐标图（实线）及其镜像（虚线）如图 5-24 所示。当 $K=20$ 时，奈奎斯特曲线不包围（-1，j0），$R = P = 0$，闭环系统稳定。当 $K=52$ 时，奈奎斯特曲线以顺时针方向绕（-1，j0）点 2 周，即 $R = -2 \neq P$，闭环系统不稳定，且位于 s 右半平面的闭环极点数 $Z = P - R = 2$。

对于例 5-5 系统来说，当系统的奈奎斯特曲线不包围（-1，j0）点时闭环系统稳定。极坐标图与实轴的交点 $-K/26$ 即 $K < 26$ 时闭环系统稳定；$K=26$ 时，奈奎斯特曲线穿越（-1，j0）点，系统临界稳定，有闭环极点位于虚轴。由劳斯稳定判据可以得到同样的结论。

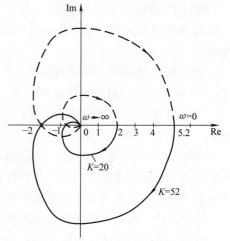

图 5-24 例 5-5 的极坐标图

3. 含有积分环节系统的奈氏判据

设含有积分环节系统的开环传递函数为

$$G_k(s) = \frac{K\prod\limits_{i=1}^{m}(\tau_i s + 1)}{s^\nu \prod\limits_{l=1}^{n-\nu}(T_l s + 1)} \quad (n \geq m) \tag{5-55}$$

系统有开环极点位于 s 平面的坐标原点。为了使奈氏路径仍能包围整个 s 右平面又不经过坐标原点，可以作一个以坐标原点为圆心半径无穷小的半圆避开原点，如图 5-25 所示的奈氏路径 Γ。

这时的奈奎斯特曲线由 4 部分组成：

①～③部分与无积分环节时的奈奎斯特曲线相同。

④ 无穷小半圆弧映射。

要确定④部分 s 沿无穷小半圆弧绕行时的映射，可令 $s = \varepsilon e^{j\theta}$（$\varepsilon \to 0$），代入式（5-55）得

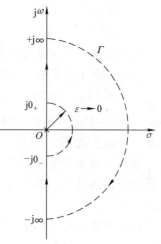

图 5-25　含有积分环节
系统的奈氏路径

$$G_k(s) \Big|_{s = \varepsilon e^{j\theta}} = \lim_{\varepsilon \to 0} \frac{K\prod\limits_{i=1}^{m}(\tau_i \varepsilon e^{j\theta} + 1)}{\varepsilon^\nu e^{j\nu\theta} \prod\limits_{l=1}^{n-\nu}(T_l \varepsilon e^{j\theta} + 1)}$$

$$= \lim_{\varepsilon \to 0} \frac{K}{\varepsilon^\nu} e^{-j\nu\theta} = \infty\, e^{j\theta_1} \tag{5-56}$$

可见，当 s 从 $j0_-$ 沿无穷小半圆弧绕行到 $j0_+$ 时，θ 由 $-90° \to 0° \to +90°$ 逆时针转过 $180°$，其在 G 平面上的映射就是一个半径为无穷大的圆弧，相角 $\theta_1 = -\nu\theta$ 由 $\nu 90° \to 0° \to -\nu 90°$，即从 0_- 到 0_+ 的映射是一个顺时针绕过 $\nu 180°$ 的无穷大圆弧。

1 型、2 型是最常见的含有积分环节的系统，图 5-26 所示为 1 型、2 型系统的奈奎斯特曲线。首先绘制 ω 由 $0_+ \to +\infty \to -\infty \to 0_-$ 时系统的奈奎斯特曲线（实线），再从 $\omega = 0_-$ 起增补 $\nu 180°$ 无穷大圆弧（虚线）到 $\omega = 0_+$ 处，然后由奈奎斯特曲线与增补的无穷大圆弧线共同构成的奈奎斯特曲线来判断稳定性。

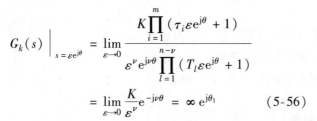
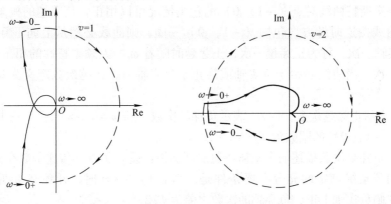

图 5-26　1 型、2 型系统的奈奎斯特曲线

例 5-6　设控制系统开环传递函数为

$$G_k(s) = \frac{K}{s(Ts-1)}$$

试用奈氏判据判断闭环系统的稳定性

解　系统的幅频特性和相频特性为

$$A(\omega) = \frac{K}{\omega\sqrt{(T\omega)^2+1}}$$

$$\varphi(\omega) = -90° - (180° - \arctan T\omega)$$

系统有两个开环极点 0 和 $1/T$，其中 $1/T$ 是一个位于 s 右半平面的开环极点，$P=1$。

这是一个 1 型系统，选择如图 5-25 所示的奈氏路径。

当 ω 由 $0_+ \to \infty$ 时，$G_k(j0_+) = \infty \angle -270°$，$\lim\limits_{\omega \to \infty} G_k(j\omega) = 0 \angle -180°$，与负实轴没有交点。做出极坐标图及其镜像（实线）如图 5-27 所示。

增补 1 型系统奈氏路径无穷小半圆的映射：从 $\omega = 0_-$ 开始顺时针绕过 $1 \times 180°$ 到 $\omega = 0_+$ 的无穷大圆弧，如图 5-27 虚线所示。

由奈奎斯特曲线可见，它顺时针包围了（-1，j0）点 1 圈，即 $R = -1 \neq P$，不满足奈奎斯特稳定条件，所以系统不稳定。且可确定系统在 s 右平面的闭环极点（不稳定根）的个数 $Z = P - R = 2$。

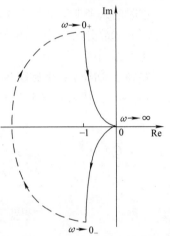

图 5-27　例 5-6 的奈氏图

4. 正、负穿越表示的奈氏判据

因奈奎斯特曲线对称于实轴，为简便起见，在用奈氏判据判断系统的稳定性时，常常只画出 $\omega = 0 \to \infty$ 部分曲线。由于奈奎斯特曲线比原来减少了一半，可将曲线逆时针绕过点（-1，j0）的圈数 N、闭环系统在 s 右平面的极点数 Z 以及 s 右平面的开环极点数 P 的关系式表示为

$$N = \frac{R}{2} = \frac{P-Z}{2} \tag{5-57}$$

$$Z = P - 2N \tag{5-58}$$

这时，奈奎斯特曲线对点（-1，j0）的包围情况可以用正、负穿越的概念来表示。如果奈奎斯特曲线按逆时针方向包围（-1，j0）一圈，则曲线必然从上向下穿过点（-1，j0）左侧负实轴一次，称为正穿越一次，正穿越时随着 ω 增大频率特性的相角增加。反之，称为负穿越一次。当曲线起始于负实轴或终止于负实轴时，穿越次数定义为 0.5 次。如图 5-28 所示。

若用 N_+ 表示正穿越次数，用 N_- 表示负穿越次数，则 $\omega = 0 \to \infty$ 奈奎斯特曲线按逆时针方向包围点（-1，j0）的圈数为 $N = N_+ - N_-$。

根据正、负穿越次数描述的奈奎斯特稳定判据为：设 P 为开环传递函数在 s 右平面极点的个数，则闭环系统稳定的充分必要条件是，当 ω 由 $0 \to \infty$ 时，开环奈奎斯特曲线在点（-1，j0）左侧负实轴上正、负穿越的次数之差为 $P/2$。

当开环传递函数中含有 ν 个积分环节时，可先画出 ω 从 $0_+ \to \infty$ 的极坐标图，再增补绘

制 s 沿奈氏路径无限小圆弧 θ 由 $0° \to +90°$ 部分的映射：从极坐标图 $\omega = 0_+$ 处开始逆时针转过 $\nu \cdot 90°$ 到 $\omega = 0$ 的无穷大圆弧，构成 ω 从 $0 \to \infty$ 时奈奎斯特曲线来判断闭环系统的稳定性。

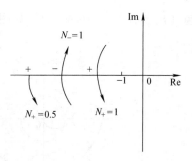

图 5-28 正、负穿越

如图 5-29 示出了三个有积分环节系统当 ω 从 $0 \to \infty$ 时的奈奎斯特曲线，以及它们的正、负穿越的情况。图中 P 为开环传递函数正实部极点个数，ν 为积分环节的个数，实线是 ω 从 $0_+ \to \infty$ 的开环极坐标图部分，虚线是增补的奈氏路径无限小圆弧 θ 由 $0° \to +90°$ 部分的映射。显然，图 5-29a、c 所示系统 $N = P/2$，是稳定系统；图 5-29b 所示系统 $N \neq P/2$，是不稳定系统。

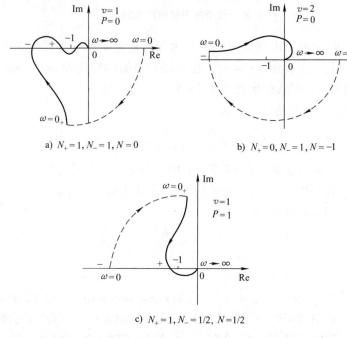

a) $N_+ = 1, N_- = 1, N = 0$

b) $N_+ = 0, N_- = 1, N = -1$

c) $N_+ = 1, N_- = 1/2, N = 1/2$

图 5-29 有积分环节系统的正、负穿越

5.4.3 伯德图上的奈奎斯特稳定判据

将奈奎斯特稳定判据从极坐标图（奈氏图）移植到伯德图上，就成了伯德图上的奈奎斯特稳定判据，也称为对数稳定判据。

极坐标图与伯德图之间有如下的对应关系：

1）$A(\omega) = 1$ 时，$L(\omega) = 0$，所以极坐标图上的单位圆与伯德图上的 0dB 线相对应，单位圆的外部对应于 $L(\omega) > 0$dB，单位圆的内部对应于 $L(\omega) < 0$dB。

2）极坐标图上的负实轴与伯德图上的 $\varphi = -180°$ 线相对应。

因此，极坐标图上（-1，j0）左侧的负实轴段，对应于伯德图上 $L(\omega) > 0$dB 频段内 $\varphi(\omega)$ 的 $-180°$ 线。即，开环极坐标图对（-1，j0）左侧负实轴的正、负穿越，对应于伯德图上 $L(\omega) > 0$dB 的频段内，$\varphi(\omega)$ 曲线对 $-180°$ 线的正穿越（从下而上，相位增加）和负穿越（从上而下，相位减少）。如图 5-30 所示。

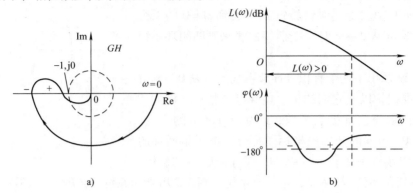

图 5-30　极坐标图和伯德图的关系

综上所述，伯德图上的奈氏判据为：设 P 为开环传递函数正实部极点个数，闭环系统稳定的充分必要条件是，当 ω 由 $0 \rightarrow \infty$ 时，在开环对数幅频特性 $L(\omega) > 0\mathrm{dB}$ 的频段内，对数相频特性 $\varphi(\omega)$ 穿越 $-180°$ 线的次数 N（$N = N_+ - N_-$）为 $P/2$。

例 5-7　反馈系统的开环传递函数为

$$G_k(s) = \frac{K}{s(s+1)(0.2s+1)}$$

试用伯德图上的奈氏判据分别确定 $K=2$ 和 $K=10$ 时闭环系统的稳定性。

解　系统的三个开环极点 0、-1 和 -5 都在 s 左半平面，$P=0$。

系统的幅频特性和相频特性

$$A(\omega) = \frac{K}{\omega\sqrt{(\omega)^2+1}\sqrt{(0.2\omega)^2+1}}$$

$$\varphi(\omega) = -90° - \arctan\omega - \arctan 0.2\omega$$

系统有两个转折频率：$\omega_1 = 1$、$\omega_2 = 5$，绘制 $K=2$ 和 $K=10$ 时的伯德图如图 5-31 所示。

由图可见，系统的对数相频特性曲线与 K 无关，令 $\varphi(\omega) = -180°$，可解得相频特性在 $\omega = 2.2$ 时由上而下穿越 $-180°$ 线。$K=2$ 时，$\omega_c = 1.4$，即在 $0 < \omega < 1.4\mathrm{rad/s}$ 频段，$L(\omega) > 0$，$\varphi(\omega)$ 对 $-180°$ 线无穿越，$N = 0 = P/2$，闭环系统稳定；$K=10$ 时，$\omega_c = 3.2$，在 $0 < \omega < 3.2\mathrm{rad/s}$，$L(\omega) > 0$ 的频段，$\varphi(\omega)$ 对 $-180°$ 线有一次负穿越，$N = -1 \neq P/2$，闭环系统不稳定。

还应该注意的是，当开环系统含有 ν 个积分环节时，在伯德图上应用奈氏判据同样应考虑 ω 由 $0 \rightarrow 0^+$ 的相频特性部分对 $-180°$ 线的穿越。在极坐标图中有 ν 个积分环节时，将增补从 $\omega = 0_+$ 处逆时针转过 $\nu \cdot 90°$ 的无穷大圆弧到 $\omega = 0$ 处，在伯德图上对应于相频特性从 $\varphi(0_+)$ 向正相角方向（向上）增补 $\nu \cdot 90°$。

如图 5-32 所示，是一个 2 型系统伯德图。该系统中 $\nu = 2$，所以对数相频特性须从 $\varphi(0_+) = -180°$ 处向上增补 $2 \times 90°$ 到 $\varphi(0) = 0°$ 处，增补部分用虚线表示。由图 5-32 可见，当 ω 由 $0 \rightarrow 0^+ \rightarrow \infty$ 时，在 $L(\omega) > 0\mathrm{dB}$ 的频段内虚线表示的相频特性增补段对 $-180°$ 有一次从上而下的穿越，$N_+ = 0$，$N_- = 1$，$N = N_+ - N_- = -1$。如果 $P = 0$，$N \neq P/2$，闭环系统不稳定。

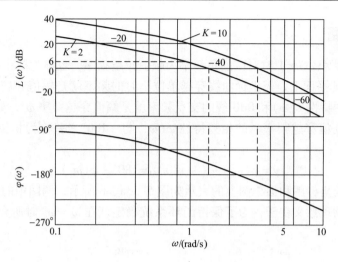

图 5-31　例 5-7 系统的伯德图

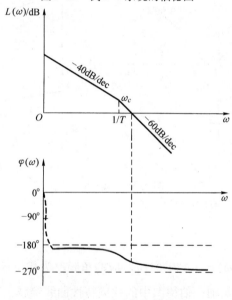

图 5-32　2 型系统的伯德图

5.5　控制系统的相对稳定性

奈奎斯特稳定判据不仅可以用来判断控制系统是否稳定，还可以用来分析系统的相对稳定性。

根据奈奎斯特判据的概念，奈奎斯特曲线是否包围（-1，j0）点确定了系统的稳定性。可见，（-1，j0）点是临界点，可以用极坐标图靠近（-1，j0）的程度来衡量闭环系统的相对稳定性。极坐标图越靠近（-1，j0）点，意味着系统闭环极点越靠近虚轴，系统阶跃响应的振荡越激烈，系统相对稳定性越差。极坐标图与（-1，j0）点的接近程度可以用极坐标图幅值为 1 时的相角值来表示，还可以用极坐标图穿越负实轴时的幅值来表示，这就是相位裕量和幅值裕量。

5.5.1　相位裕量

定义幅频特性 $A(\omega) = 1$ 时对应的角频率为幅值穿越频率，也称为截止频率或剪切频率，记为 ω_c。在极坐标平面上，极坐标曲线穿越单位圆时的频率就是幅值穿越频率 ω_c，而在伯德图上，对数幅频特性 $L(\omega)$ 和 0dB 线的交点频率就是幅值穿越频率 ω_c，如图 5-33 所示。

相位裕量：幅值穿越频率时的相频特性 $\varphi(\omega_c)$ 与 $-180°$ 之差称为相位裕量，常用 γ 表示。即

$$\gamma = \varphi(\omega_c) - (-180°) = 180° + \varphi(\omega_c) \tag{5-59}$$

相位裕量在极坐标图和伯德图上的表示如图 5-33a、b 所示，两图中的 γ 均为正值。

相位裕量的物理意义在于，为了保持闭环系统稳定，在 $\omega = \omega_c$ 时所允许增加的最大相位滞后量。

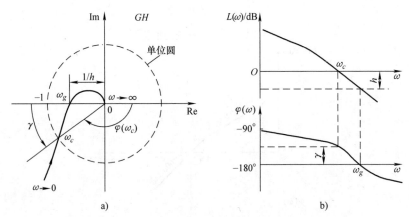

图 5-33　稳定裕量

a）极坐标图上的相位裕量与幅值裕量　b）伯德图上的相位裕量与幅值裕量

5.5.2　幅值裕量

定义开环相频特性 $\varphi(\omega) = -180°$ 时所对应的角频率为相位穿越频率，记为 ω_g。在 $\omega = \omega_g$ 时，极坐标曲线穿越负实轴；伯德图中的相频特性曲线穿越 $-180°$ 线，如图 5-33 所示。

幅值裕量：相位穿越频率处的开环幅频特性 $A(\omega_g)$ 的倒数，称为幅值裕量，用 h 表示。即

$$h = \frac{1}{A(\omega_g)} \tag{5-60}$$

在伯德图上，h 以分贝表示，即

$$h = -20\lg A(\omega_g) = -L(\omega_g) \tag{5-61}$$

幅值裕量在极坐标图和伯德图上的表示分别如图 5-33a、b 所示。

幅值裕量的物理意义在于：稳定系统的开环幅频特性增大 h 倍，系统将达到临界稳定，也就是说，开环增益增加 h 倍即为临界稳定增益。所以，幅值裕量是系统达到不稳定前允许开环增益增加的最大倍数。

对于最小相位系统（$P = 0$），若稳定裕量如图 5-33 所示 $\gamma > 0$、$h > 1$（$h > 0\text{dB}$），由奈氏判据可知，它们都为稳定系统。而对于如图 5-34 所示系统，此时 $\gamma < 0$、$h < 1$（$h < 0\text{dB}$），

极坐标图包围了（-1, j0）点，系统不稳定。

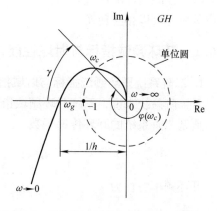

因此，对于最小相位系统，当相位裕量 $\gamma > 0$ 或幅值裕量 $h > 1$（$h > 0$dB）时闭环稳定，且 γ 越大或 h 越大系统的相对稳定性越好。一个良好的控制系统，通常要求 $\gamma = 30° \sim 60°$，$h = 6 \sim 10$dB。

由于不同系统频率特性的差异，相位裕量相同的两个系统也许幅值裕量相差甚远，或幅值裕量相同的两个系统它们的相位裕量相差甚远。因此，对于一般的控制系统，常常需同时采用 γ 和 h 两种稳定裕量来表征系统的相对稳定性，在某些特殊情况下也可以只用 γ 或 h 的值来表示。

图 5-34　不稳定系统的相位裕量与幅值裕量

例 5-8　反馈系统的开环传递函数为

$$G_k(s) = \frac{10(0.5s + 1)}{s(s + 1)(0.1s + 1)(0.05s + 1)}$$

试求系统的相位裕量和幅值裕量。

解　本系统为四阶系统，由系统的开环传递函数可知，转折频率为 $\omega_1 = 1$、$\omega_2 = 2$、$\omega_3 = 10$、$\omega_4 = 20$，且 $20\lg K = 20$dB、$\nu = 1$，低频段斜率为 -20dB/dec。绘制出系统开环伯德图如图 5-35 所示。

由图 5-35 可见，ω_c 在转折频率 $[2, 10]$ 之间，由对数幅频特性曲线在该区段的近似特性，并 $L(\omega_c) = 0$，即

$$L(\omega_c) \approx 20\lg \frac{10 \times 0.5\omega_c}{\omega_c \times \omega_c \times 1 \times 1} = 0$$

解得 $\omega_c = 5$，所以

$$\varphi(\omega_c) = -90° - \arctan\omega_c + \arctan0.5\omega_c - \arctan0.1\omega_c - \arctan0.05\omega_c = -141.1°$$

系统的相位裕量

$$\gamma = 180° + \varphi(\omega_c) = 38.9°$$

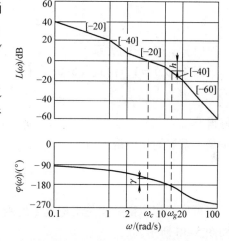

图 5-35　例 5-8 系统开环伯德图

本例可采用试探法求相位穿越频率 ω_g，$\varphi(\omega) = -180°$ 应该处于 $10 < \omega < 20$，$L(\omega)$ 曲线斜率为 -40dB/dec 的频段。由试探法求得 $\omega_g \approx 13$，得幅值裕量

$$h = -L(\omega_g) = -20\lg \frac{10 \times 0.5\omega_g}{\omega_g\omega_g 0.1\omega_g} = 10.6\text{dB}$$

系统的四个开环极点 0，-1，-10 和 -20 都位于 s 左半平面，$P = 0$。$h > 0$dB，$\gamma > 0°$，显然该系统稳定且有较好的相对稳定性。

5.6　利用频率特性分析系统的性能

采用频率特性法对系统进行分析、设计时，常常以频域指标为依据。系统的频域指标并

没有时域性能指标那样直观和容易理解，但它们与时域性能以及时域性能指标间有着明确的对应关系，可以相互转换。

5.6.1　开环频域指标与时域性能指标的关系

1. 二阶系统开环频域指标与时域指标的关系

对二阶系统来说，系统开环频域指标和时域性能指标之间有着确定的数学关系。

典型二阶系统的开环传递函数

$$G(s) = \frac{K}{s(Ts+1)} = \frac{\omega_n^2}{s(s+2\zeta\omega_n)}$$

开环频率特性为

$$G(j\omega) = \frac{\omega_n^2}{j\omega(j\omega+2\zeta\omega_n)} = A(\omega)\,e^{j\phi(\omega)} \tag{5-62}$$

幅频特性和相频特性分别为

$$A(\omega) = \frac{\omega_n^2}{\omega\sqrt{\omega^2+(2\zeta\omega_n)^2}} \tag{5-63}$$

$$\varphi(\omega) = -90° - \arctan\frac{\omega}{2\zeta\omega_n} \tag{5-64}$$

（1）γ 与 σ_p 的关系

因 $A(\omega_c)=1$，由式（5-63）有

$$\omega_n^4 = \omega_c^4 + (2\zeta\omega_n\omega_c)^2$$

解得

$$\omega_c = \omega_n\sqrt{\sqrt{4\zeta^2+1}-2\zeta^2} \tag{5-65}$$

于是，系统的相位裕量为

$$\gamma = 180° + \varphi(\omega_c) = \arctan\frac{2\zeta}{\sqrt{\sqrt{4\zeta^2+1}-2\zeta^2}} \tag{5-66}$$

可见，相位裕量 γ 是阻尼比 ζ 的函数，其关系曲线如图 5-36 所示。

由图 5-36 可见，当阻尼比 $0<\zeta\leq0.7$ 时，相位裕量与阻尼比的关系可以近似为线性关系

$$\gamma \approx 100\zeta \tag{5-67}$$

而二阶系统超调量为

$$\sigma_p = \exp(-\pi\zeta/\sqrt{1-\zeta^2}) \tag{5-68}$$

比较式（5-67）和式（5-68）不难发现，σ_p 与 γ 是通过 ζ 相联系的，它们间具有一一对应的关系，阻尼比 ζ 越大，相位裕量 γ 越大，超调量 σ_p 越小，系统的相对稳定性越好。

（2）ω_c 与 t_s 的关系

由调整时间计算式

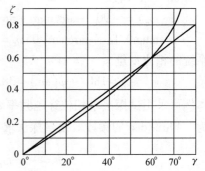

图 5-36　相位裕量 γ 与阻尼比 ζ 的关系曲线

$$t_s = \begin{cases} \dfrac{3}{\zeta\omega_n} & (\Delta = 0.05) \\[2mm] \dfrac{4}{\zeta\omega_n} & (\Delta = 0.02) \end{cases} \tag{5-69}$$

以及式（5-65）和式（5-66）可推导出下述关系式：

$$t_s\omega_c = \begin{cases} \dfrac{6}{\tan\gamma} & (\Delta = 0.05) \\[2mm] \dfrac{8}{\tan\gamma} & (\Delta = 0.02) \end{cases} \tag{5-70}$$

可见，$t_s\omega_c$ 是 γ 的函数，$t_s\omega_c$ 随 γ 的增加而减小。如果 γ 不变（系统阻尼不变），则 ω_c 与 t_s 成反比。即 ω_c 反映了系统的快速性，ω_c 越大，t_s 越小，系统响应速度越快。

2. 高阶系统开环频域与时域指标的关系

对高阶系统来说，很难准确推导出开环频域指标与时域指标间的关系式。在控制工程的分析与设计中，通常采用以下两个经验公式来近似估算：

$$\sigma_p = \left[0.16 + 0.4\left(\frac{1}{\sin\gamma} - 1\right)\right] \times 100\% \quad (35° \leqslant \gamma \leqslant 90°) \tag{5-71}$$

$$t_s = \frac{\pi}{\omega_c}\left[2 + 1.5\left(\frac{1}{\sin\gamma} - 1\right) + 2.5\left(\frac{1}{\sin\gamma} - 1\right)^2\right] \quad (35° \leqslant \gamma \leqslant 90°) \tag{5-72}$$

5.6.2 基于伯德图的系统性能分析

利用伯德图分析和设计系统时，常将开环频率特性分成低、中、高三个频段，如图5-37所示。三频段的划分其实并没有严格的准则，但并不影响对系统性能的分析。

1. 由低频段特性分析系统的稳态性能

在绘制系统的伯德图时，已经提到开环对数幅频特性曲线 $L(\omega)$ 的低频段渐近线与比例环节 K 和积分、微分环节个数 ν 有关。而控制系统的稳态性能正是由开环系统的增益 K 和积分环节个数 ν（系统的类型）决定，K 和 ν 一旦被确定，系统的稳态误差系数 K_p、K_v 和 K_a 也就被确定。

图 5-38 所示系统，低频段渐近线是一条水平直线，可见，这是一个 0 型系统，水平直线

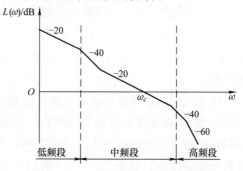

图 5-37 开环对数频率特性的三频段

高度为 $20\lg K$。所以系统的位置误差系数 $K_p = K$，速度误差系数和加速度误差系数都为 0。

图 5-39 所示系统，低频段渐近线斜率为 $-20\mathrm{dB/dec}$，可见，这是一个 1 型系统，低频段渐近线方程为

$$L(\omega) = 20\lg\frac{K}{\omega} = 20\lg K - 20\lg\omega \tag{5-73}$$

即有，低频段渐近线或其延长线在 $\omega = 1$ 时的幅频值为 $L(\omega) = 20\lg K$，且当 $\omega_0 = K$ 时，$L(\omega) = 0$，即低频段渐近线或其延长线与 $O\mathrm{dB}$ 线相交处的频率为 K。

所以 1 型系统的速度误差系数 $K_v = K$，位置误差系数为 ∞，而加速度误差系数为 0。

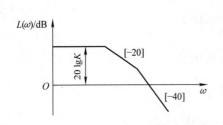

图 5-38 0 型系统的对数幅频特性

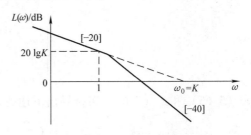

图 5-39 1 型系统的对数幅频特性

图 5-40 所示系统，低频段渐近线斜率为 -40dB/dec，这是一个 2 型系统，低频段渐近线方程为

$$L(\omega) = 20\lg \frac{K}{\omega^2} = 20\lg K - 40\lg\omega \tag{5-74}$$

可见，低频段渐近线或其延长线在 $\omega = 1$ 时的幅值 $L(\omega) = 20\lg K$，且 $\omega_0 = \sqrt{K}$ 时，$L(\omega) = 0$，低频段渐近线或其延长线与 0dB 线相交处的频率 $\sqrt{K}$。

所以，2 型系统的加速度误差系数 $K_a = K$，位置误差系数和速度误差系数都为 ∞。

由以上分析可见，通过 $L(\omega)$ 曲线低频段渐近线的斜率和高度，就可以确定系统开环传递函数中含积分环节的数目和开环放大系数，进而求得闭环系统的稳态误差。

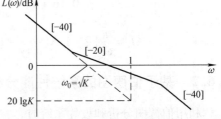

图 5-40 2 型系统的对数幅频特性

2. 由中频段特性分析系统的稳定性

中频段是指 $L(\omega)$ 在幅值穿越频率 ω_c 附近的区段。中频段表征了闭环系统的动态过程的平稳性和快速性。中频段 ω_c 决定系统响应速度，ω_c 越大，系统快速性越好；相位裕量 γ 影响系统的相对稳定性，γ 越大，系统的相对稳定性越好。

但什么样的中频段形状可以使系统具有满意的相位裕量呢？对于最小相位系统来说，任一频率处 $L(\omega)$ 的渐近线斜率与相角位移间存在唯一对应的关系。因此，$L(\omega)$ 在 ω_c 处的斜率对相位裕量 γ 的影响最大。经验表明：为了使闭环系统稳定并具有足够的相位裕量，开环对数幅频特性最好以 -20dB/dec 的斜率通过 0dB 线；如果以 -40dB/dec 的斜率通过 0dB 线，则闭环系统可能不稳定，即使稳定，相位裕量往往也比较小；如果以 -60dB/dec 或更负的斜率通过 0dB 线，则闭环系统不稳定。

例如，对于如下单位反馈系统开环传递函数

$$G(s) = \frac{K}{s(1 + T_1 s)(1 + T_2 s)} \quad (T_1 > T_2 > 0)$$

转折频率 $\omega_1 = \dfrac{1}{T_1}$，$\omega_2 = \dfrac{1}{T_2}$，且 $\omega_1 < \omega_2$

$$\gamma = 180° + \varphi(\omega_c) = 90° - \left(\arctan\frac{\omega_c}{\omega_1} + \arctan\frac{\omega_c}{\omega_2}\right) \tag{5-75}$$

（1）当 $\omega_c < \omega_1$ 时，ω_c 位于 -20dB/dec 斜率段，式（5-75）中括号内两项相角和小于

$90°$，则 $\gamma > 0°$。

（2）当 $\omega_1 < \omega_c < \omega_2$ 时，ω_c 位于 -40dB/dec 斜率段，式（5-75）中括号内两项相角和约为$90°$，则 γ 可能大于 0，也可能小于 0。

（3）当 $\omega_c > \omega_2$ 时，ω_c 位于 -60dB/dec 斜率段，式（5-75）中括号内两项相角必大于$90°$，则 $\gamma < 0°$。

当然相位裕量 γ 的大小不但与 ω_c 处的中频段斜率相关，而且还与中频宽度相关。当 $L(\omega)$ 以 -20dB/dec 的斜率穿越 0dB 线时，-20dB/dec 斜率段的宽度越大，γ 越大，系统平稳性越好。

3. 由高频段特性分析系统的抗扰性能

高频段是指开环对数幅频特性曲线在中频段以后（$\omega \geqslant 10\omega_c$）的区段，这部分特性由系统的时间常数很小、频带很高的元部件决定。由于远离 ω_c，一般分贝值又较低，故对系统的动态响应影响不大，近似分析时可将多个时间常数很小的惯性环节等效成一个惯性环节来处理。

高频段主要反映控制系统的抗干扰性能。由于高频元部件开环幅频的分贝值较低，即$20\lg|G(\text{j}\omega)| \ll 0$、$|G(\text{j}\omega)| \ll 1$，故对单位负反馈系统有

$$|\Phi(\text{j}\omega)| = \left|\frac{G(\text{j}\omega)}{1 + G(\text{j}\omega)}\right| \approx |G(\text{j}\omega)| \tag{5-76}$$

闭环幅频特性等于开环幅频特性。因此开环幅频特性在高频段的幅值直接反映了系统对输入端高频干扰信号的抑制能力。高频段特性分贝值越低，系统对高频干扰信号的抑制能力就越强。

5.6.3　闭环频域指标与时域性能指标的关系

1. 闭环频率特性及其性能指标

在工程实践中，也常用闭环频率特性来分析和设计系统。闭环频率特性曲线可以由其与开环频率特性的关系作图得到，也可以通过实验获得。图 5-41 所示为闭环幅频特性的典型形状。

由图 5-41 可见，闭环幅频特性的低频部分变化缓慢，随着 ω 的增大，幅频特性出现峰值，然后以较大的陡度衰减到零。这种典型形状的幅频特性可以用如下闭环频域指标来描述：

1）零幅幅值 $M(0)$：$\omega = 0$ 时的闭环幅频特性值。

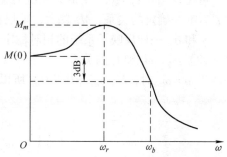

图 5-41　闭环幅频特性的典型形状

2）谐振峰值 M_r：闭环幅频特性的最大值与零幅幅值之比，即 $M_r = M_m/M(0)$。对于 1 型、2 型及以上系统，$M(0) = 1$，谐振峰值就是闭环幅频特性的最大值。

3）谐振频率 ω_r：出现谐振峰值时的频率。

4）带宽频率 ω_b：闭环幅频特性降到 $0.707M(0)$（或零频幅值的以下 3dB）时对应的频率。频率范围 $0 \leqslant \omega \leqslant \omega_b$，称为系统带宽。

在这些闭环频域指标中，$M(0)$ 反映了系统的稳态精度；M_r 表征了系统的相对稳定性；

ω_r 和 ω_b 在一定程度上反映了系统暂态响应的速度。

2. 二阶系统闭环频域指标和时域指标的关系

对于二阶系统，其时域指标与闭环频域指标之间也有确定的关系。二阶系统的闭环传递
函数为

$$\frac{C(s)}{R(s)} = \frac{\omega_n^2}{s^2 + 2\zeta\omega_n s + \omega_n^2}$$

其闭环频率特性为

$$\frac{C(j\omega)}{R(j\omega)} = \frac{1}{\left(1 - \frac{\omega^2}{\omega_n^2}\right) + j2\zeta\frac{\omega}{\omega_n}} = M(\omega)e^{j\alpha(\omega)} \tag{5-77}$$

幅频特性和相频特性为

$$M(\omega) = \frac{1}{\sqrt{\left(1 - \frac{\omega^2}{\omega_n^2}\right)^2 + \left(2\zeta\frac{\omega}{\omega_n}\right)^2}} \tag{5-78}$$

$$\alpha(\omega) = -\arctan\frac{2\zeta\omega/\omega_n}{1 - (\omega/\omega_n)^2} \tag{5-79}$$

（1）M_r 和 σ_p 的关系

令 $(dM(\omega)/dt) = 0$，可求得谐振频率和闭环幅频特性的最大值分别为

$$\omega_r = \omega_n\sqrt{1 - 2\zeta^2} \quad (0 \leqslant \zeta \leqslant \frac{1}{\sqrt{2}}) \tag{5-80}$$

$$M_m = \frac{1}{2\zeta\sqrt{1 - \zeta^2}} \tag{5-81}$$

因为 $M(0) = 1$，根据定义有

$$M_r = M_m = \frac{1}{2\zeta\sqrt{1 - \zeta^2}} \quad (0 \leqslant \zeta \leqslant \frac{1}{\sqrt{2}}) \tag{5-82}$$

可见，当 $0 \leqslant \zeta \leqslant 0.707$ 时，系统有谐振产生。且 M_r 和相位裕量 γ 一样，与 σ_p 通过阻尼
比 ζ 有唯一确定的关系，M_r 越大，阻尼比 ζ 越小，系统的振荡越激烈，平稳性越差。所以，
M_r、γ 和 σ_p 一样反映了系统的相对稳定性。

（2）ω_b、ω_r 和 t_s 的关系

当 $\omega = \omega_b$ 时，$M(\omega_b) = 0.707$，所以有

$$\frac{1}{\sqrt{\left(1 - \frac{\omega_b^2}{\omega_n^2}\right)^2 + \left(2\zeta\frac{\omega_b}{\omega_n}\right)^2}} = 0.707$$

求解上式，得

$$\omega_b = \omega_n\sqrt{1 - 2\zeta^2 + \sqrt{2 - 4\zeta^2 + 4\zeta^4}} \tag{5-83}$$

由

$$t_s = \frac{3}{\zeta\omega_n} \quad (\Delta = 0.05) \tag{5-84}$$

以及式（5-80）和式（5-83）得

$$\omega_b t_s = \frac{3}{\zeta}\sqrt{1 - 2\zeta^2 + \sqrt{2 - 4\zeta^2 + 4\zeta^4}} \tag{5-85}$$

$$\omega_r t_s = \frac{3}{\zeta} \sqrt{1 - 2\zeta^2} \tag{5-86}$$

由式（5-85）和式（5-86）可以看出，t_s 和 ω_b、ω_r 的关系如同 t_s 和 ω_c 一样，对于给定的 ζ，即给定的 M_r 值，t_s 和 ω_b 及 ω_r 都是成反比关系。如果系统有较大的谐振频率和带宽频率，意味着系统动态过程迅速，快速性好。

从二阶系统频率特性的分析和计算来看，可以按阻尼强弱和响应速度的快慢把频域指标及时域指标分为两大类。表示系统阻尼大小的指标有 ζ、σ_p、γ、M_r。表示响应速度快慢的指标有 t_s、ω_c、ω_r、ω_b。在阻尼比 ζ 一定时，ω_c、ω_r、ω_b 越大，系统响应速度越快。

3. 高阶系统闭环频域与时域指标间的关系

对于高阶系统，一般常采用下面的经验式近似表示高阶系统闭环频域指标与时域性能指标间的关系：

$$M_r = \frac{1}{\sin\gamma} \tag{5-87}$$

$$\sigma_p = 0.16 + 0.4(M_r - 1) \quad (1 \leqslant M_r \leqslant 1.8) \tag{5-88}$$

$$t_s = \frac{\pi}{\omega_c}\left[2 + 1.5(M_r - 1) + 2.5(M_r - 1)^2\right] \quad (1 \leqslant M_r \leqslant 1.8) \tag{5-89}$$

5.7　MATLAB 用于频域分析

5.7.1　用 MATLAB 命令绘制频率特性曲线

在 MATLAB 的控制系统工具箱中有绘制伯德图、极坐标图和尼柯尔斯图的命令，它们具有相同的调用格式。下面介绍伯德图和极坐标图绘制命令。

1. 伯德图绘制命令 bode

bode 命令的常用调用格式如下：

（1）bode（num，den）　or bode（sys）（下同）。

（2）bode（num，den，w）

（3）[mag，phase，w] = bode（num，den）

格式（1）：绘制系统伯德图，频率范围由 MATLAB 自动确定。

格式（2）：在定义频率 ω 的范围内绘制系统的伯德图。可用命令 w = logspace（a，b，n）来定义在十进制数 10^a 和 10^b 之间，产生 n 个十进制对数分度的频率点

格式（3）：返回变量格式。返回输出变量幅频特性 mag、相频特性 phase，频率向量 ω，不作图。

2. 奈氏曲线（极坐标图）绘制命令 nyquist

类似于伯德图，绘制奈氏曲线的命令也有如下几条。

（1）nyquist（num，den）　or　nyquist（sys）（下同）

（2）nyquist（num，den，w）

（3）[re，im，w]nyquist（num，den）

以上命令的功能与伯德图命令是对应的，只是 nyquist 曲线命令中格式（3）返回的是实

部 re 和虚部 im 。

例 5-9 已知系统的开环传递函数为

$$G_k(s) = \frac{500(s+10)}{s(s+1)(s+20)(s+50)}$$

试用 MATLAB 绘制其对数频率特性曲线。

解 键入以下的 MATLAB 命令：

$k = 500; num = [1,10];$

$den = conv([1,0], conv([1,1], conv([1,20],[1,50])));$

$w = logspace(-1,3,200);$

$bode(k * num, den, w);$

$grid$

执行后显示的伯德图如图 5-42 所示。

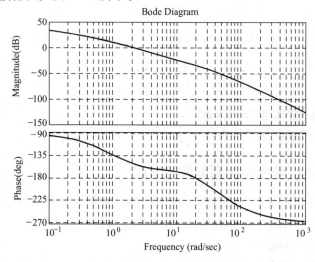

图 5-42　例 5-9 系统伯德图

例 5-10 已知系统的开环传递函数为

$$G(s) = \frac{5}{s(s+1)(s+2)}$$

试用 MATLAB 绘制系统的极坐标图。

解 键入以下的 MATLAB 命令：

$z = [\ ]; p = [0, -1, -2]; k = 5;$

$g = zpk(z, p, k);$

$nyquist(g);$

做出奈氏曲线如图 5-43a 所示。可见当 ω 为自动变量时，作图很粗略。因此，当需要时还可以选择合适的自定义变量使得曲线的特征更明显。再采用以下命令定义频率范围并作图。

$w = 0.5:0.1:10;$

$figure(2)$

nyquist(g,w) ;

axis([− 2,0. 4, − 1. 5,1. 5])

按 < Enter > 键，显示的奈氏曲线如图 5-43b 所示。

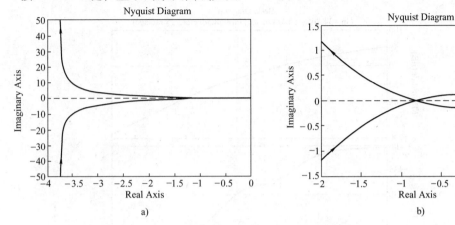

图 5-43 例 5-10 系统极坐标图

a）自动变量绘制极坐标图 b）自定义变量绘制极坐标图

5. 7. 2 用 MATLAB 命令分析系统的相对稳定性

用 MATLAB 求系统的相位裕量和幅值裕量的命令为 **margin**，它的常用调用格式有：

（1）margin(num,den) or margin（sys）（下同）

（2）[gm,pm,wg,wp] = margin(num,den)

（3）[gm,pm,wg,wp] = margin(m,p,w)

格式（1）：由给定的数学模型做伯德图，并在图上标注幅值裕量 gm ［单位为 dB（分贝）］、相位裕量 pm、相位穿越频率 wg 和幅值穿越频率 wp。

格式（2）：返回变量格式，不作图。返回幅值裕量、相位裕量、相位穿越频率和幅值穿越频率。

格式（3）：在定义频率 ω 范围的情况下返回变量格式，不作图。

如可由以下命令求例 5-9 系统的稳定裕量：

num = 500 ∗ [1,10] ;

den = conv([1,0] ,conv（ [1,1] ,conv([1,20] ,[1,50]))) ;

margin(num,den) ;

[gm,pm,wg,wp] = margin(num,den)

运行结果：

gm =

52. 7021

pm =

28. 5163

wg =

19. 6248

wp =

2. 1458

所得图形如图 5-44 所示。

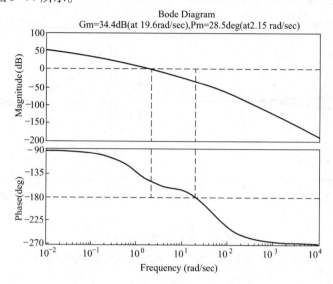

图 5-44　例 5-9 系统稳定裕量的伯德图

小　　结

频率特性是线性定常系统在正弦信号作用下，稳态输出与输入的复数比。频率特性反映了系统对不同频率信号的变幅和移相的特性，描述了系统对不同频率正弦信号的传递能力。

将传递函数中的 s 用 jω 代替，便可得到系统的频率特性。频率特性与微分方程和传递函数一样，描述了系统的内在特性和性能，是控制系统的频域模型。

频率特性法是一种图解分析法，用频率法研究、分析控制系统时，免去了许多高阶系统分析中的复杂计算问题。频率特性图主要有极坐标图（奈氏图）和伯德图（对数频率特性图）。极坐标图是频率特性法分析的基础，一些频域指标和稳定性判据都是在极坐标图基础上建立的，因此必须对它进行必要的讨论。伯德图可以将幅值的乘除运算转化为加减运算，还提供了用对数幅频特性的渐近线来近似曲线的简便方法，尤其对于最小相位系统，可以根据对数幅频特性曲线求取系统的传递函数，使它在工程中得到了广泛的应用，必须重点掌握。

奈奎斯特稳定判据是用频率特性法分析、设计控制系统的基础，它是以极坐标曲线对点（-1，j0）的包围圈数来判断闭环系统的稳定性的。利用奈氏稳定判据，除了可以分析系统的稳定性外，还可以得到相位裕量 γ 和幅值裕量 h 这两个频域指标来分析系统的相对稳定性。

开环对数幅频特性 $L(\omega)$ 的低频段斜率与高度反映了系统的稳态性能；中频段的斜率与宽度表征了系统的稳定性以及系统动态响应的平稳性和快速性；高频段对动态性能的影响很小，却体现了系统的抗扰能力。

控制系统的常用的开环频率指标有 ω_c、γ，闭环频域指标有 ω_r、ω_b、M_r，它们与时域指标 t_s、σ_p 之间有着确定的关系。

习　题

5-1　设一单位反馈控制系统的开环传递函数为

$$G(s) = \frac{5}{s+1}$$

试根据频率特性的概念求系统在下列输入信号作用下的稳态输出。

(1) $r(t) = 2\sin2t$

(2) $r(t) = \sin(t + 30°)$

(3) $r(t) = 2\cos(2t - 45°)$

(4) $r(t) = \sin(t + 30°) - 2\cos(2t - 45°)$

5-2　设系统的开环传递函数如下，试分别画出各系统的开环极坐标图。如果曲线穿越了 s 平面的负实轴，则求出负实轴穿越点的频率及对应的幅值。

(1) $G_k(s) = \dfrac{1}{s(s+1)(2s+1)}$　　　　(2) $G_k(s) = \dfrac{5}{s^2(s+1)(2s+1)}$

(3) $G_k(s) = \dfrac{2(s+2)}{s(s-1)}$　　　　　　(4) $G_k(s) = \dfrac{2(s+1)}{s^2}$

(5) 用 MATLAB 命令编程序，画出上述系统的极坐标曲线。

5-3　画出下列开环传递函数对应的伯德图（渐近线），并求出幅值穿越频率 ω_c。

(1) $G_k(s) = \dfrac{10}{s(0.5s+1)(0.1s+1)}$　　　(2) $G_k(s) = \dfrac{5}{(2s+1)(0.5s+1)}$

(3) $G_k(s) = \dfrac{10(0.5s+1)}{s(5s+1)(0.01s^2+0.08s+1)}$　　(4) $G_k(s) = \dfrac{10(s+1)}{s^2(s+5)}$

(5) 用 MATLAB 绘制上述系统的伯德图。

5-4　已知最小相位系统的开环对数幅频特性曲线如图 5-45 所示，试写出它们的传递函数。

5-5　已知最小相位系统的开环对数幅频渐近线如图 5-46 所示。

(1) 试写出系统的传递函数。

(2) 概略画出对应的对数相频特性曲线和极坐标图。

5-6　已知系统开环极坐标图如图 5-47 所示，试根据奈氏稳定判据判断各系统的闭环稳定性。

5-7　试用奈氏判据判定下列开环传递函数所对应的闭环系统的稳定性。如果系统不稳定，试问有几个根在 s 右半平面？

(1) $G_k(s) = \dfrac{4s+1}{s^2(s+1)(2s+1)}$

(2) $G_k(s) = \dfrac{10(0.2s+1)}{s(s-1)}$

(3) $G_k(s) = \dfrac{20}{s(0.1s+1)(0.5s+1)}$

(4) $G_k(s) = \dfrac{100(s+1)}{s^2(0.1s+1)}$

5-8　如图 5-48 所示系统的开环极坐标图，开环增益 $K = 500$，$P = 0$，试确定使闭环系统稳定的 K 值范围。

5-9　用实验方法测得某系统的频率响应（幅频特性和相频特性）的数据见表 5-4。

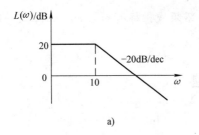

a)

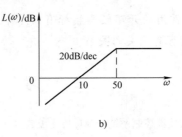

b)

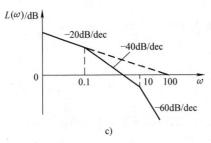

c)

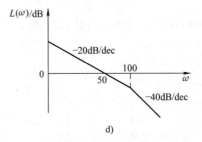

d)

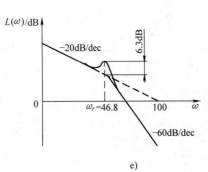

e)

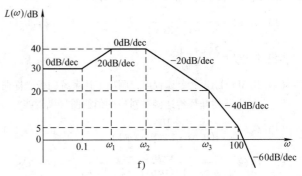

f)

图 5-45　题 5-4 图

（1）求系统的相位裕量和幅值裕量。

（2）欲使系统具有 20dB 的幅值裕量，系统的开环增益应变化多少？

（3）欲使系统具有 40° 的相位裕量，系统的开环增益应变化多少？

5-10　绘制下列系统开环传递函数的奈氏曲线，并用奈氏曲线确定使闭环系统稳定的 K 值范围。

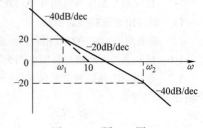

图 5-46　题 5-5 图

（1）$G_k(s) = \dfrac{K(5s+1)}{s^2(4s^2+0.8s+1)}$

（2）$G_k(s) = \dfrac{K(0.1s+1)}{s(s-1)}$

5-11　试用对数稳定判据判别题 5-3 的开环传递函数所对应的闭环系统的稳定性。

5-12　反馈系统开环传递函数为

（1）$G_k(s) = \dfrac{4}{s(s+1)(0.1s+1)}$

（2）$G_k(s) = \dfrac{20(2s+1)}{s(s^2+s+1)(s+0.2)}$

（3）$G_k(s) = \dfrac{10(s+1)(0.1s+1)}{s^2(0.5s+1)}$

（4）$G_k(s) = \dfrac{5}{(0.2s+1)(0.5s+1)(2s+1)}$

试画出它们的伯德图，利用伯德图上的奈氏判据判断系统的稳定性，并计算系统的相位裕量和幅值裕量。

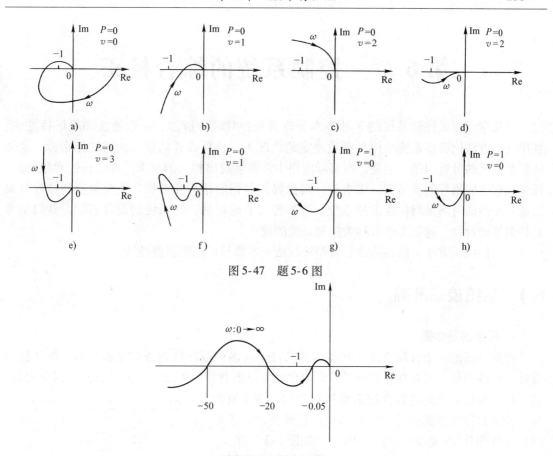

图 5-47　题 5-6 图

图 5-48　题 5-8 图

表 5-4　某系统的频率响应数据

$\omega/(\mathrm{rad/s})$	2	3	4	5	6	7	8	10	20
$A(\omega)$	10	8.5	6	4.18	2.7	1.5	1.0	0.6	0.4
$\varphi(\omega)/(°)$	-100	-115	-130	-140	-145	-150	-160	-180	-200

5-13　控制系统的开环传递函数为

$$G_k(s) = \frac{K}{s(s+1)(0.2s+1)}$$

（1）求当 $K=1$ 时，系统的相位裕量和幅值裕量。

（2）求当 $K=10$ 时，系统的相位裕量和幅值裕量。

（3）讨论开环增益的大小对系统相对稳定性的影响。

5-14　单位反馈控制系统的开环传递函数为

$$G_k(s) = \frac{K(s+1)}{s^2(0.1s+1)}$$

为使系统的相位裕量等于45°，试确定增益 K 的值。

5-15　设单位反馈控制系统的开环传递函数为

$$G_k(s) = \frac{1+as}{s^2}$$

试求相位裕量等于45°时的 a 值。

5-16　对于典型二阶系统，若 $\sigma_p = 20\%$，$t_s = 3s$，试求系统的相位裕量 γ。

5-17　对于典型二阶系统，若 $\omega_n = 4$，$\zeta = 0.6$，试求系统的截止频率 ω_c 和相位裕量 γ。

第6章 控制系统的综合校正

前几章介绍了控制系统的 3 种基本分析方法：时域分析法、根轨迹法和频域特性法。利用这些方法能够在系统结构和参数确定的情况下，计算或者估算系统的性能指标，这类问题是系统的分析问题。但是，在实际应用中常常会提出相反的要求，即在被控对象已知，预先给定性能指标的前提下，要求设计者选择控制器的结构和参数，使控制器和被控对象组成一个性能可满足指标要求的系统。当被控对象确定后，对系统的设计实际上就归结为对控制器的设计，这项工作被称为控制系统的校正。

常用的校正方法有根轨迹法和频率特性法。本章只讨论频率特性法。

6.1 系统校正基础

1. 校正的基本概念

控制系统的一个合理的设计方案通常来自于对多种可行性方案的全面分析，即从技术性能、经济指标、可靠性等方面进行全面比较，权衡利弊后得出。当设计方案一旦确定后，就会根据被控对象的参数合理选择执行机构、功率放大器和检测元件等系统的各个组成部件，这样就形成了系统的原有部分(不变部分)$G_0(s)H(s)$，如图 6-1 所示。

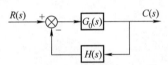

一般来说，图 6-1 所示系统虽然具有自动控制功能，但其性能却难以全面满足设计的要求。例如，若要满足

图 6-1 控制系统不变部分结构图

稳态精度的要求，就必须增大系统的开环增益，而开环增益的增大，必然会导致系统动态性能恶化，如振荡剧烈、超调量增大，甚至会产生不稳定现象。为使系统同时满足稳态和动态性能指标的要求，需要在系统中引入一个专门用于改善系统性能的附加装置，这个附加装置就是校正装置，从而使系统性能全面满足设计要求，这就是控制系统设计中的校正。

可见，校正就是在系统原有部分，也称为未校正部分的基础上，加入一些参数或结构可根据需要改变的校正装置，使系统整个特性发生变化，从而满足给定的各项性能指标的要求。

2. 性能指标

控制系统的性能指标通常包括稳态和暂态两个方面。稳态性能是指系统的稳态误差，它表征系统的控制精度。暂态性能指标表征系统瞬态响应的品质，它一般以以下两种形式给出：

1）时域性能指标：超调量 σ_p，调节时间 t_s，峰值时间 t_p，上升时间 t_r 和阻尼比等。

2）频域性能指标：相位裕量 γ，幅值裕量 h，谐振峰值 M_r，幅值穿越频率 ω_c，谐振频率 ω_r 和频带宽度 ω_b 等。

在实际系统中，时域指标具有直观、便于测量等优点，而系统的分析、设计又是在复域或频域中完成的。不同指标之间的关系在第 5 章中已经讨论，需要时可以进行转换。

3. 校正方式

根据校正装置在控制系统中的位置，控制系统的校正方式可以分为多种，其中最基本的有串联校正和局部反馈校正。

（1）串联校正

串联校正将校正装置 $G_c(s)$ 接在系统比较装置与放大器之间，串接在前向通道之中，如图 6-2a 所示。串联校正简单，较易实现。利用串联校正可以实现各种控制规律，以改善系统的控制性能。

（2）局部反馈校正

从某些元件或被控对象引出反馈信号形成局部反馈回路，并在该反馈回路中设置校正装置 $G(s)$，称为局部反馈校正或并联校正，如图 6-2b 所示。局部反馈校正具有减小参数的变化和非线性因素对系统性能影响的作用，因而可以提高系统的相对稳定性。

（3）复合校正

在一些既要求稳态误差小，同时又要求暂态响应平稳快速的系统中，复合校正经常被使用，如图 6-2c、d 所示。复合校正是在反馈控制回路之外加入前馈校正的一种校正方式。

前馈校正装置接在输入信号与主反馈作用点之间的前向通道上，其作用相当于对输入信号进行整形或滤波，以形成附加的对输入影响进行补偿的控制通道。前馈校正装置如果接在系统可测扰动输入和误差测量点之间，对扰动信号进行直接或间接变换后接入系统，就可以形成一条附加的对扰动影响进行补偿的控制通道。

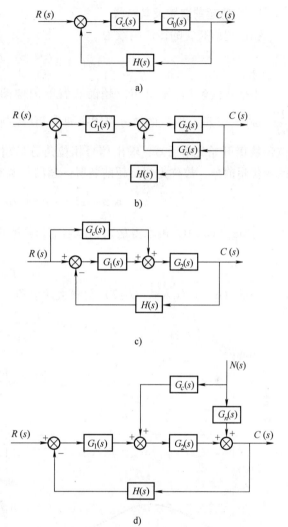

图 6-2　控制系统中常用的校正方式

a）串联校正　b）局部反馈校正

c）具有输入补偿的复合校正　d）具有扰动补偿的复合校正

校正方式的选取取决于原系统的结构、所需满足的性能指标、系统中信号的性质及功率等级、可供选择的元件、经济性以及设计者的经验等因素。

6.2　串联校正

串联校正根据所用校正装置的频率特性不同常分为串联超前、串联滞后和串联滞后 – 超前校正三种方式。频率法串联校正的实质是利用校正装置改变系统的开环频率特性，使之符合系统设计性能指标对三频段的要求，从而达到改善系统性能的目的。

6.2.1 相位超前校正

1. 相位超前装置及其特性

相位超前装置的传递函数为

$$G_c(s) = \frac{\alpha Ts + 1}{Ts + 1} \qquad (\alpha > 1) \tag{6-1}$$

根据式（6-1）做出相位超前装置的伯德图如图 6-3a 所示。由伯德图看出，在频率 $\frac{1}{\alpha T} < \omega < \frac{1}{T}$ 之间有明显的微分作用，即为 PD 控制。在上述频率范围内，随着 ω 的增大，相位角从 0° 开始先增后减，输出信号相位角总是超前于输入信号相位角，且在其中心有最大的相位超前角，故称为相位超前装置。超前装置 $G_c(s)$ 的相频特性为

$$\varphi_c = \arctan\alpha T\omega - \arctan T\omega = \arctan \frac{(\alpha - 1)T\omega}{\alpha T^2 \omega^2 + 1} \tag{6-2}$$

令 $\mathrm{d}\varphi_c/\mathrm{d}\omega = 0$，可求得最大相位超前角频率为

$$\omega_m = \frac{1}{T\sqrt{\alpha}} \tag{6-3}$$

将式（6-3）代入式（6-2）得最大超前角

$$\varphi_m = \arctan \frac{\alpha - 1}{2\sqrt{\alpha}} = \arcsin \frac{\alpha - 1}{\alpha + 1} \tag{6-4}$$

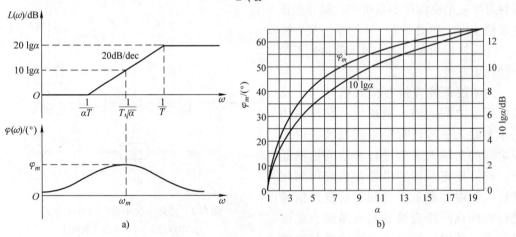

图 6-3 相位超前装置对数频率特性

a）超前装置的伯德图　b）φ_m 和 $10\lg\alpha$ 与 α 的关系曲线

式（6-4）表明，最大超前角 φ_m 仅与 α 值有关。α 值选得越大，则超前校正的微分效应越强。为了保持较高的信噪比，实际选用的 α 值一般不大于 20。由图 6-3a，可以求出 ω_m 处的对数幅频值

$$L_c(\omega_m) = 10\lg\alpha \tag{6-5}$$

φ_m 和 $10\lg\alpha$ 随 α 变化的关系曲线如图 6-3b 所示。

由式（6-4），可推出

$$\alpha = \frac{1 + \sin\varphi_m}{1 - \sin\varphi_m} \tag{6-6}$$

利用式（6-6）可以根据所需要的 φ_m 确定满足条件的 α。

图 6-4 是一个无源相位超前校正网络的电路图。

设输入信号源内阻为零，输出端负载阻抗无穷大，其传递
函数为

$$G_c(s) = \frac{U_2(s)}{U_1(s)} = \frac{1}{\alpha}\frac{\alpha Ts + 1}{Ts + 1} \tag{6-7}$$

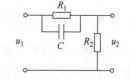

式中，$T = \frac{R_1 R_2}{R_1 + R_2}C$；$\alpha = \frac{R_1 + R_2}{R_2} > 1$。

图 6-4　无源相位超前网络

由式（6-7）可看出，若将无源相位超前网络串入系统后，系统开环增益将下降到原来
的 $1/\alpha$。为补偿无源超前网络造成的增益衰减，需要另外串联一个放大器将原放大器的放大
倍数提高 α 倍。增益补偿后，无源相位超前校正网络的传递函数为

$$G_c(s) = \alpha G_{c0}(s) = \frac{1 + \alpha Ts}{1 + Ts} \tag{6-8}$$

2. 串联超前校正设计

串联超前校正设计的基本原理：利用超前装置的相位超前特性，为了获得最大的相位
超前量，应使最大相位超前角 φ_m 叠加在校正后系统的幅值穿越频率处，即 $\omega_m = \omega_c$，使校
正后系统的相位裕量得到提高，从而改善系统的暂态性能。

设原系统的开环传递函数为 $G_0(s)$，要求的稳态误差、截止频率、相位裕量和幅值裕量
指标分别表示为 e_{ss}^*、ω_c^*、γ^* 和 h^*，设计超前校正的一般步骤可归纳如下：

1）根据性能指标对稳态误差的要求，确定开环增益 K。

2）由确定的开环增益 K 绘制原系统的开环伯德图，求出原系统的截止频率 ω_{c0} 和相位
裕量 γ_0，当 $\omega_{c0} < \omega_c^*$，$\gamma_0 < \gamma^*$ 时，首先考虑使用超前校正。

3）按照系统要求的相位裕量 γ^*，确定校正装置所应提供的最大相角超前量 φ_m，即

$$\varphi_m = \gamma^* - \gamma_0 + (5° \sim 15°) \tag{6-9}$$

式中，补偿角（5° ~ 15°）是为了补偿因校正后截止频率增大而引起 γ_0 的损失。若原系统的
对数幅频特性在截止频率处的斜率为 -40dB/dec，并不再向下转折时，补偿角可取为（5°
~8°）；若该频段斜率从 -40dB/dec 继续转折为 -60dB/dec，甚至更小时，则补偿角应适当
取大些。注意，如果 $\varphi_m > 60°$ 则一级超前校正不能达到要求的 γ^* 指标。

4）按式（6-6）计算超前校正装置的参数 α。

5）选定校正后系统的截止频率 ω_c。在原系统的 $L_0(\omega)$ 中找出幅频值为 $-10\lg\alpha$ 所对应
的角频率，以该频率作为校正后系统的截止频率 ω_c，即 ω_m。值得注意的是，若该频率小于
性能指标要求的 ω_c^*，校正后系统的截止频率可取为 $\omega_m = \omega_c = \omega_c^*$，并以 $L_0(\omega_c^*) = -10\lg\alpha$
重新修正 α 值。

6）确定校正装置的参数。根据选定的 ω_m 和 α，由式（6-3）确定校正装置的参数 T：

$$T = \frac{1}{\omega_m \sqrt{\alpha}} \tag{6-10}$$

此时超前网络的两个转折频率分别为 $1/T$ 和 $1/\alpha T$。

7）画出校正后系统的伯德图，校验全部性能指标是否满足要求。若不满足，必须适当增加相角补偿量，从第 3）开始重新设计直到满足要求。当通过调整相角补偿量不能达到设计指标时，应改变校正方案。

下面举例说明相位超前校正设计的具体过程。

例 6-1　设原反馈系统的开环传递函数为 $G_0(s) = \dfrac{K}{s(s+1)}$，试设计校正装置 $G_c(s)$，使校正后系统满足指标：静态速度误差系数 $K_v = 12s^{-1}$，开环系统截止频率 $\omega_c^* \geqslant 6\text{rad/s}$，相位裕量 $\gamma^* \geqslant 60°$，幅值裕量 $h^* \geqslant 10\text{dB}$。

解　（1）根据静态误差系数的要求，确定开环增益 K

$$K_v = \lim_{s \to 0} sG_0(s) = K = 12$$

（2）绘制原系统开环伯德图，如图 6-5 中的 L_0 和 φ_0。求出校正前系统的性能指标 $\omega_{c0} = 3.5\text{rad/s} < \omega_c^*$，相位裕量 $\gamma_0 = 16° < \gamma^*$，可考虑采用超前校正。

（3）确定需要增加的相位超前角 φ_m

$$\varphi_m = \gamma^* - \gamma_0 + 6° = 60° - 16° + 6° = 50°$$

（4）确定 α 值

$$\alpha = \frac{1 + \sin 50°}{1 - \sin 50°} = 7.55$$

（5）确定校正后幅值穿越频率 ω_c

确定原系统对数幅频特性 $L_0(\omega) = -10\lg\alpha$ 对应的频率值就是校正后幅值穿越频率 ω_c。由对数幅频特性渐近线斜率的特点，在 L_0 中有

$$-10\lg\alpha = -40\lg\frac{\omega_c}{\omega_{c0}}$$

解得 $\omega_c = 5.8\text{rad/s}$。

考虑到求得的 ω_c 小于性能指标要求的 ω_c^*，取校正后系统的截止频率 $\omega_c = \omega_c^* = 6\text{rad/s}$，并对 α 的值进行相应调整。在 L_0 中求出 $\omega = 6\text{rad/s}$ 的幅高

$$L_0(\omega_c^*) = -40\lg\frac{\omega_c^*}{\omega_{c0}} = -40\lg\frac{6}{3.5} = -9.36\text{dB}$$

为使校正后 $L(\omega)$ 在 $\omega = 6\text{rad/s}$ 时穿越 0dB 线，令

$$L_0(\omega_c^*) = -10\lg\alpha$$

考虑 $\omega_c = \omega_c^* = 6\text{rad/s}$ 后，调整的超前校正装置参数 $\alpha = 8.63$，且 $\omega_m = \omega_c^* = 6$

（6）确定校正装置传递函数

由式（6-10）得

$$T = \frac{1}{\omega_m \sqrt{\alpha}} = \frac{1}{6\sqrt{8.63}} = 0.057 \qquad \alpha T = 0.49$$

$$\omega_1 = \frac{1}{\alpha T} = 2.04 \qquad \omega_2 = \frac{1}{T} = 17.5$$

超前校正装置的传递函数

$$G_c(s) = \frac{\alpha Ts + 1}{Ts + 1} = \frac{0.49s + 1}{0.057s + 1}$$

（7）画出校正后系统的伯德图，校验性能指标

校正后系统的开环传递函数为

$$G(s) = G_0(s)G_c(s) = \frac{12(0.49s+1)}{s(s+1)(0.057s+1)}$$

画出校正网络及校正后系统的伯德图，如图 6-5 中 L_c、φ_c、L、φ 所示。

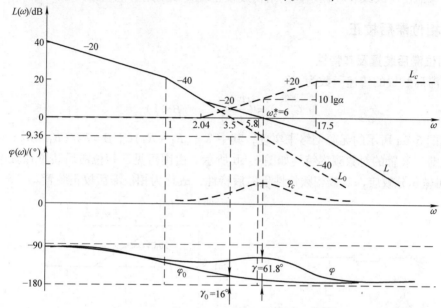

图 6-5　例 6-1 串联超前校正系统伯德图

校正后系统的截止频率　　　　　　　　$\omega_c = \omega_c^* = 6\text{rad/s}$

相位裕量

$$\begin{aligned}\gamma &= 180° + \varphi(\omega_c)\\&= 180° + (-90° + \arctan0.49\omega_c - \arctan\omega_c - \arctan0.057\omega_c)\\&= 61.8°\end{aligned}$$

幅值裕量　　　　　　　　　　　　　　$h \to \infty \ > 10\text{dB}$

满足设计要求。

由图 6-5 可见，校正前 $L_0(\omega)$ 曲线以 -40dB/dec 斜率穿过 0dB 线，相位裕量不足，校正后 $L(\omega)$ 曲线以 -20dB/dec 斜率穿过 0dB 线，并且在 $\omega_c = 6$ 附近保持了较宽的频段，相位裕量有了明显的增加。

3. 串联超前校正的特点

从以上的分析设计中可归纳出串联超前校正的特点：

1）超前校正利用超前校正装置的超前相位来提高系统的相位裕量，从而减小了系统响应的超调量，提高了系统的相对稳定性。

2）超前校正使幅值穿越频率 ω_c 增大，增加了系统的带宽，使系统的响应速度加快。

3）超前校正网络是一个高通滤波器，校正后使系统的高频段幅值提高了 $20\lg\alpha$，使系统抑制高频噪声干扰的能力减弱，这是对系统不利的一面。通常，为了使系统保持较高的信噪比，一般取 $\alpha = 5 \sim 20$，即用超前校正补偿的相角一般不超过 60°。

　　在有些情况下，串联超前校正的应用会受到限制。例如，若原系统的相频特性曲线在截止频率 ω_c 附近急剧下降时，或者说相角 $\varphi(\omega)$ 在 ω_c 附近低于 $-180°$ 太多，采用串联超前校正的效果不大。这是因为校正后系统的截止频率会向高频段移动，在新的截止频率处，由于未校正系统的相位滞后量过大，所以用单级超前校正网络难以获得所要求的相位裕量。此时可以考虑由两级或者三级超前网络构成校正装置或采用其他校正方法。

6.2.2　相位滞后校正

1. 相位滞后装置及其特性

　　相位滞后装置的传递函数为

$$G_c(s) = \frac{\beta Ts + 1}{Ts + 1} \qquad (\beta < 1) \tag{6-11}$$

　　可用图 6-6a 所示的无源网络来实现，其中 $T = (R_1 + R_2)C$，$\beta = R_2/(R_1 + R_2) < 1$。

　　相位滞后装置的对数频率特性如图 6-6b 所示。由图可见，相位滞后装置在频率 $1/T$ 和 $1/\beta T$ 之间呈积分效应，对数相频特性呈滞后特性，故称为相位滞后校正装置。

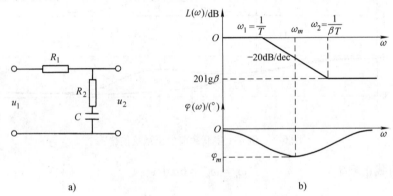

图 6-6　相位滞后网络及其伯德图

　　与相位超前装置特性类似，相位滞后装置的最大滞后角 φ_m 发生在最大滞后频率 ω_m 处，而 ω_m 出现在 $1/T$ 和 $1/\beta T$ 的几何中心处。同样可计算出最大滞后频率 $\omega_m = 1/T\sqrt{\beta}$，最大滞后角 $\varphi_m = \arctan[(1-\beta)/2\sqrt{\beta}]$。

　　由图 6-6b 可见，滞后校正装置在低频时的幅值为 0dB，高频时幅值为 $20\lg\beta$，是负值。因此，滞后校正对于高频噪声信号有明显的削弱作用，β 值越小，这种作用越强。

2. 串联滞后校正设计

　　串联滞后校正设计的基本原理：利用相位滞后装置的高频幅值衰减特性，将系统的中频段压低，使校正后系统的截止频率 ω_c 减小，利用系统自身的相角储备来满足校正后系统的相位裕量要求。另外，为了避免滞后网络的滞后相位角对校正后系统相位裕量的影响，在选择滞后装置的参数时，应考虑选取转折频率 $\omega_2 \ll \omega_c$。

　　设计滞后校正装置的一般步骤可归纳如下：

　　1）根据性能指标对稳态误差的要求，确定开环增益 K。

　　2）根据已确定的开环增益 K，绘制原系统的开环伯德图，求出原系统的幅值穿越频率 ω_{c0} 和相位裕量 γ_0。

3）确定校正后系统的幅值穿越频率 ω_c。在原系统的开环相频特性曲线上，找出能够满足下式要求的频率作为校正后幅值穿越频率 ω_c

$$\gamma_0(\omega_c) = 180° + \varphi_0(\omega_c) = \gamma^* + \Delta \qquad (6\text{-}12)$$

式中，Δ 是为了补偿滞后装置在校正后截止频率 ω_c 处产生的滞后相角，通常取 $\Delta = 5° \sim 12°$。

4）确定参数 β。为了使校正后系统的对数幅频特性在选定的 ω_c 处穿越 0dB 线，在原系统的对数幅频特性上读取或计算选定 ω_c 处的对数幅值 $L_0(\omega_c)$，并令 $20\lg\beta = -L_0(\omega_c)$，确定参数 β。

5）确定转折频率 ω_2 及滞后装置 $G_c(s)$。为了防止由滞后校正造成的相位滞后的不良影响，取转折频率 $\omega_2 = 1/\beta T = (1/10 \sim 1/5)\omega_c$。一般转折频率 ω_2 的取值是与 3）步骤中 Δ 的取值对应，当 Δ 较小时，转折频率 ω_2 应更远离 ω_c。

6）画出校正后系统的伯德图，校验全部性能指标是否满足要求，如不满足，则返回 3）重选 ω_c，并重新进行计算，直至全部性能指标都得到满足。

另外，滞后校正还具有改善控制系统稳态性能的作用。对于暂态性能已满足设计要求，即频率特性的中高频区达到期望要求，而稳态性能不能满足要求的系统，可以考虑串入滞后校正网络的同时串入一个增益为 $1/\beta$ 的放大器，该滞后校正装置的对数幅频特性如图 6-7 所示。可见，它的中高频增益为 0dB，而低频段提高了 $20\lg(1/\beta)$，这样就可以在不改变原系统的中高频特性，即不影响系统的暂态性能的情况下改善系统的稳态性能。

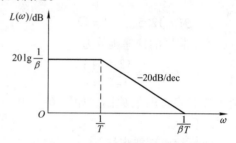

图 6-7 放大 $\frac{1}{\beta}$ 倍的滞后装置的对数幅频特性

一般情况下，滞后校正的设计问题就是讨论在稳态性能的条件要求下改善暂态性能的设计方法，以下举例说明滞后校正的设计过程。

例 6-2 设原反馈系统的开环传递函数为

$$G_0(s) = \frac{K}{s(s+1)(0.5s+1)}$$

性能指标要求：静态速度误差系数 $K_v = 5\text{s}^{-1}$，$\gamma^* \geq 40°$，$h^* \geq 10\text{dB}$，试设计滞后校正装置 $G_c(s)$。

解 （1）确定开环增益 K

$$K_v = \lim_{s \to 0} sG_0(s) = K = 5$$

（2）画出 $K = 5\text{s}^{-1}$ 时原系统伯德图，见图 6-8 中 L_0、φ_0。求得原系统的幅值穿越频率 $\omega_{c0} = 2.1\text{rad/s}$，相位裕量 $\gamma_0 = -20°$，系统不稳定。

（3）确定校正后系统的截止频率 ω_c。由式（6-12）有

$$\gamma_0(\omega_c) = 180° + \varphi_0(\omega_c) = \gamma^* + \Delta = 45° \sim 52° \qquad (\Delta = 5° \sim 12°)$$

采用试探法 $\omega = 0.6\text{s}^{-1}$，有 $\gamma_0(0.6) = 42.3°$

$\omega = 0.5\text{s}^{-1}$，有 $\gamma_0(0.5) = 49.4°$

可见，选取 $\omega = 0.5\text{s}^{-1}$ 为截止频率时可以满足对 γ^* 的设计要求，取 $\omega_c = 0.5\text{s}^{-1}$。

（4）确定参数 β

由原系统的对数幅频特性渐近线特性，有

$$L_0(0.5) - 20\lg5 = -20\lg\frac{0.5}{1} \qquad L_0(0.5) = 20\text{dB}$$

令 $20\lg\beta = -L_0(0.5) = -20\text{dB}$，得 $\beta = 0.1$

（5）确定转折频率 ω_2 及滞后装置 $G_c(s)$

取

$$\omega_2 = \frac{1}{\beta T} = (\frac{1}{10} \sim \frac{1}{5})\omega_c = 0.05 \sim 0.1\text{s}^{-1}$$

考虑到已取 $\Delta = 9.4°$，可取 $\omega_2 = \frac{1}{\beta T} = 0.08\text{s}^{-1}$，得

$$\beta T = 12.5 \qquad T = 125$$

滞后校正装置的传递函数为

$$G_c(s) = \frac{12.5s + 1}{125s + 1}$$

画出校正装置的伯德图，如图 6-8 中 L_c、φ_c 所示。

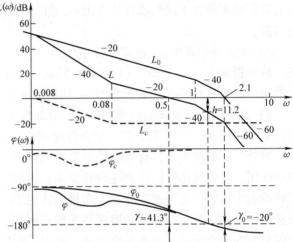

图 6-8　例 6-2 系统滞后校正伯德图

（6）检验性能指标

校正后系统的开环传递函数

$$G(s) = G_0(s)G_c(s) = \frac{5(12.5s + 1)}{s(125s + 1)(s + 1)(0.5s + 1)}$$

画出校正后系统的伯德图，如图 6-8 中 L、φ 所示。

相位裕量为

$$\gamma = 180° - 90° - \arctan125\omega_c - \arctan\omega_c - \arctan0.5\omega_c + \arctan12.5\omega_c = 41.3°$$

并可求得 $h \geq 11.2\text{dB}$、$K_v = 5$。所以，系统完全满足设计要求。

由图 6-8 可见，校正前 $L_0(\omega)$ 以 -60dB/dec 的斜率穿过 0dB 线，系统不稳定；校正后 $L(\omega)$ 则以 -20dB/dec 的斜率穿过 0dB 线，γ 明显增加，系统相对稳定性得到显著改善；然而校正后 ω_c 比校正前 ω_{c0} 降低。所以，滞后校正以减小截止频率来换取相位裕量的提高。

3. 串联滞后校正的特点

串联滞后校正具有以下特点：

（1）滞后校正实质上是一个低通滤波器，它是利用滞后校正装置的高频衰减特性使幅值穿越频率减小来提高相位裕量的。

（2）由于滞后校正使校正后系统 $L(\omega)$ 曲线高频段降低，抗高频干扰能力提高。增强了系统的抗扰能力。

（3）串联滞后校正降低了系统的幅值穿越频率 ω_c，使系统的频带变窄，导致动态响应时间增大，响应速度变慢。

（4）通过调整放大系数，可以对低频信号提供较高的增益，在相对稳定性不变的情况

下提高系统的稳态精度。

可见，串联滞后校正比较适合原系统在 ω_c 附近相位变化急剧，以致难于采用串联超前校正，且对频宽与快速性要求不太高的系统。而且，只有那些原系统的低频段具有满足性能要求的相位储备的系统才能采用滞后校正。

6.2.3　相位滞后－超前校正

当系统的稳态性能与动态性能都不能满足要求，用单一的超前校正或滞后校正无法同时改善系统的稳态和动态性能时，就应该考虑采用相位滞后－超前校正。

1. 相位滞后－超前装置及其特性

图 6-9 所示为无源相位滞后－超前网络，其传递函数为

$$G_c(s) = \frac{U_2(s)}{U_1(s)} = \frac{(R_1 C_1 s + 1)(R_2 C_2 s + 1)}{R_1 R_2 C_1 C_2 s^2 + (R_1 C_1 + R_1 C_2 + R_2 C_2)s + 1} \qquad (6\text{-}13)$$

设　　　$R_1 C_1 = \alpha T_1$，$R_2 C_2 = \beta T_2$，且 $\alpha\beta = 1$

　　　$R_1 C_1 + R_1 C_2 + R_2 C_2 = T_1 + T_2$，且 $T_1 < T_2$

则式（6-13）滞后－超前校正网络的传递函数可表示为

$$G_c(s) = \frac{(\alpha T_1 s + 1)(\beta T_2 s + 1)}{(T_1 s + 1)(T_2 s + 1)} \qquad (6\text{-}14)$$

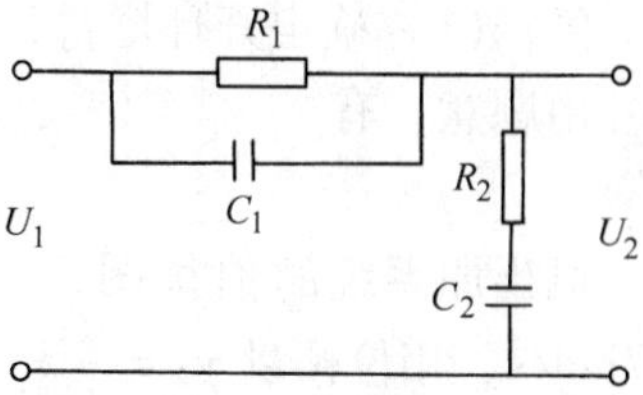

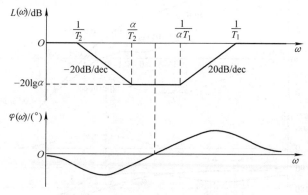

图 6-9　无源滞后－超前网络

式中，$\alpha > 1$，$\dfrac{\alpha T_1 s + 1}{T_1 s + 1}$ 为超前校正部分；$\beta = \dfrac{1}{\alpha} < 1$，$\dfrac{\beta T_2 s + 1}{T_2 s + 1}$ 为滞后校正部分。

滞后－超前校正网络的伯德图如图 6-10 所示。可见低频段部分是滞后校正，高频段部分是超前校正。

图 6-10　滞后－超前校正网络的伯德图

2. 串联滞后－超前校正设计

滞后－超前校正的设计，实际上是前面所述滞后校正和超前校正的设计方法的综合。滞后－超前校正的本质是利用校正装置中超前部分的相位超前角来增大系统的相位裕量，以改善系统的动态性能；利用滞后部分幅值衰减，允许系统低频段的增益提高，以改善系统的稳态精度。

滞后－超前校正装置的设计步骤如下：

（1）根据稳态误差或静态误差系数的要求确定系统的开环增益 K，并绘制原系统的开

环伯德图，计算频域性能指标 ω_{c0} 和 γ_0。

（2）根据要求的相位裕量 γ^* 或幅值穿越频率 ω_c^*，设计超前校正部分的转折频率 $1/\alpha T_1$ 和 $1/T_1$。

（3）确定滞后部分的转折频率 $1/T_2$ 和 α/T_2。为了使滞后校正部分的相位滞后尽量不影响相位裕量，一般按 $\alpha/T_2 = (1/10 \sim 1/5)\omega_c$ 的原则取值。

（4）绘制校正后系统的伯德图，校验全部性能指标是否满足要求，如不满足，应重新进行滞后部分的计算，必要时应重新进行全部校正的计算，直至全部性能指标都得到满足为止。

例 6-3 设原系统的开环传递函数为

$$G_0(s) = \frac{K}{s(s+1)(0.5s+1)}$$

要求设计校正装置，使系统满足：$K_v = 10\mathrm{s}^{-1}$，$\gamma^* \geqslant 50°$，$\omega_c^* \geqslant 1.2\mathrm{rad/s}$，$h^* \geqslant 10\mathrm{dB}$。

解（1）确定开环增益，并绘制原系统伯德图。

由题意，有

$$K = K_v = 10\mathrm{s}^{-1}$$

画出原系统的伯德图，如图 6-11 中 L_0、φ_0 所示。由图计算出幅值穿越频率 $\omega_{c0} = 2.7\mathrm{rad/s}$，相位裕量 $\gamma_0 = -33°$，相位穿越频率 $\omega_{g0} = 1.41\mathrm{rad/s}$，幅值裕量 $h_0 = -14\mathrm{dB}$，表明原系统不稳定。

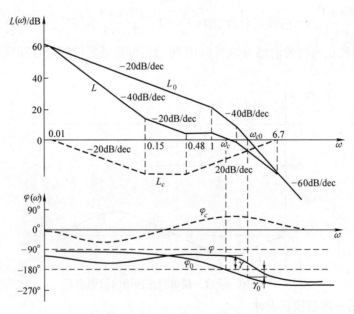

图 6-11 例 6-3 串联滞后 – 超前校正系统伯德图

由于原系统在幅值穿越频率处的相角远小于 $-180°$，若用超前校正很难满足相位裕量 $\gamma^* \geqslant 50°$ 的要求，若采用滞后校正则不能满足 $\omega_c^* \geqslant 1.2\mathrm{rad/s}$ 的要求，因此应考虑采用串联滞后 – 超前校正。

（2）确定超前部分　考虑 $\omega_c^* \geqslant 1.2\mathrm{rad/s}$ 的设计要求，以及原系统在 $\omega_{g0} = 1.41\mathrm{rad/s}$ 的相位裕量为 $0°$，可选取校正后的幅值穿越频率为 $\omega_c = 1.5\mathrm{rad/s}$，这时超前部分应提供的超

前相角为

$$\varphi_m = \gamma^* + \Delta = 50° + 10° = 60°$$

由 $\alpha = \dfrac{1 + \sin\varphi_m}{1 - \sin\varphi_m}$，可得 $\alpha = 14$。

由于原系统在 $\omega = \omega_c = 1.5 \text{rad/s}$ 处的对数幅值 $L_0(\omega_c) = 20\lg 10 - 40\lg\omega_c = 13\text{dB}$，为了使系统校正后 $\omega_c = 1.5\text{rad/s}$，则校正装置在幅值穿越频率处的幅高必为 $L_c(\omega_c) = -13\text{dB}$。过 $L_c(\omega_c) = -13\text{dB}$ 画一条斜率为 20dB/dec 的直线，该直线与 0dB 线的交点频率即为转折频率 $1/T_1$。由图 6-12 可求得

$$-13 = 20\lg 1.5 / \frac{1}{T_1} \qquad \frac{1}{T_1} = 6.7\text{rad/s} \qquad \frac{1}{\alpha T_1} = 0.48\text{rad/s}$$

则，$T_1 = 0.15$，$\alpha T_1 = 2.08$。

（3）确定滞后部分　取滞后部分第二个转折频率为

$$\frac{\alpha}{T_2} = \frac{\omega_c}{10} = 0.15\text{rad/s}$$

则有

$$\frac{1}{T_2} = 0.01\text{rad/s}$$

则，$\dfrac{T_2}{\alpha} = 6.7$，$T_2 = 100$。

由此可得滞后 - 超前校正装置的传递函数为

$$G_c(s) = \frac{(2.08s + 1)(6.7s + 1)}{(0.15s + 1)(100s + 1)}$$

做出校正装置的伯德图为图 6-11 中 L_c、φ_c。

（4）绘制校正后系统伯德图并检验结果

校正后系统的开环传递函数为

$$G(s) = G_0(s)G_c(s) = \frac{10(6.7s + 1)(2.08s + 1)}{s(s + 1)(0.5s + 1)(100s + 1)(0.15s + 1)}$$

校正后系统的伯德图为图 6-11 中 L、φ。由此可计算出校正后系统的相位裕量 $\gamma = 51°$、$h = 14.5\text{dB}$、$\omega_c = 1.5\text{rad/s}$、$K_v = 10\text{s}^{-1}$，满足设计要求。

6.2.4　有源校正网络

无源网络作为串联校正网络接入系统时，常会因负载效应而影响校正效果。因此，在实际工业系统中通常采用以运算放大器构成的具有超前、滞后或滞后 - 超前特性的有源校正网络，实现系统要求的控制规律。

对于如图 6-12 所示的有源网络，由运算放大器电路分析中"虚地"的概念和复阻抗的概念，可求出其传递函数为

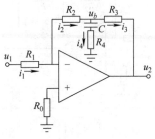

图 6-12　有源相位超前网络

$$G_c(s) = \frac{U_2(s)}{U_1(s)} = -K_c \frac{\tau s + 1}{Ts + 1} \tag{6-15}$$

式中，$K_c = \dfrac{R_2 + R_3}{R_1}$；$T = R_4 C$；$\tau = \left(\dfrac{R_2 R_3}{R_2 + R_3} + R_4\right) C$。

若适当地选取电阻值，使 $R_2 + R_3 = R_1$，则 $K_c = 1$。得

$$G_c(s) = -\frac{\tau s + 1}{T s + 1} \qquad \tau > T \tag{6-16}$$

可见，图 6-12 所示的有源网络是一个超前网络。

表 6-1 中给出了常用有源校正网络及其传递函数、对数幅频特性，供设计者选用。

表 6-1　由运算放大器组成的有源校正网络

电　路　图	传　递　函　数	对数幅频特性
	$G(s) = -\dfrac{K}{Ts + 1}$ $T = R_2 C_1$，$K = \dfrac{R_2}{R_1}$	
	$G(s) = -\dfrac{(\tau_1 s + 1)(\tau_2 s + 1)}{Ts}$ $\tau_1 = R_1 C_1$，$\tau_2 = R_2 C_2$ $T = R_1 C_2$	
	$G(s) = -\dfrac{\tau s + 1}{Ts}$ $\tau = R_2 C$，$T = R_1 C$	
	$G(s) = -K(\tau s + 1)$ $\tau = \dfrac{R_2 R_3}{R_2 + R_3} C_2$ $K = \dfrac{R_2 + R_3}{R_1}$	
	$G(s) = -\dfrac{K(\tau s + 1)}{Ts + 1}$ $K = \dfrac{R_2 + R_3}{R_1}$，$T = R_4 C_2$ $\tau = \left(\dfrac{R_2 R_3}{R_2 + R_3} + R_4\right) C_2$	

（续）

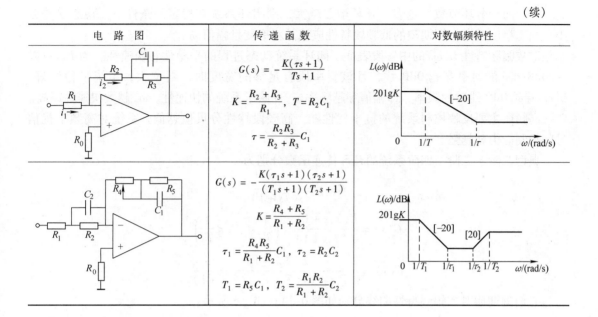

电路图	传递函数	对数幅频特性

$$G(s) = -\frac{K(\tau s + 1)}{Ts + 1}$$

$$K = \frac{R_2 + R_3}{R_1}, \quad T = R_2 C_1$$

$$\tau = \frac{R_2 R_3}{R_2 + R_3} C_1$$

$$G(s) = -\frac{K(\tau_1 s + 1)(\tau_2 s + 1)}{(T_1 s + 1)(T_2 s + 1)}$$

$$K = \frac{R_4 + R_5}{R_1 + R_2}$$

$$\tau_1 = \frac{R_4 R_5}{R_1 + R_2} C_1, \quad \tau_2 = R_2 C_2$$

$$T_1 = R_5 C_1, \quad T_2 = \frac{R_1 R_2}{R_1 + R_2} C_2$$

6.2.5　串联期望特性法校正

1. 期望特性法

前面讨论的串联校正设计方法实际上是试探法，它是根据原系统的特性和对性能指标要求，依靠分析和设计经验选择校正装置形式并确定各参数，校正后检验系统满足了性能指标要求，校正工作才能结束。

期望特性法是将要求的性能指标转化为期望的对数幅频特性，再与原系统的频率特性进行比较，从而得到校正装置的形式和参数。该方法简单、直观，可适合任何形式的校正装置。

串联校正系统结构图如图 6-13 所示，其中 $G_0(s)$ 为原系统的传递函数，$G_c(s)$ 为校正装置的传递函数。若期望校正后系统的开环传递函数为 $G(s)$，期望的开环对数幅频特性为 $L(\omega)$。即有

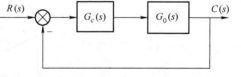

图 6-13　串联校正系统结构图

$$G_c(s) = \frac{G(s)}{G_0(s)} \tag{6-17}$$

$$L_c(\omega) = L(\omega) - L_0(\omega) \tag{6-18}$$

可见，对于已知的原系统，当确定了期望对数幅频特性之后，就可以由式（6-18）得到校正装置的对数幅频特性。

由于期望特性指的是系统的开环对数幅频特性，只有最小相位系统的对数幅频特性和对数相频特性之间有确定的关系，故期望特性法仅适合于最小相位系统。

2. 期望对数幅频特性

控制系统的期望特性，应该满足系统要求的稳态、暂态以及抗扰动等方面的性能要求。对数幅频特性 $L(\omega)$ 的低频段决定了控制系统的稳态性能。低频段斜率越负，位置越

高，对应的积分环节数目越多，开环增益越大，则闭环系统在稳定的条件下，稳态误差越小，稳态精度越高，即期望的低频段特性应该是斜率陡且幅值高。

对数幅频特性 $L(\omega)$ 的中频段表征了闭环系统动态过程的平稳性和快速性。当 $L(\omega)$ 以 -20dB/dec 的斜率穿越 0dB 线，且该斜率段有足够的宽度时，则 γ 大，系统平稳性好。$L(\omega)$ 穿越 0dB 线时的频率，即幅值穿越频率 ω_c 反映了系统的快速性，ω_c 越大快速性越高。

高频段主要反映控制系统的抗干扰性能。高频段特性分贝值越低，系统对高频干扰信号的抑制能力就越强。

典型二阶、三阶、四阶系统的开环传递函数分别为

$$G(s) = \frac{K}{s(Ts+1)}$$

$$G(s) = \frac{K(T_1 s + 1)}{s^2(T_2 s + 1)} \quad \left(\frac{1}{T_1} < \sqrt{K} < \frac{1}{T_2}\right)$$

$$G(s) = \frac{K(T_2 s + 1)}{s(T_1 s + 1)(T_3 s + 1)(T_4 s + 1)}$$

它们的期望对数幅频特性曲线分别如图 6-14a、b、c 所示。

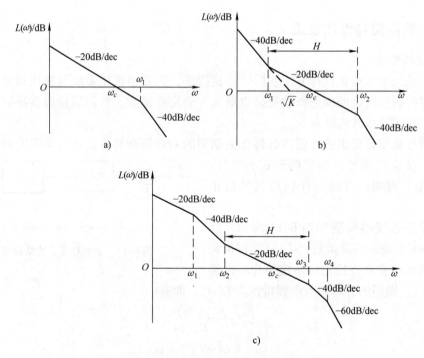

图 6-14 典型系统的期望对数幅频特性曲线

图 6-14b、c 中的 H 为中频区 -20dB/dec 斜率段的宽度，其值决定相位裕量 γ。在系统设计中，需要根据相位裕量 γ^* 和快速性的要求查看相关的设计手册确定 H 和 ω_c 的值。

3. 期望特性法设计

串联校正期望特性法设计的一般步骤：

1）绘制原系统的对数幅频特性 $L_0(\omega)$。

2）按系统性能指标要求绘制出期望对数幅频特性 $L(\omega)$。

3）在伯德图中，根据式（6-18）用 $L(\omega)$ 减去 $L_0(\omega)$，得到校正装置的对数幅频特性 $L_c(\omega)$。

4）由 $L_c(\omega)$ 写出串联校正装置的传递函数 $G_c(s)$。

例 6-4 设原系统的开环传递函数为

$$G_0(s) = \frac{5}{s(0.5s+1)}$$

若要求将系统校正成 $K_v \geqslant 10\mathrm{s}^{-1}$，$\zeta = 0.707$ 的典型二阶系统，试确定校正装置。

解 （1）原系统 $K = 5\mathrm{s}^{-1}$，绘制原系统对数幅频特性如图 6-15 所示的 L_0。

（2）绘制典型二阶系统期望特性 $L(\omega)$

典型二阶系统 $G(s) = \dfrac{K}{s(Ts+1)} = \dfrac{\omega_n^2}{s(s+2\zeta\omega_n)}$

在图 6-14a 中，各频率与系统参数的关系为

$$\omega_c = K = \frac{\omega_n}{2\zeta} \qquad \omega_1 = \frac{1}{T} = 2\zeta\omega_n \qquad \frac{\omega_1}{\omega_c} = 4\zeta^2$$

按 $K_v \geqslant 10\mathrm{s}^{-1}$，$\zeta = 0.707$ 设计典型二阶系统，则有

$$\omega_c = K_v = K = 10\mathrm{rad/s} \qquad \frac{\omega_1}{\omega_c} = 2 \qquad \omega_1 = 20\mathrm{rad/s}$$

过 $\omega_c = 10\mathrm{rad/s}$ 作斜率为 $-20\mathrm{dB/dec}$ 线，至 $\omega_1 = 20\mathrm{rad/}$ dec 线转为斜率为 $-40\mathrm{dB/}$ dec 线，作出系统期望特性如图 6-15 中曲线 L。

（3）确定校正装置，根据式（6-18） $L_c(\omega) = L(\omega) - L_0(\omega)$，绘制出的 L_c 如图 6-15 虚线所示。由 L_c 求出其传递函数为

$$G_c(s) = \frac{2(0.5s+1)}{0.05s+1}$$

可见，这是一个超前校正网络。

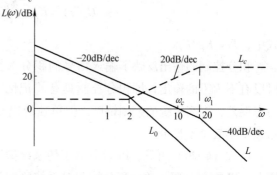

图 6-15 例 6-4 系统对数幅频特性

6.3 PID 校正

PID 校正通常也称为 PID 控制，即比例 - 积分 - 微分控制。它利用系统误差的比例、积分和微分构成控制单元，串接在前向通道中对被控对象进行调节，采用 PID 控制的系统如图 6-16 所示。随着计算机技术和电子技术的发展，在各种控制器中常配置有 PID 控制单元。由于 PID 控制具有实现方便、控制效果好、适用范围广等优点，因而在实际工程控制中得到了广泛的应用。

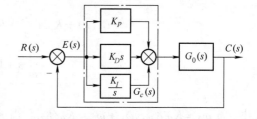

图 6-16 采用 PID 控制的系统

　　在 PID 控制中，比例控制是最基本的控制。为满足系统对性能指标的不同要求，常常会在比例控制的基础上再引入微分控制或积分控制，以实现 PD、PI 和 PID 不同的控制。

1. 比例 - 微分（PD）控制

　　比例 - 微分控制器的传递函数为

$$G_c(s) = K_P + K_D s = K_P(T_D s + 1) \tag{6-19}$$

式中，$T_D = K_D/K_P$。

　　由于微分控制反映误差信号的变化率，能给出系统提前控制的信号，具有"预测"的能力，能在误差信号变化之前给出控制信号，防止系统出现过大的偏离和振荡，增大系统的阻尼比，减小超调量，有效地改善系统的动态性能。

　　比例 - 微分控制器的对数频率特性见表 6-2，显然，PD 控制是相角超前控制。因此，在比例 - 微分控制作用下，相位裕量 γ 增大，系统的相对稳定性提高了，同时幅值穿越频率 ω_c 将会增大，系统的快速性得到提高；比例 - 微分校正抬高了高频段，使得系统抗高频干扰能力下降。

2. 比例 - 积分（PI）控制

　　比例 - 积分控制器的传递函数为

$$G_c(s) = K_P + \frac{K_I}{s} = \frac{K_I(T_I s + 1)}{s} \tag{6-20}$$

式中，$T_I = K_P/K_I$。

　　积分控制的输出反映了输入信号的积分，当输入信号由非零变为零时，积分控制仍然可以有不为零的输出，即积分控制具有"记忆"功能。积分控制可以提高系统型别，减小稳态误差，提高系统的控制精度。但单独的积分控制会带来显著的相角滞后，会使系统稳定裕量变小甚至不稳定。

　　由式（6-20）可见，PI 控制除了使系统型别增加了一级外，还增加了一个负实数零点。因此，PI 控制克服了单独积分控制对系统稳定性的不利作用，在保证系统稳定的基础上增加了系统型别，有效地改善了系统的稳态性能。

　　比例 - 积分控制器的对数频率特性曲线见表 6-2。可见，PI 控制是相角滞后控制，它会损失相位裕量，降低系统的相对稳定性。另外，PI 控制器是低通滤波器，能提高系统抗高频干扰能力。

3. 比例 - 积分 - 微分（PID）控制

　　比例 - 积分 - 微分控制器的传递函数为

$$G_c(s) = K_P + \frac{K_I}{s} + K_D s = \frac{K_D s^2 + K_P s + K_I}{s}$$

$$= K_I \frac{(\frac{1}{\omega_1}s + 1)(\frac{1}{\omega_2}s + 1)}{s} \tag{6-21}$$

式中，$\omega_1 \omega_2 = K_I/K_D$，$\omega_1 + \omega_2 = K_P/K_D$。当 K_P、K_I、K_D 均大于零，且 $K_P^2 - 4K_I K_D > 0$ 时，ω_1、ω_2 均为正实数。不同组合控制器的对数频率特性曲线见表 6-2。

表 6-2　PID 控制器特性

控制器	传递函数 $G_c(s)$	Bode 图
PD 控制器	$G_c(s) = K_P + K_D s = K_P(T_D s + 1)$	
PI 控制器	$G_c(s) = K_P + \dfrac{K_I}{s} = \dfrac{K_P(T_I s + 1)}{s}$	
PID 控制器	$G_c(s) = K_P + K_D s + \dfrac{K_I}{s}$ $= \dfrac{K_D s^2 + K_P s + K_I}{s}$ $= K_I \dfrac{(\frac{1}{\omega_1} s + 1)(\frac{1}{\omega_2} s + 1)}{s}$	

图 6-17 所示为一个 PID 控制下系统的伯德图。由图可见，PID 控制本质上是一种滞后-超前校正。PID 控制有滞后-超前校正的功效，在低频段起积分作用，可以改善系统的稳态性能；在中、高频段则起微分作用，使系统的幅值穿越频率 ω_c 增大，快速性得到提高，系统的相位裕量 γ 增大，相对稳定性提高，改善了系统的动态性能。因此，PID 控制器具有比例、积分、微分三种基本控制作用各自的优点，使系统的稳态性能和动态性能都得到了全面提高。

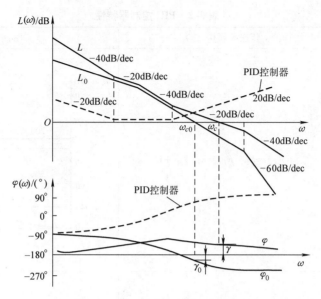

图 6-17　　PID 控制下系统的伯德图

应当指出的是，不同的控制系统对性能指标的要求也各不相同，如恒值控制系统对稳定性和稳态精度要求严格，而随动系统则对快速性期望较高。因此，必须根据系统的实际要求来选择控制器，对于只调整系统增益就可以满足性能要求的系统，可以选择 P 控制；当需要改善系统的稳态性能时可选择 PI 控制；只需要改善动态性能的系统可选择 PD 控制；若既要求改善稳态性能，还要求改善动态性能的系统，则必须采用 PID 控制。

由于 PD、PI 和 PID 校正分别可以看成是超前、滞后和滞后－超前校正的特殊情况，所以 PID 控制器的设计完全可以利用频率校正方法来进行。但在实际应用中，PID 控制器的各参数一般会根据实际系统的性能要求进行整定并在控制现场进行调整，参数整定的方法可以查阅有关资料。

6.4　局部反馈校正

在控制工程的实践中，为了改善控制系统的性能，除了采用串联校正方式外，也常采用局部反馈校正方式。常见的局部反馈校正有速度负反馈、加速度反馈和复杂系统的中间量反馈等。局部反馈校正不仅可以实现串联校正的功能，还可以明显减弱和消除系统元部件参数波动和非线性因素对系统性能的不利影响。

6.4.1　局部反馈校正的基本原理

局部反馈校正也称反馈校正，是将校正装置接于系统局部闭环的反馈通道之中，用以改善系统的控制性能。由于存在局部闭环，局部反馈校正计算要比串联校正复杂。因此，通常采用工程近似计算的方法，即在具有局部反馈校正的情况下采用近似的闭环传递函数，以便于校正计算。

下面介绍近似闭环传递函数的概念及应用条件。图 6-18 所示为具有局部反馈校正的反馈控制系统。原系统由 $G_1(s)$、$G_2(s)$ 和 $G_3(s)$ 3部分组成。反馈校正装置 $H_c(s)$ 包围了 $G_2(s)$，形成局部闭环。设局部闭环的传递函数为 $G_2^*(s)$，则

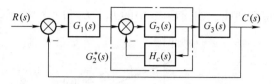

图 6-18 具有局部反馈校正的反馈控制系统

$$G_2^*(s) = \frac{G_2(s)}{1 + G_2(s)H_c(s)} \qquad (6-22)$$

相应的频率特性为

$$G_2^*(j\omega) = \frac{G_2(j\omega)}{1 + G_2(j\omega)H_c(j\omega)} \qquad (6-23)$$

如果局部闭环稳定，若满足 $|G_2(j\omega)H_c(j\omega)| \gg 1$，则有

$$G_2^*(j\omega) \approx \frac{1}{H_c(j\omega)} \qquad (6-24)$$

此时，局部闭环的频率特性近似等于 $H_c(j\omega)$ 的倒数，与被包围环节 $G_2(s)$ 几乎无关。若满足 $|G_2(j\omega)H(j\omega)| \ll 1$ 时，则有

$$G_2^*(j\omega) \approx G_2(j\omega) \qquad (6-25)$$

此时局部闭环的频率特性与 $H_c(j\omega)$ 几乎无关，即反馈校正不起作用。

一般将满足式（6-24）的频率范围称为被校正频段，满足式（6-25）的频率范围称为不被校正频段。式（6-24）及式（6-25）的近似关系在 $|G_2(j\omega)H(j\omega)| = 1$ 的附近频段内会产生较大的误差，但从系统的频率特性来看，对暂态响应起决定性作用的中频段，式（6-24）要求的条件通常能得到较好的满足。

因此，当原系统中存在对系统性能有重大妨碍作用的某些环节时，可以用反馈校正包围它，形成局部反馈回路，在局部反馈回路的开环幅值远大于1的条件下，局部反馈回路的特性主要取决于反馈校正装置，而与被包围部分无关，适当选择反馈校正装置的形式和参数，就可以使系统获得满意的性能。

6.4.2 速度反馈校正

在第3章控制系统暂态性能分析中，二阶系统性能改善采用的输出量的速度负反馈控制就是局部反馈校正，其结构图如图 6-19 所示。

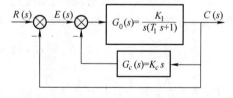

图 6-19 具有速度负反馈控制的二阶系统

在图 6-19 中，原二阶系统的开环传递函数，即被局部反馈包围的环节传递函数为

$$G_0(s) = \frac{K_1}{s(T_1 s + 1)} \qquad (6-26)$$

局部反馈采用微分环节，即速度负反馈

$$G_c(s) = K_c s \qquad (6-27)$$

则局部反馈部分的开环传递函数为

$$G_0(s)G_c(s) = \frac{K_1 K_c}{(T_1 s + 1)} \qquad (6-28)$$

根据式（6-26）～式（6-28），可绘制出 $G_0(j\omega)$、$G_c(j\omega)$ 和 $G_0(j\omega)G_c(j\omega)$ 的对数幅频

特性曲线，如图 6-20 中的 L_0、L_c 和 $L_0 L_c$ 所示。

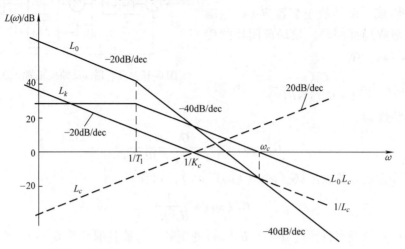

图 6-20　具有速度负反馈控制的伯德图

由图 6-20 很容易求得 $L_0(\omega) L_c(\omega)$ 曲线与 0dB 的交点频率

$$\omega_c = \frac{K_1 K_c}{T_1}$$

当 $\omega < \omega_c$，即 $|G_0(j\omega) G_c(j\omega)| > 1$ 时，由式（6-24）得

$$G_k(s) = \frac{C(s)}{E(s)} \approx \frac{1}{G_c(s)} = \frac{1}{K_c s} \tag{6-29}$$

当 $\omega > \omega_c$，即 $|G_0(j\omega) G_c(j\omega)| < 1$ 时，由式（6-25）得

$$G_k(s) = \frac{C(s)}{E(s)} \approx G_0(s) = \frac{K_1}{s(T_1 s + 1)} \tag{6-30}$$

即，引入速度负反馈控制后系统的开环对数幅频特性曲线如图 6-20 中的 L_k 所示，该曲线在 $\omega = \omega_c$ 处斜率由 $-20\mathrm{dB/dec}$ 转为 $-40\mathrm{dB/dec}$。不难由 L_k 求得对应的传递函数为

$$G_k(s) = \frac{C(s)}{E(s)} = \frac{K}{s(T_c s + 1)} \tag{6-31}$$

式中，$K = \dfrac{K_1}{K_1 K_c} = \dfrac{1}{K_c}$，$T_c = \dfrac{1}{\omega_c} = \dfrac{T_1}{K_1 K_c}$。

由式（6-31）可见，采用输出量的速度负反馈控制，即局部反馈校正后系统仍具有相同数目的积分环节，并没有改变开环传递函数的形式，但改变了系统的参数，开环放大系数和时间常数都减小到了原来的 $K_1 K_c$ 倍。局部反馈校正最明显的作用是，时间常数的减小使转折频率增大，对数幅频特性曲线穿越 0dB 线的斜率由 $-40\mathrm{dB/dec}$ 改变成 $-20\mathrm{dB/dec}$，相位裕量 γ 增大，改善了系统的相对稳定性；但减少了稳态误差系数，会使系统的稳态性能变差，为了避免这种影响需同时增大放大系数。

6.4.3　局部反馈校正设计

局部反馈校正的目的是根据给定的系统性能指标，确定局部闭环反馈通道中校正装置的传递函数，即校正装置的结构和参数。下面介绍局部反馈校正的设计方法。

图 6-18 所示系统的开环频率特性为

$$G_k(j\omega) = G_1(j\omega)\frac{G_2(j\omega)}{1 + G_2(j\omega)H_c(j\omega)}G_3(j\omega) = \frac{G_0(j\omega)}{1 + G_2(j\omega)H_c(j\omega)} \qquad (6\text{-}32)$$

式中，$G_0(j\omega)$ 为原系统的开环频率特性。

根据反馈校正的概念，对于不被校正频段 $|G_2(j\omega)H_c(j\omega)| \ll 1$，即 $20\lg$ $|G_2(j\omega)H_c(j\omega)| \ll 0$ 内，由式（6-32）可得校正后系统的近似开环对数幅频特性为

$$20\lg|G_k(j\omega)| = 20\lg|G_0(j\omega)| \qquad (6\text{-}33)$$

而在 $|G_2(j\omega)H_c(j\omega)| \gg 1$，即 $20\lg|G_2(j\omega)H_c(j\omega)| \gg 0$ 的校正频段内，由式（6-32）得校正后系统的近似开环对数幅频特性为

$$20\lg|G_k(j\omega)| = 20\lg|G_0(j\omega)| - 20\lg|G_2(j\omega)H_c(j\omega)| \qquad (6\text{-}34)$$

则有

$$20\lg|G_2(j\omega)H_c(j\omega)| = 20\lg|G_0(j\omega)| - 20\lg|G_k(j\omega)| \qquad (6\text{-}35)$$

且

$$20\lg|G_k(j\omega)| < 20\lg|G_0(j\omega)| \qquad (6\text{-}36)$$

如果已知 $20\lg|G_0(j\omega)|$ 和校正后系统的期望开环对数幅频特性 $20\lg|G_k(j\omega)|$，则可由式（6-35）确定被校正频段内局部闭环部分的开环对数幅频特性曲线 $20\lg|G_2(j\omega)H_c(j\omega)|$。而对于不被校正频段，由于 $20\lg|G_k(j\omega)|$ 完全与 $H_c(j\omega)$ 无关，因此在该频段 $20\lg$ $|G_2(j\omega)H_c(j\omega)|$ 可以任意取值。为使 $H_c(j\omega)$ 具有最简单的形式，通常会将校正频段内的 $20\lg|G_2(j\omega)H_c(j\omega)|$ 斜率不改变地延伸到不被校正频段。

当 $20\lg|G_2(j\omega)H_c(j\omega)|$ 曲线确定，就可由该对数幅频特性曲线求得相应的传递函数 $G_2(s)$ $H_c(s)$。由于 $G_2(s)$ 已知，校正装置的传递函数 $H_c(s)$ 就可以从 $G_2(s)H_c(s)$ 中分离出来，即

$$H_c(s) = \frac{G_2(s)H_c(s)}{G_2(s)} \qquad (6\text{-}37)$$

例 6-5　具有反馈校正的控制系统如图 6-18 所示。已知

$$G_1(s) = K_1 \qquad G_2(s) = \frac{5}{s(0.1s+1)(0.025s+1)} \qquad G_3(s) = 1$$

试设计反馈校正装置 $H_c(s)$，使系统满足性能指标：静态速度误差系数 $K_v \geqslant 200$，单位阶跃输入的超调量 $\sigma \leqslant 30\%$，调节时间 $t_s \leqslant 0.5\mathrm{s}$。

解　（1）绘制原系统的开环对数幅频特性曲线

取 $K_1 = 40$，则满足 $K_v \geqslant 200$，原系统开环传递函数为

$$G_0(s) = G_1(s)G_2(s)G_3(s) = \frac{200}{s(0.1s+1)(0.025s+1)}$$

绘制原系统开环对数幅频特性如图 6-21 中的 L_0 曲线所示。$\omega_{c0} = 43\mathrm{rad/s}$，$\gamma_0 = -34°$，系统不稳定。

（2）确定并绘制系统的期望开环对数幅频特性曲线

低频段：由于 L_0 的低频段满足期望特性的要求，所以 L_k 的低频段与 L_0 的低频段重合。

中频段：将 $\sigma_p\%$ 和 t_s 按式（5-87）~ 式（5-89）转换为相应的频域指标为

$$\gamma \geqslant 48° \qquad M_r = 1.35 \qquad \omega_c \geqslant 17.8\mathrm{rad/s}$$

取 $\omega_c = 18\mathrm{rad/s}$。由 $M_r = 1.35$，依据谐振峰值最小法则及相关设计手册，初定中频段宽度 $H = 10$，中频段与低、高频段的交接频率 $\omega_2 \leqslant 3.3\mathrm{rad/s}$、$\omega_3 \geqslant 33\mathrm{rad/s}$。

过 $\omega_c = 18\mathrm{rad/s}$ 作斜率为 $-20\mathrm{dB/dec}$ 的直线，为使校正装置简单，将 L_k 中频段特性线延长使之与 L_0 相交，取该交点频率为 ω_3。由对数幅频特性 $L_k(\omega_3) = L_0(\omega_3)$，有

$$-20\lg \frac{\omega_c}{\omega_3} = -60\lg \frac{\omega_{c0}}{\omega_3} \qquad 得 \ \omega_3 = 66.4\mathrm{rad/s}$$

取 L_k 中频段与低频段的交接频率为 $\omega_2 = 3\mathrm{rad/s}$，则实际的中频段宽度 $H = \omega_3/\omega_2 = 22$。在 L_k 中 $\omega_2 = 3\mathrm{rad/s}$ 处，转折成斜率为 $-40\mathrm{dB/dec}$ 直线在 $\omega_1 = 0.27\mathrm{rad/s}$ 处与 L_0 相交。

高频段：当 $\omega > \omega_3$ 时，期望特性与原系统特性重合。

综上所述，得到系统期望开环对数幅频特性曲线 L_k 如图 6-21 所示。由此可得系统期望开环传递函数为

$$G_k(s) = \frac{200\left(\dfrac{1}{3}s + 1\right)}{s\left(\dfrac{1}{0.27}s + 1\right)\left(\dfrac{1}{66.4}s + 1\right)^2}$$

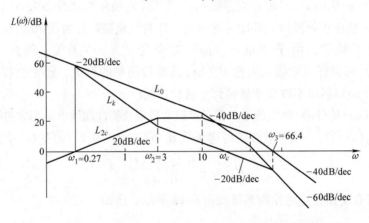

图 6-21　例 6-5 反馈校正系统的对数幅频特性曲线

（3）确定 $20\lg|G_2(\mathrm{j}\omega)H_c(\mathrm{j}\omega)|$ 曲线 L_{2c}

由原系统特性 L_0 和系统期望开环对数幅频特性 L_k 可见，$\omega_1 \sim \omega_3$ 为被校正频段。根据式（6-35），在 $\omega_1 \sim \omega_3$ 频段由 $L_0 - L_k$ 绘制出局部闭环的开环对数幅频特性曲线 L_{2c}。为使校正装置简单，将 L_{2c} 按原斜率延长到不被校正频段，即延长到 $\omega < 0.27\mathrm{rad/s}$ 和 $\omega > 66.4\mathrm{rad/s}$ 频段，如图 6-21 所示。

（4）确定反馈校正装置的传递函数

由局部闭环的开环对数幅频特性 L_{2c} 图，得其传递函数为

$$G_2(s)H_c(s) = \frac{K_{2c}s}{(0.33s+1)(0.1s+1)(0.025s+1)}$$

式中，$K_{2c} = 3.7$，可由 L_{2c} 在 $\omega = 1\mathrm{rad/s}$ 时的幅值 $20\lg K_{2c}$ 求得。

反馈校正网络的传递函数 $H_c(s)$ 按式（6-37）求出

$$H_c(s) = \frac{G_2(s)H_c(s)}{G_2(s)} = \frac{\dfrac{3.7s}{(0.33s+1)(0.1s+1)(0.025s+1)}}{\dfrac{5}{s(0.1s+1)(0.025s+1)}} = \frac{0.74s^2}{0.33s+1}$$

（5）校验性能指标

在 $\omega = \omega_3 = 66.4\mathrm{rad/s}$ 时，$G_2(s)H_c(s)$ 的相位裕量为

$$\gamma(\omega_3) = 180° + 90° - \arctan0.33\omega_3 - \arctan0.1\omega_3 - \arctan0.025\omega_3 = 42.5°$$

局部闭环是稳定的。

在 $\omega_c = 18\mathrm{rad/s}$ 处，$20\lg|G_2(\mathrm{j}\omega)H_c(\mathrm{j}\omega)| = 15.9\mathrm{dB}$，基本满足 $|G_2(\mathrm{j}\omega)H_c(\mathrm{j}\omega)| \gg 1$ 的要求，近似程度较高，可直接用期望特性来验算。经验算，知

$$K_v = 200\mathrm{s}^{-1} \qquad \gamma = 51° \qquad M_r = 1.29 \qquad \sigma_p\% = 27.5\% \qquad t_s = 0.38\mathrm{s}$$

满足全部性能指标要求。

反馈校正的设计是在对数幅频特性曲线上进行的，因此只适合最小相位系统。

6.5　前馈补偿与复合控制

提高系统的控制精度是控制系统设计的一个重要目标。通过对控制系统稳态误差的分析和计算，我们知道可以通过提高系统的型别和提高系统的开环放大系数来减小稳态误差，改善系统的控制精度。事实上，考虑到系统的稳定性和动态品质，由增加积分环节的个数或增大放大系数来提高系统的稳态精度的方法是有限制的。

在实际工程中，对于控制系统中存在强扰动，尤其是低频强扰动，或者对系统稳态精度和响应速度要求很高时，常采用在反馈控制系统中引入与给定或扰动作用有关的前馈补偿，构成复合控制系统，即复合校正来提高系统的控制精度。

复合控制中的前馈装置是按不变性原理进行设计的，可分为按输入补偿和按扰动补偿两种方式。

6.5.1　按输入补偿的复合控制

按输入补偿的复合控制系统如图 6-22 所示，其中 $G_c(s)$ 为前馈补偿装置。

引入前馈补偿后，输入作用下的误差为

$$E_r(s) = R(s) - C(s) = \left[1 - \frac{C(s)}{R(s)}\right]R(s)$$

$$= \left[1 - \frac{G_1(s)G_2(s) + G_c(s)G_2(s)}{1 + G_1(s)G_2(s)}\right]R(s) = \frac{1 - G_c(s)G_2(s)}{1 + G_1(s)G_2(s)}R(s) \tag{6-38}$$

若选择前馈补偿装置的传递函数为

$$G_c(s) = \frac{1}{G_2(s)} \tag{6-39}$$

就可以实现系统的输出量复现输入量，即 $C(s) = R(s)$，前馈补偿装置能够完全消除误差，故工程上称式（6-39）为输入信号的全补偿条件。

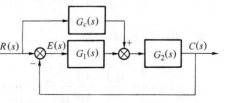

图 6-22　按输入补偿的复合控制系统

6.5.2　按扰动补偿的复合控制

按扰动补偿的复合控制系统如图 6-23 所示，其中 $N(s)$ 为可测量扰动，$G_c(s)$ 为前馈补偿装置。

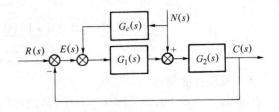

引入扰动补偿后，扰动作用下的误差为

图 6-23　按扰动补偿的复合控制系统

$$E_n(s) = R(s) - C(s) = -C(s)$$

式中，$C(s)$ 为扰动信号作用下的输出，即

$$E_n(s) = -\frac{G_2(s) + G_c(s) G_1(s) G_2(s)}{1 + G_1(s) G_2(s)} N(s) \qquad (6\text{-}40)$$

显然，选择前馈补偿装置的传递函数为

$$G_c(s) = -\frac{1}{G_1(s)} \qquad (6\text{-}41)$$

这时有 $C(s) = 0$ 及 $E(s) = 0$，即扰动对系统的输出和误差无影响。因此，称式（6-41）为对扰动的误差全补偿条件。

采用前馈补偿控制并没有改变系统的特征方程，但可以减轻反馈控制的负担，适当降低反馈控制系统的增益，有利于系统的稳定。前馈补偿通过预先产生一个补偿信号去抵消由原信号通道产生的误差，以实现消除系统误差的目的。

但是，由于物理系统传递函数的分母阶数总是大于分子的阶数，按式（6-39）、式（6-41）实现误差全补偿的条件在物理上往往无法准确实现。因此在实际应用中，为了使补偿装置的结构简单，容易实现，并不要求实现全补偿，只需采用主要频段内近似全补偿或稳态全补偿。

例 6-6　复合控制系统结构图如图 6-24 所示，图中 K_1、K_2、T_1、T_2 是大于零的常数。当输入 $r(t) = V_0 t \cdot 1(t)$ 时，选择补偿装置 $G_c(s)$，使得系统的稳态误差为 0。

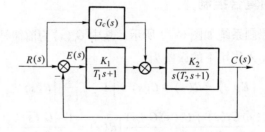

图 6-24　例 6-6 图

解　由式（6-38）有

$$E_r(s) = \frac{1 - \dfrac{K_2}{s(T_2 s + 1)} G_c(s)}{1 + \dfrac{K_1 K_2}{s(T_1 s + 1)(T_2 s + 1)}} R(s) = \frac{s(T_1 s + 1)(T_2 s + 1) - K_2 G_c(s)(T_1 s + 1)}{s(T_1 s + 1)(T_2 s + 1) + K_1 K_2} R(s)$$

又 $R(s) = \dfrac{V_0}{s^2}$，所以

$$e_{sr} = \lim_{s \to 0} sE(s) = \lim_{s \to 0} s \frac{s(T_1s+1)(T_2s+1) - K_2 G_c(s)(T_1s+1)}{s(T_1s+1)(T_2s+1) + K_1 K_2} \frac{V_0}{s^2}$$

$$= \lim_{s \to 0} \frac{V_0}{K_1 K_2} \Big[1 - \frac{K_2 G_c(s)}{s} \Big]$$

要使 $e_{sr} = 0$，则 $G_c(s)$ 的最简单的式子应为

$$G_c(s) = \frac{s}{K_2}$$

可见，引入输入信号的微分作为前馈补偿后，完全消除了斜坡信号作用时的稳态误差。这就是所谓稳态全补偿，它在物理上更易于实现。

6.6　基于 MATLAB 的频域法校正

6.6.1　串联校正设计

例 6-7　已知单位反馈系统的开环传递函数为

$$G_0(s) = \frac{K}{s(0.5s+1)}$$

试设计超前校正装置，使校正后的系统具有静态速度误差系数 $K_v = 20\text{s}^{-1}$，相位裕量 $\gamma \geqslant 45°$。

解　用超前校正装置设计 chqjzh( ) 函数程序如下：

```
function gc = chqjzh(g0,kc,dpm)
[mag,phase,w] = bode(g0 * kc);          % 求原系统的幅频特性和相频特性
bode(g0 * kc);  hold on                  % 作原系统的伯德图
Mag = 20 * log10(mag);                   % 求原系统的对数幅频特性
[Gm,Pm,Wcg,Wcp] = margin(g0 * kc);       % 计算原系统的相位裕量 Pm
phi = (dpm - Pm) * pi/180;               % 确定 φₘ
a = (1 + sin(phi))/(1 - sin(phi));       % 求 α
mm = - 10 * log10(a);
Wc = spline(Mag,w,mm);                   % 在原系统找幅高为 -10lgα 的频率 ωₘ，即 ωc
T = 1/(Wc * sqrt(a));                     % 求 T
nc = [a * T,1];  dc = [T,1];
gc = tf(nc,dc);                          % 确定校正装置
bode(gc);  hold on                        % 作校正装置的伯德图
bode(g0 * kc * gc);  grid;                % 作校正后的伯德图
[gm,pm,wcg,wcp] = margin(g0 * kc * gc)    % 检验校正结果
```

在 MATLAB 命令窗口输入原系统模型、要求指标，并调用 chqjzh( ) 函数：

```
n0 = 1;  d0 = [1 1 0];  g0 = tf(n0,d0);
kc = 10;
```

dpm = 45 + 10;　　　　　　　　　　　　　% 相位裕量加 10°的补偿

chqjzh(g 0 , kc , dpm)

执行命令后，得到系统的伯德图如图 6-25 所示，并给出校正装置的传递函数为

$$\frac{0.4536s + 1}{0.1126s + 1}$$

校正后系统的相位裕量为

pm =

　　49.7706

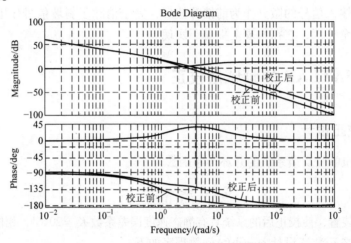

图 6-25　例 6-7 中系统校正前、后的伯德图

满足设计要求。

例 6-8　设单位反馈控制系统的开环传递函数为

$$G_0(s) = \frac{K}{s(s + 1)(0.5s + 1)}$$

要求设计滞后校正装置，使校正后系统的静态速度误差系数 $K_v = 5s^{-1}$，相位裕量 $\gamma \geqslant 45°$。

解　用滞后校正装置设计 zhhjzh( ) 函数程序如下：

function gc = zhhjzh(g 0 , kc , dpm)

[mag , phase , w] = bode(g 0 ∗ kc) ;　　　　% 求原系统的幅频特性和相频特性

bode(g 0 ∗ kc) ; hold on　　　　　　　　% 作原系统的伯德图

Mag = 20 ∗ log10(mag) ;　　　　　　　　% 求原系统的对数幅频特性

pm = − 180 + dpm + 10 ;　　　　　　　　% 求 $\varphi_0(\omega_c)$，加 10°滞后影响的补偿

Wc = spline(phase , w , pm) ;　　　　　　% 在原系统相频特性中找满足 $\varphi_0(\omega_c)$ 的频率

m _ Wc = spline(w , Mag , Wc) ;　　　　　% 求 $L_0(\omega_c)$

b = 10^(− m _ Wc/20) ;　　　　　　　　% 求 β

w2 = 0.1 ∗ Wc ;　　　　　　　　　　　% 取滞后校正装置的转折频率

T = 1/(b ∗ w2) ;　　　　　　　　　　% 求 T

nc = [b ∗ T , 1] ; dc = [T , 1] ;

gc = tf(nc,dc) ;　　　　　　　　　　　　　%确定校正装置

bode(gc) ; hold on　　　　　　　　　　　%作校正后的伯德图

bode(g0 ∗ kc ∗ gc) ; grid;

[gm,pm,wcg,wcp] = margin(g0 ∗ kc ∗ gc)　　%检验校正结果

在 MATLAB 命令窗口输入原系统模型、要求指标，并调用 zhhjzh( )函数：

n0 = 1；d0 = conv([1,0] ,conv([1,1] ,[0.5,1]))；g0 = tf(n0,d0)；

kc = 5；

dpm = 45；

gc = zhhjzh(g0,kc,dpm)

执行命令后，得到系统的伯德图如图 6-26 所示，并给出校正装置的传递函数为

23.55s + 1

249.6s + 1

校正后系统的相位裕量为

pm =

　49.7186

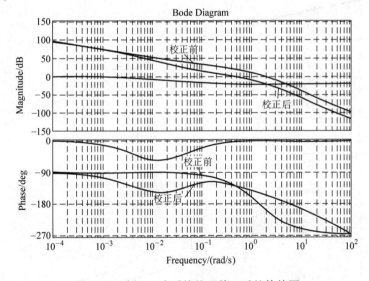

图 6- 26　例 6-8 中系统校正前、后的伯德图

6.6.2　校正校验

将 MATLAB 应用到经典理论的校正方法中，可以很方便地校验系统校正前后的性能指标。通过反复试探不同校正参数对应的不同性能指标，最终能够设计出最佳的校正装置。

例 6-9　采用串联校正后系统结构如图 6-27 所示。使系统满足幅值裕量大于 10dB，相位裕量大于 45°，现采用串联校正装置

$$G_c(s) = \frac{0.025s + 1}{0.01s + 1}$$

试用 MATLAB 检验是否满足设计要求。

解　首先用下面的 MATLAB 语句得出未校正系统的幅值裕量与相位裕量。

G = tf(100, [0.04, 1, 0]);　　　% 得到系统的传递函数

[Gm, Pm, Wcg, Wcp] = margin(G);% 调用 margin 函数得到系统的幅值裕量和相位裕量。

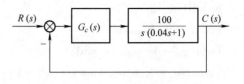

图 6-27　串联校正后系统结构图

显示结果如下：

m = Inf　　Pm = 28.0243　　Wcg = Inf　　Wcp = 46.9701

可见未校正系统有无穷大的幅值裕量，其幅值穿越频率 $\omega_{cp} = 46.9701\,\text{rad/s}$，相位裕量 $\gamma = 28.0243°$，不满足系统性能要求。

通过下面的 MATLAB 语句得出校正前后系统的 Bode 图如图 6-28 所示，校正前后系统的阶跃响应图如图 6-29 所示。其中 ω_1（程序中频率用 W 表示）、γ_1、t_{s1} 分别为校正前系统的幅值穿越频率、相位裕量和调节时间，ω_2、γ_2、t_{s2} 分别为校正后系统的幅值穿越频率、相位裕量、调节时间。

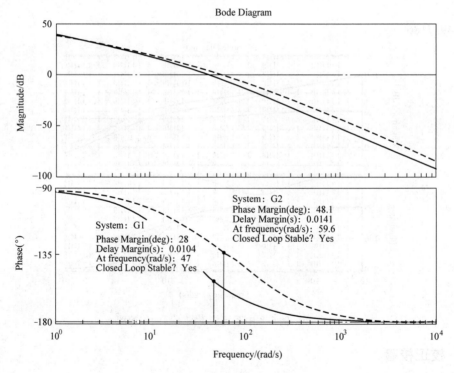

图 6-28　校正前后系统的伯德图

编写的程序 prg6_9 如下：

```
G1 = tf( 100, [0.04,1,0]);
G2 = tf( 100 * [0.025,1], conv([0.04,1,0], [0.01,1]))
bode( G1)
hold
```

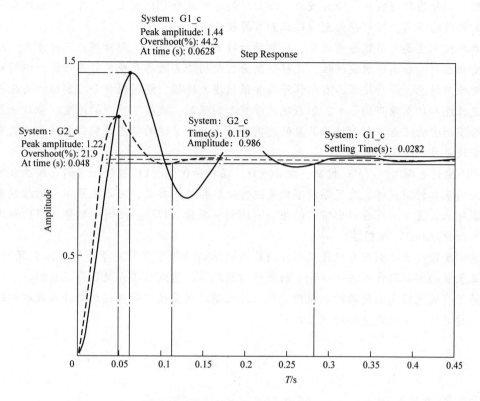

图 6-29　校正前、后系统的阶跃响应

bode(G2 ,' - - ')　　　　　　% 用虚线绘制 G_2 传递函数的 bode 图

figure

G1_c = feedback(G1 ,1)　　　% 构造校正前的单位反馈系统

G2_c = feedback(G2 ,1)　　　% 构造校正后的单位反馈系统

step(G1_c)

hold

step(G2_c , ' - - ')　　　　　% 用虚线绘制 G_2_c 传递函数的单位响应曲线

可以看出，串入校正装置后，系统的相位裕量由28°增加到48.1°，调节时间由 0.28s 减小到0.08s，系统的超调量由原来的 44.2% 降低到了 21.9%，系统的性能有了明显的提高，满足了设计要求。

小　　结

为使控制系统满足性能指标的要求，常需要在系统中引入附加装置，使系统性能全面满足设计要求，这种措施称为系统的校正，所引入的装置叫做校正装置。控制系统的校正就是根据原有系统特性以及对系统性能指标的要求，确定校正装置的结构和参数。常用的校正方法有根轨迹法和频率特性法，本章介绍用频率特性法设计校正装置的基本方法。

根据校正装置在系统中的位置划分为串联校正、局部反馈校正和复合校正。根据校正装置的特性划分为超前校正、滞后校正、滞后－超前校正和 PID 校正。另外，根据校正装置所采用的器件的不同，还可分为无源校正和有源校正。

串联校正主要有串联超前校正、串联滞后校正、串联滞后－超前校正三种方式。超前校正具有相位超前和高通滤波特性，能提供微分控制功能去改善系统的暂态性能，但同时又使系统对噪声敏感。滞后校正具有相位滞后和低通滤波特性，能提供积分控制功能去改善系统的稳态性能和抑制噪声的影响，但系统的带宽受到限制，减缓了响应的速度。滞后－超前校正综合了两者的优点，利用校正装置的超前部分，改善系统的暂态性能，利用校正装置的滞后部分改善系统的稳态性能。

PID 控制是指比例（P）控制、微分（D）控制和积分（I）控制，它们是线性系统应用最广泛的基本控制规律。为了满足不同系统对性能指标的要求，可以采用不同的控制规律组合构成校正装置。工程应用中常用的组合有比例－微分（PD）、比例－积分（PI）和比例－积分－微分（PID）控制器。

局部反馈校正是利用在被校正频段内反馈回路的特性主要取决于反馈校正装置的特点，用校正装置的倒数取代对系统性能有妨碍作用的环节，达到改善系统性能的目的。

为了有效地提高系统的控制精度，可以在反馈控制系统中引入按给定输入或扰动输入作用有关的前馈补偿构成复合控制系统。

习　题

6-1　设开环传递函数为

$$G(s) = \frac{K}{s(s+1)(0.01s+1)}$$

若要求单位斜坡输入 $R(t) = t$ 时产生稳态误差 $e_{ss} \leqslant 0.0625$，校正后相位裕量 $\gamma \geqslant 45°$，截止频率 $\omega_c > 2\text{rad/s}$，试设计校正装置。

6-2　设单位反馈系统的开环传递函数为

$$G(s) = \frac{K}{s(s+1)(0.2s+1)}$$

试设计串联滞后校正装置，使系统满足 $K_v = 8$、相位裕量 $\gamma \geqslant 40°$。

6-3　设单位反馈系统的开环传递函数为

$$G(s) = \frac{K}{s(0.1s+1)(0.01s+1)}$$

试设计一串联校正装置，使得

（1）静态速度误差系数 $K_v \geqslant 256\text{s}^{-1}$。

（2）截止频率 $\omega_c \geqslant 30\text{rad/s}$，相位裕量 $\gamma \geqslant 45°$。

6-4　设单位负反馈系统的开环传递函数为

$$G(s) = \frac{K}{s(0.1s+1)(0.5s+1)}$$

要求已校正系统调节时间小于 1s，超调量小于 25%，速度误差系数 $K_v \geqslant 20$，试判断系统能否满足要求，若不满足，请选择校正方式和校正装置参数。

6-5　某系统的开环对数幅频特性曲线如图 6-30 所示，其中虚线 L_0 表示原系统的特性曲线，实线 L 表示校正后的特性曲线。

（1）确定所用的是何种串联校正，并写出校正装置的传递函数 $G_c(s)$。

（2）确定校正后系统稳定时的开环增益。

（3）当开环增益 $K=1$ 时，求校正后系统的相位裕量 γ、幅值裕量 h。

6-6　已知单位反馈控制系统原开环传递函数 $G_0(s)$ 和串联校正装置 $G_c(s)$ 的对数幅频特性分别如图 6-31 中的 $L_0(\omega)$、$L_c(\omega)$ 所示。

（1）画出校正后各系统的开环对数幅频特性 $L(\omega)$ 并求出开环传递函数。

（2）分析各 $G_c(s)$ 对系统的作用，并比较其优缺点。

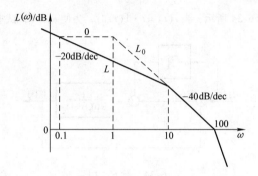

图 6-30　题 6-5 图

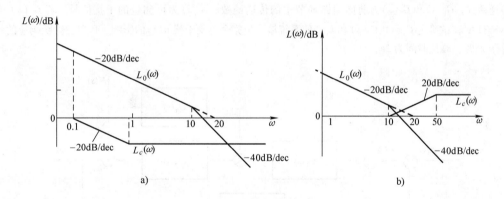

a)　　　　　　　　　　　　b)

图 6-31　题 6-6 图

6-7　某小功率角度随动系统的等效结构如图 6-32 所示。为使系统速度误差系数 $K_v \geqslant 200\mathrm{s}^{-1}$，最大超调量 $\sigma_p\% \leqslant 25\%$，调节时间 $t_s \leqslant 0.5\mathrm{s}$，，试设计局部反馈校正装置 $H(s)$。

6-8　采用局部反馈控制系统的结构如图 6-33 所示，其中

$$G_o(s) = \frac{100}{s(0.25s+1)(0.0625s+1)} \qquad G_c(s) = \frac{0.25s^2}{1.25s+1}$$

试比较校正前后系统的相位裕量。

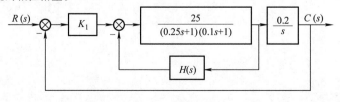

图 6-32　题 6-7 图

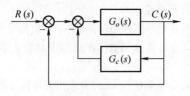

图 6-33　题 6-8 图

6-9　复合控制系统如图 6-34 所示，当 $r(t) = t \cdot 1(t)$ 时，为使 $e_{sr} = 0$，试求 τ 值。

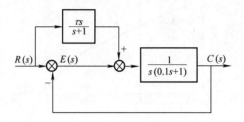

图 6-34　题 6-12 图

6-10　设复合控制系统如图 6-35 示，图中 $G_n(s)$ 为前馈传递函数，$G_c(s) = k'_t s$ 为测速电动机及分压器的传递函数，$G_1(s)$ 和 $G_2(s)$ 为前向通路环节中的传递函数，$N(s)$ 为可测量的干扰信号。若 $G_1(s) = k$、$G_2(s) = 1/s^2$，试确定 $G_n(s)$、$G_c(s)$ 和 k_1，使系统输出量完全不受干扰 $n(t)$ 的影响，且单位阶跃响应的超调量等于 25%，峰值时间为 $2s$。

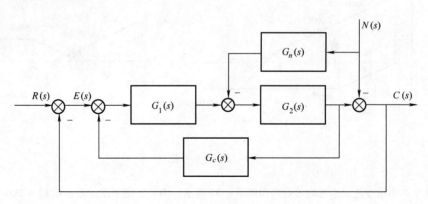

图 6-35　题 6-10 图

第7章　非线性控制系统分析

以上各章讨论了线性定常控制系统的分析和设计问题。实际上，几乎所有的实际系统都存在着不同程度的非线性，只有在一定工作范围内，在某些限制条件下，才可以近似为线性定常系统。当系统的非线性因素较明显且不能用线性化方法来处理时，若仍采用线性系统的分析方法时将产生很大的误差，甚至导致错误的结论。另外，为了提高控制系统的性能，有时需要在系统中引入非线性控制。因而，学习非线性控制系统的分析及设计方法就显得非常重要了。

对于本质非线性问题，需用非线性理论来解决。本章首先介绍非线性系统的特性，然后介绍工程上常用的非线性控制系统的描述函数法和相平面法。

7.1　非线性系统概述

7.1.1　非线性系统的特征

当系统中包含一个或一个以上具有非线性特性的元件或环节时，该系统称为非线性系统。

对于线性系统，描述其运动状态的数学模型是线性微分方程，它的根本标志就在于能使用叠加原理。而非线性系统的数学模型为非线性微分方程，不能使用叠加原理。因此，在非线性系统中将出现以下许多与线性系统不同的特点。

1. 稳定性分析复杂

在线性系统中，系统的稳定性只取决于系统的结构和参数，即只取决于系统特征方程根的分布，和初始条件、外作用没有关系。如果系统中的一个运动，即系统方程在一定外作用和初始条件下的解是稳定的，那么线性系统中可能存在的全部运动都是稳定的。所以，可以说某个线性系统是稳定的，或是不稳定的。

对于非线性系统，不存在系统是否稳定的笼统概念，必须具体讨论某一运动的稳定性问题。非线性系统的稳定性除和系统的结构、参数有关外，还和系统的初始条件有关。

2. 可能出现自激振荡

自激振荡是指没有外界周期变化信号的作用时，系统内产生的具有固定振幅和频率的稳定周期运动，简称自振。非线性系统中的自振不同于线性系统中临界稳定时的等幅振荡状态。线性系统中的临界稳定只发生在结构参数的某种配合下，参数稍有变化，等幅振荡便不复存在。而非线性系统的自振却在一定范围内能够长期存在，不会由于参数的一些变化而消失。而且，当受到扰动作用后，运动仍保持原来的振幅和频率。

必须指出，长时间大幅度的振荡会造成机械磨损，增加控制误差。因此，在通常情况下，不希望系统产生自振，必须设法抑制它。但是，有时又可以利用自振来改善系统的性能，如在控制中通过引入高频小幅度的颤震克服间隙、死区等非线性因素的不良影响。因此，研究自振产生的条件及抑制方法，确定自振的频率和周期，是非线性系统分析的重要内容之一。

3. 频率响应复杂

线性系统的频率响应，即在正弦信号作用下系统的稳态输出是与输入同频率的正弦信号。而非线性系统的频率响应除含有与输入同频率的正弦信号分量（基频分量）外，还含有关于 ω 的高次谐波分量。有些系统当输入信号的频率由小到大和由大到小变化时，其幅频的数值不完全相同，并有突跳式的不连续现象，即所谓的跳跃谐振和多值响应。

非线性系统还有许多奇特的现象，在此不再赘述。

7.1.2　非线性系统的分析与设计方法

非线性系统形式多样，由于难以建立系统模型，以及受数学工具限制，一般情况下无法求得非线性微分方程的解析解。目前还没有一种成熟的方法来分析非线性系统，只能采用工程上适用的近似方法。

1. 相平面法

相平面法是推广应用时域分析法的一种图解分析方法。该方法通过在相平面上绘制相轨迹曲线，确定常微分方程在不同初始条件下解的运动形式。相平面法适用于分析一、二阶线性或非线性系统。

2. 描述函数法

描述函数法是基于频域分析法和非线性特性谐波线性化的一种图解分析法，是一种工程近似方法。该方法对于满足结构要求的一类非线性系统，通过谐波线性化，将非线性特性近似表示为复变增益环节，然后推广应用频率法，分析非线性系统的稳定性或自激振荡。

3. 李亚普诺夫第二法

李亚普诺夫第二法也是一种对线性和非线性系统都适用的方法。它根据非线性系统动态方程的特征，用相关的方法求出李亚普诺夫函数 $V(x)$，然后根据 $V(x)$ 和 $\dot{V}(x)$ 的性质去判别非线性系统的稳定性。

4. 逆系统法

逆系统法运用内环非线性反馈控制，构成伪线性系统，并以此为基础，设计外环控制网络。该方法应用数学工具直接研究非线性控制问题，不必求解非线性系统的运动方程，是非线性系统控制研究的一个发展方向。

7.1.3　常见的非线性特性及其对系统运动的影响

在控制系统中，具有非线性特性的环节有很多种，最常见的有死区特性、饱和特性、间隙特性和继电器特性等环节。下面主要从物理概念的角度出发，介绍这些非线性环节的特性及其对系统运动的影响。

1. 死区特性

死区（不灵敏区）特性一般是由测量元件、放大元件及执行机构的不灵敏区造成的。死区非线性特性如图 7-1 所示。

当输入信号 $|x| < \Delta$ 时，其输出 y 为零值；当输入信号 $|x| > \Delta$ 时，才有输出信号产生，并与输入信号呈线性关系。其数学表达式为

$$y = \begin{cases} 0 & (|x| < \Delta) \\ k(x - \Delta \operatorname{sgn} x) & (|x| > \Delta) \end{cases} \qquad (7\text{-}1)$$

式中，k 为线性段的斜率；Δ 为死区宽度；$\operatorname{sgn} x$ 为符号函数，其值为

$$\operatorname{sgn} x = \begin{cases} +1 & (x > 0) \\ -1 & (x < 0) \end{cases} \qquad (7\text{-}2)$$

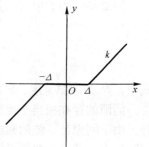

图 7-1　死区非线性特性

死区特性对系统的主要影响有：

1）使系统存在稳态误差。系统受死区的影响，导致输出在时间上的滞后，降低了系统的跟踪精度；另一方面，在系统动态过程的稳态值附近，当系统输入端存在小扰动信号时，死区的作用可减小扰动信号的影响。

2）对系统动态性能影响的利弊由具体系统的结构和参数确定。例如，对某些系统，死区的存在会使系统动态过程超调量较大，甚至导致其产生自激振荡；而对另一些系统，死区的存在会抑制其振荡，降低系统的超调量。

2. 饱和（限幅）特性

放大器及执行机构受电源电压或功率的限制导致了饱和现象。饱和非线性特性如图 7-2 所示。

当输入信号 $|x| < a$ 时，输出信号 y 随输入信号 x 线性变化；当输入信号 $|x| > a$ 时，输出量保持常值。其数学表达式为

$$y = \begin{cases} kx & (|x| < a) \\ ka \operatorname{sgn} x & (|x| > a) \end{cases} \qquad (7\text{-}3)$$

式中，k 为图 7-2 中线段的斜率；a 为线性区宽度。

饱和特性对系统产生的主要影响是使系统的开环增益在饱和区时下降，从而导致系统过渡过程的时间增加和稳态误差变大。但在有些控制系统的设计中，可以通过选择合适线性区增益的饱和电压，使系统在保证较大开环增益的同时获得较小的超调量，从而提高动态性能。例如，在具有转速和电流反馈的双闭环直流调速系统中，将速度调节器和电流调节器有意识地设计成具有饱和非线性特性，来改善系统的动态性能和限制系统的最大电流。

3. 间隙（滞环）特性

在齿轮、蜗轮轴系等传动机构中，由于加工精度及装配误差或磁滞效应，所以总会存在一些间隙。由于间隙的存在，当主动轮改变方向时，需转过两倍的齿隙（$2b$）才可使从动轮反向运行。间隙非线性特性如图 7-3 所示。

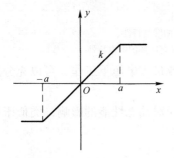

图 7-2　饱和非线性特性

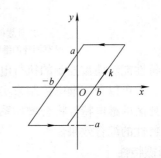

图 7-3　间隙非线性特性

间隙特性为非单值函数，其数学表达式为

$$y = \begin{cases} k(x-b) & (\dot{y}>0) \\ k(x+b) & (\dot{y}<0) \\ asgnx & (\dot{y}=0) \end{cases} \tag{7-4}$$

式中，$2b$ 为齿隙宽度，k 为输出特性斜率。

间隙的存在相当于死区的影响，会使系统的稳态误差增大，降低系统的跟踪精度。另外，由于间隙使系统的输出相位滞后，降低了系统的稳定裕量，控制系统的动态性能变差。间隙过大，甚至会造成系统自振。因此，间隙特性的存在将严重影响系统的性能，必须加以克服。通常，可通过提高齿轮的加工和装配精度以减小间隙；或使用双片齿轮来消除齿隙；还可以通过设计各种校正装置来补偿间隙的影响。

4. 继电特性

继电器、接触器和晶闸管等电气元件的特性通常都表现为继电特性。继电特性有不同的形式，图 7-4a 所示为理想继电特性。对于实际的继电器，当线圈中的电流大到某一定值时，即线圈两端电压达到一定数值后，方能使继电器的衔铁吸合，因而继电特性一般都有死区，如图 7-4b 所示。此外，鉴于继电器的吸合电压一般都大于释放电压，继电器还具有回环的特性，如图 7-4c 所示。而实际的继电器特性既有死区，又有回环，如图 7-4d 所示，其数学表达式为

$$y = \begin{cases} M & (x>mh,\dot{x}<0) \\ M & (x>h) \\ 0 & (-h<x<mh,\dot{x}<0) \\ 0 & (-mh<x<h,\dot{x}>0) \\ -M & (x<-mh,\dot{x}<0) \\ -M & (x<-h) \end{cases} \tag{7-5}$$

式中，h 为继电器吸合电压，mh 为释放电压，M 为饱和输出。

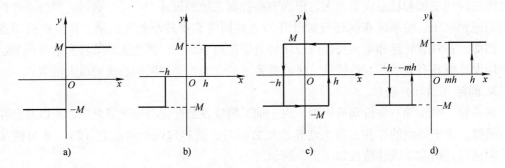

图 7-4　继电器特性
a) 理想继电特性　b) 具有死区的继电特性
c) 具有回环的继电特性　d) 既有死区又有回环的继电特性

继电特性能够使被控制的执行电动机始终在额定或最大电压下工作，可以充分发挥其调节的能力，故可以利用继电控制来实现快速跟踪。

具有死区的继电特性将会增加系统的定位误差，而对动态性能的影响，类似于死区、饱和非线性特性的综合效果。

5. 摩擦特性

摩擦特性是机械传动机构中普遍存在的非线性特性。摩擦力阻挠系统的运动，即表现为

与物体运动方向相反的制动力。

摩擦特性可造成系统低速运动的不平滑性，即当系统的输入轴作低速平稳运转时，输出轴的旋转呈现跳跃式的变化。这种低速爬行现象是由静摩擦到动摩擦的跳变产生的。对于雷达、天文望远镜和火炮等高精度控制系统，这种脉冲式的输出变化产生的低速爬行现象往往导致不能跟踪目标，甚至丢失目标。

7.2　描述函数法

描述函数法是达尼尔（P. J. Daniel）于 1940 年首先提出的，其基本思想是：当系统满足一定的假设条件时，系统中的非线性环节在正弦信号作用下的输出可用一次谐波分量来近似，由此导出非线性环节的近似等效频率特性，即描述函数。它是一种将线性系统的频率法移植到非线性系统中去的工程方法，主要用来分析在无外作用的情况下，非线性系统的稳定性和自振问题。由于这种方法不受系统阶次的限制，一般都能给出比较满意的结果，因而获得了广泛的应用。

7.2.1　描述函数的基本概念

1. 描述函数的定义

含有非线性环节的控制系统经过适当的变换，可简化成一个非线性环节 $N(A)$ 和线性部分 $G(s)$ 串联连接的典型结构形式，如图 7-5 所示。

设非线性环节输入/输出描述为

$$y = f(x)$$

若其输入信号为正弦函数

$$x(t) = A\sin\omega t$$

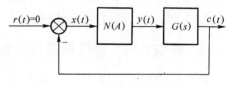

图 7-5　非线性系统的典型结构形式

通常其输出 $y(t)$ 为非正弦的周期信号。将 $y(t)$ 按傅里叶级数展开为

$$
\begin{aligned}
y(t) &= A_0 + \sum_{n=1}^{\infty} \left(A_n\cos n\omega t + B_n\sin n\omega t \right) \\
&= A_0 + \sum_{n=1}^{\infty} Y_n\sin\left(n\omega t + \varphi_n \right)
\end{aligned}
\tag{7-6}
$$

式中

$$A_0 = \frac{1}{2\pi} \int_0^{2\pi} y(t)\,\mathrm{d}\omega t \tag{7-7}$$

$$A_n = \frac{1}{\pi} \int_0^{2\pi} y(t)\cos n\omega t\mathrm{d}\omega t \tag{7-8}$$

$$B_n = \frac{1}{\pi} \int_0^{2\pi} y(t)\sin n\omega t\mathrm{d}\omega t \tag{7-9}$$

$$Y_n = \sqrt{A_n^2 + B_n^2} \tag{7-10}$$

$$\varphi_n = \arctan\frac{A_n}{B_n} \tag{7-11}$$

式中，A_0为直流分量；$Y_n\sin(n\omega t + \varphi_n)$为第$n$次谐波分量。

如果非线性元件的静特性具有中心对称性质，那么$y(t)$为奇函数，输出信号的恒定分量$A_0 = 0$；如果系统的线性部分具有良好的低通特性，对高次谐波分量起滤波作用，则可近似认为非线性环节的正弦响应只有一次谐波分量，即基波分量。有

$$y(t) \approx A_1\cos\omega t + B_1\sin\omega t = Y_1\sin(\omega t + \varphi_1) \tag{7-12}$$

式（7-12）表明，非线性环节可近似认为具有和线性环节相类似的频率响应形式。为此，定义正弦输入信号作用下，非线性环节输出量的基波分量和输入信号的复数比为非线性环节的描述函数，用$N(A)$表示

$$N(A) = |N(A)|e^{j\angle N(A)} = \frac{Y_1}{A}e^{j\varphi_1} = \frac{B_1 + jA_1}{A} \tag{7-13}$$

式中，$N(A)$为非线性环节的描述函数；Y_1为非线性元件输出基波分量的振幅；A为输入正弦信号的振幅；φ_1为输出基波分量和输入正弦信号的相位差。

当非线性环节呈单值函数特性时，可以证明$A_1 = 0$，此时描述函数是一个实函数。

这种仅取输出的基波而忽略高次谐波的方法称为谐波线性化法。

2. 描述函数的求取步骤

求取非线性环节描述函数的一般步骤和方法如下：

1）取输入信号为$x(t) = A\sin\omega t$，根据非线性环节的静态特性绘制出输出非正弦周期信号的波形，根据波形写出输出$y(t)$在一周期内的数学表达式。

2）据非线性环节的静态特性及输出$y(t)$的数学表达式，求相关系数A_1和B_1。

3）用式（7-13）计算描述函数。

7.2.2　典型非线性特性的描述函数

典型非线性特性具有分段线性特点，描述函数的计算重点在于确定正弦响应曲线和积分区间，一般采用图解方法。

1. 饱和特性

1）将正弦输入信号$x(t)$、非线性特性$y(x)$和输出信号$y(t)$的坐标按图7-6所示的方式和位置旋转，饱和特性及其正弦响应如图7-6所示。其数学表达式为

$$y(t) = \begin{cases} kA\sin\omega t & (0 \leq \omega t < \psi) \\ ka & (\psi \leq \omega t \leq \frac{\pi}{2}) \end{cases}$$

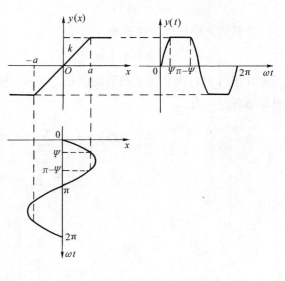

图7-6　饱和特性及其正弦响应

式中，$\psi = \arcsin\dfrac{a}{A}$。

考虑到$y(t)$波形的对称性，上式只列出$0 \sim \dfrac{\pi}{2}$区间的关系式。

2）求相关系数A_1和B_1。由于$y(t)$为奇函数，所以$A_1 = 0$。

$$B_1 = \frac{1}{\pi}\int_0^{2\pi} y(t)\sin\omega t \mathrm{d}\omega t = \frac{4}{\pi}\int_0^{\frac{\pi}{2}} y(t)\sin\omega t \mathrm{d}\omega t$$

$$= \frac{4}{\pi} \left[\int_0^\psi kA\sin^2\omega t \mathrm{d}\omega t + \int_\psi^{\frac{\pi}{2}} ka\sin\omega t \mathrm{d}\omega t \right]$$

$$= \frac{4kA}{\pi} \left(\frac{\psi}{2} - \frac{1}{4}\sin2\psi + \frac{a}{A}\cos\psi \right)$$

$$= \frac{2kA}{\pi} \left[\arcsin\frac{a}{A} + \frac{a}{A}\sqrt{1 - \left(\frac{a}{A}\right)^2} \right]$$

3）饱和特性的描述函数为

$$N(A) = \frac{B_1}{A} = \frac{2k}{\pi} \left[\arcsin\frac{a}{A} + \frac{a}{A}\sqrt{1 - \left(\frac{a}{A}\right)^2} \right] \qquad (A \geqslant a) \qquad (7\text{-}14)$$

式（7-14）表明，饱和特性的描述函数是一个只与输入信号振幅有关的实函数。

2. 死区与滞环继电特性

1）死区与滞环继电特性及其正弦响应如图 7-7 所示，输出 $y(t)$ 的数学表达式为

$$y(t) = \begin{cases} 0 & (0 < \omega t < \psi_1) \\ M & (\psi_1 < \omega t < \psi_2) \\ 0 & (\psi_2 < \omega t < \pi) \end{cases}$$

式中

$$\psi_1 = \arcsin\frac{h}{A} \qquad (7\text{-}15)$$

$$\psi_2 = \pi - \arcsin\frac{mh}{A} \qquad (7\text{-}16)$$

2）相关系数 A_1、B_1。由图 7-7 可见，$y(t)$ 为奇对称函数，而非奇函数，故

$$A_1 = \frac{1}{\pi}\int_0^{2\pi} y(t)\cos\omega t \mathrm{d}\omega t = \frac{2}{\pi}\int_{\psi_1}^{\psi_2} M\cos\omega t \mathrm{d}\omega t$$

$$= \frac{2M}{\pi}(\sin\psi_2 - \sin\psi_1) = \frac{2Mh}{\pi A}(m-1)$$

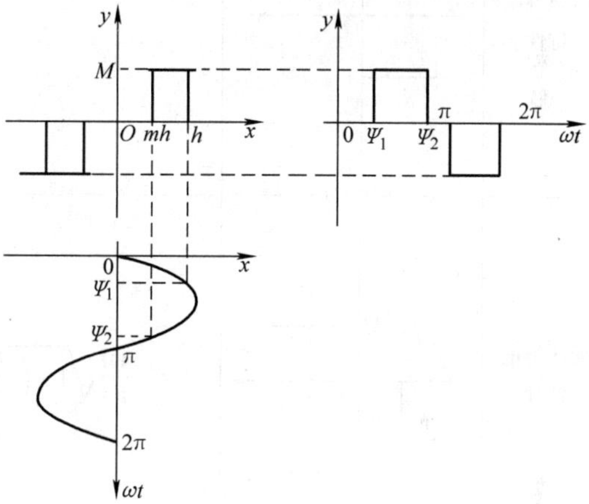

图 7-7　死区与滞环继电特性及其正弦响应

$$B_1 = \frac{2}{\pi}\int_0^\pi y(t)\sin\omega t \mathrm{d}\omega t = \frac{2}{\pi}\int_{\psi_1}^{\psi_2} M\sin\omega t \mathrm{d}\omega t$$

$$= \frac{2M}{\pi}(\cos\psi_1 - \cos\psi_2)$$

$$= \frac{2M}{\pi}\left[\sqrt{1 - \left(\frac{mh}{A}\right)^2} + \sqrt{1 - \left(\frac{h}{A}\right)^2} \right]$$

3）死区滞环继电特性的描述函数为

$$N(A) = \frac{2M}{\pi A}\left[\sqrt{1 - \left(\frac{mh}{A}\right)^2} + \sqrt{1 - \left(\frac{h}{A}\right)^2} \right] + \mathrm{j}\frac{2Mh}{\pi A^2}(m-1) \qquad (A \geqslant h) \qquad (7\text{-}17)$$

取 $h=0$ 可得理想继电特性的描述函数为

$$N(A) = \frac{4M}{\pi A} \qquad (7\text{-}18)$$

取 $m=1$ 可得死区继电特性的描述函数为

$$N(A) = \frac{4M}{\pi A}\sqrt{1 - \left(\frac{h}{A}\right)^2} \qquad (A \geqslant h) \qquad (7\text{-}19)$$

取 $m = -1$ 可得滞环继电特性的描述函数为

$$N(A) = \frac{4M}{\pi A}\sqrt{1 - \left(\frac{h}{A}\right)^2} - j\frac{4Mh}{\pi A^2} \qquad (A \geq h) \qquad (7\text{-}20)$$

实际上，当用描述函数法分析非线性系统时，经常使用的是非线性环节在复平面上的负倒描述函数特性 $-\dfrac{1}{N(A)}$ 的曲线。表 7-1 列出一些典型非线性特性和它们的描述函数及其负倒描述函数曲线，以供查用。

表 7-1　典型非线性特性的描述函数

非线性类型	静特性	描 述 函 数 $N(A)$	负倒描述函数图
理想继电特性		$\dfrac{4M}{\pi A}$	
死区继电特性		$\dfrac{4M}{\pi A}\sqrt{1 - \left(\dfrac{h}{A}\right)^2} \quad (A \geq h)$	
滞环继电特性		$\dfrac{4M}{\pi A}\sqrt{1 - \left(\dfrac{h}{A}\right)^2} - j\dfrac{4Mh}{\pi A^2} \quad (A \geq h)$	
死区滞环继电特性		$\dfrac{2M}{\pi A}\left[\sqrt{1 - \left(\dfrac{mh}{A}\right)^2} + \sqrt{1 - \left(\dfrac{h}{A}\right)^2}\right]$ $+ j\dfrac{2Mh}{\pi A^2}(m-1) \quad (A \geq h)$	

（续）

非线性类型	静特性	描述函数 $N(A)$	负倒描述函数图
饱和特性		$\dfrac{2k}{\pi}\left[\arcsin\dfrac{a}{A}+\dfrac{a}{A}\sqrt{1-\left(\dfrac{a}{A}\right)^2}\right]$ $(A\geqslant a)$	
死区特性		$\dfrac{2k}{\pi}\left[\dfrac{\pi}{2}-\arcsin\dfrac{\Delta}{A}\right.$ $\left.-\dfrac{\Delta}{A}\sqrt{1-\left(\dfrac{\Delta}{A}\right)^2}\right]$ $(A\geqslant a)$	
间隙（滞环）特性		$\dfrac{k}{\pi}\left[\dfrac{\pi}{2}+\arcsin\left(1-\dfrac{2b}{A}\right)\right.$ $+2\left(1-\dfrac{2b}{A}\right)\sqrt{\dfrac{b}{A}\left(1-\dfrac{b}{A}\right)}$ $\left.+\mathrm{j}\dfrac{4kb}{\pi A}\left(\dfrac{b}{A}-1\right)\right]$ $(A\geqslant b)$	
分段非线性特性		$K_2+\dfrac{2(K_1-K_2)}{\pi}\left(\arcsin\dfrac{a}{A}+\right.$ $\left.\dfrac{a}{A}\sqrt{1-\left(\dfrac{a}{A}\right)^2}\right)$ $(A\geqslant a)$	

7.2.3 非线性系统的简化

描述函数法分析非线性系统是建立在图 7-5 所示的典型结构基础上的。当系统由多个非线性环节和多个线性环节组合而成时，需要通过等效变换，将系统规划成一个非线性部分和一个线性部分串联的典型结构形式。

1. 非线性特性的并联

图 7-8 所示的两个并联非线性特性，可先将两个非线性特性叠加得到等效非线性特性，再求其描述函数，也可以对两个非线性特性分别求描述函数，然后相加求得总的描述函数。即

$$N(A)=N_1(A)+N_2(A) \tag{7-21}$$

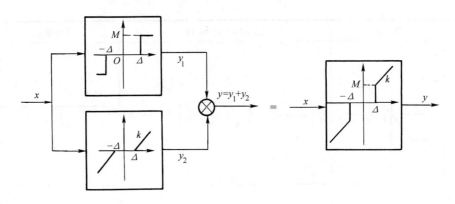

图 7-8　非线性特性并联时的等效非线性特性

2. 非线性特性的串联

当两个非线性环节串联时，可以根据两个串联非线性环节的输入输出特性，求出总的等效非线性，再求等效非线性的描述函数 $N(A)$。需要注意的是，串联非线性特性总的描述函数不等于两个非线性特性描述函数的乘积，而且，当两个非线性环节串联的前后次序不同时，等效的非线性特性不相同，总的描述函数也不同。

图 7-9 所示为一个死区非线性环节与一个饱和非线性环节相串联，其等效的非线性环节为一个既有死区又有饱和的非线性特性，总的描述函数为

$$N(A) = \frac{2k}{\pi} \left(\arcsin \frac{a}{A} - \arcsin \frac{\Delta}{A} + \frac{a}{A} - \frac{\Delta}{A} \sqrt{1 - \left(\frac{\Delta}{A}\right)^2} \right) \qquad (A \geqslant a) \qquad (7\text{-}22)$$

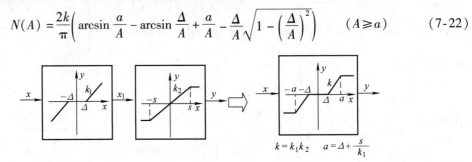

图 7-9　死区特性和死区饱和特性串联

多个非线性特性串联，可按上述两个非线性环节串联简化方法，依次由前向后顺序逐一加以简化。

3. 线性部分的等效变换

对于非线性系统中有多个线性环节时，需要在非线性环节的输入输出关系不变的原则下，按线性系统结构图等效变换原则简化线性部分。

如图 7-10 所示的两种系统中，可根据不同的情况将线性环节部分进行等效变换。

7.2.4　用描述函数法分析非线性系统的稳定性

非线性系统的稳定性不仅取决于系统的参数，也取决于信号的幅值。本节借助描述函数，对判定非线性系统的稳定性做粗略的探讨。

如果非线性控制系统满足非线性系统描述函数法分析的条件，则可以对非线性元件进行

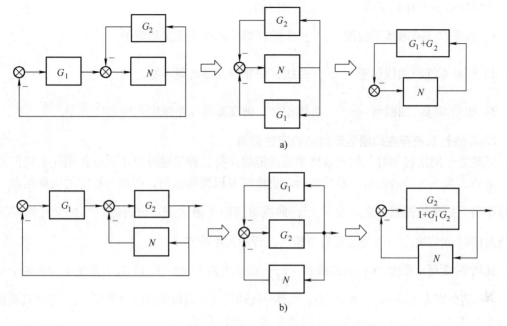

a)

b)

图 7-10 线性部分的等效变换

谐波线性化，得到它的描述函数 $N(A)$，从而利用线性系统的频率响应法，分析非线性系统是否稳定，是否产生自持振荡。非线性系统可表示为图 7-11 所示的形式。

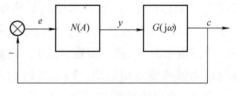

图 7-11 非线性系统

由于描述函数 $N(A)$ 描述的是非线性元件在正弦信号作用下的基本特性，它揭示的是非线性系统的周期运动。因此，只能应用描述函数分析非线性系统的渐近稳定性和自持振荡等问题，不能应用 $N(A)$ 分析非线性系统其他形式的时间响应。

1. 非线性系统的稳定判据

当非线性特性采用描述函数 $N(A)$ 近似等效时，图 7-11 所示系统的闭环特征方程为

$$1 + N(A)G(j\omega) = 0$$

即

$$G(j\omega) = -\frac{1}{N(A)} \tag{7-23}$$

式中，$-\dfrac{1}{N(A)}$ 称为非线性环节的负倒描述函数。

如果 $N(A) = 1$，则系统就是线性的，此时的 $G(j\omega)$ 就是系统的开环频率特性，根据奈氏稳定判据，如果开环稳定，则当 $G(j\omega)$ 曲线不包围、包围、穿越临界点 $(-1, j0)$ 时，对应的系统就是稳定、不稳定、等幅振荡（周期运动）的。现在用 $-\dfrac{1}{N(A)}$ 代替了 -1，那么可以利用同样的概念，由 $G(j\omega)$ 曲线与临界点的关系对非线性系统进行稳定性分析。不过，这里相当于临界点的是整个 $-\dfrac{1}{N(A)}$ 曲线。由此可得非线性系统的稳定判据如下：

若线性部分开环频率特性 $G(j\omega)$ 是稳定的，则

1）如果 $G(j\omega)$ 曲线不包围 $-\dfrac{1}{N(A)}$ 曲线，则非线性系统是稳定的。

2）如果 $G(j\omega)$ 曲线包围 $-\dfrac{1}{N(A)}$ 曲线，则非线性系统是不稳定的。

3）如果 $G(j\omega)$ 曲线与 $-\dfrac{1}{N(A)}$ 曲线相交，则在非线性系统中产生周期运动。

2. 非线性系统存在周期运动时的稳定性分析

系统处于周期运动时，如果该周期运动能够维持，即考虑外界小扰动作用使系统偏离该周期运动，当该扰动消失后，系统的运动仍能恢复原周期运动，则称为稳定的周期运动，即自持振荡。振荡的振幅由交点处 $-\dfrac{1}{N(A)}$ 曲线对应的 A 值决定，振荡的频率由交点处 $G(j\omega)$ 曲线对应的 ω 值决定，该交点称为自振点，否则为不稳定工作点。

如图 7-12 所示系统，$G(j\omega)$ 曲线和 $-\dfrac{1}{N(A)}$ 曲线有两个交点 N_{10} 和 N_{20}，系统中存在两个周期运动，幅值分别为 A_{10} 和 A_{20}。在 N_{20} 点，当外界扰动使系统偏离周期运动至 N_2 点，即使其幅值由 A_{20} 减小为 A_2 时，由于 N_2 点被 $G(j\omega)$ 曲线包围，所以系统不稳定，振幅将增大，最终回到 N_{20} 点；当外界扰动使系统偏离周期运动至 N_3 点，即使其幅值由 A_{20} 增大为 A_3，由于 $G(j\omega)$ 曲线不包围 N_3 点，所以系统稳定，振幅将衰减，最终也回到 N_{20} 点。而在 N_{10} 点，只要有外界扰动使系统运动偏离该周期运动，则系统运动或收敛至零，或趋向于 N_{20} 点对应的周期运动。因此，N_{10} 点为不稳定工作点，N_{20} 点为自振点。

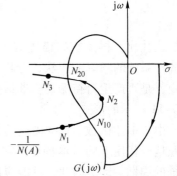

综合上述分析过程，可将在复平面上被 $G(j\omega)$ 曲线包围的区域视为不稳定区域，将 $G(j\omega)$ 曲线不包围的区   图 7-12   存在周期运动的非线性系统
域视为稳定区域，则有周期运动稳定性判据：

在 $G(j\omega)$ 曲线和 $-\dfrac{1}{N(A)}$ 曲线的交点处，若 $-\dfrac{1}{N(A)}$ 曲线沿着振幅 A 增加的方向由不稳定区域进入稳定区域时，该交点为自振点。反之，若 $-\dfrac{1}{N(A)}$ 曲线沿着振幅 A 增加的方向在交点处由稳定区域进入不稳定区域时，该交点为不稳定工作点。

最后还需指出，应用描述函数法分析非线性系统运动的稳定性，都是建立在只考虑基波分量的基础之上的。实际上，系统中仍有一定量的高次谐波分量流通，系统自持振荡波形并非纯正弦波。因此，分析结果的准确性还取决于 $G(j\omega)$ 曲线和 $-\dfrac{1}{N(A)}$ 曲线在交点处的相对运动。若交点处的两条曲线几乎垂直相交，且非线性环节输出的高次谐波分量被线性部分充分衰减，则分析结果是准确的。若两曲线在交点处几乎相切，则在一些情况下（取决于高次谐波的衰减程度）不存在自持振荡。

例 7-1　设具有饱和非线性特性的控制系统如图 7-13 所示，其中饱和非线性的参数 $k = 2$，$a = 1$，试分析：

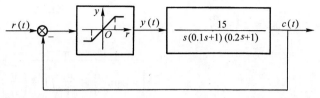

（1）非线性系统的稳定性。

（2）若系统有自振，计算自振频率和振幅。

图 7-13　例 7-1 系统结构图

解　非线性部分：

饱和非线性描述函数为

$$N(A) = \frac{2k}{\pi}\left(\arcsin\frac{a}{A} + \frac{a}{A}\sqrt{1 - \left(\frac{a}{A}\right)^2}\right) \quad (A \geqslant a)$$

$$-\frac{1}{N(A)} = \frac{-\pi}{2k\left[\arcsin\dfrac{a}{A} + \dfrac{a}{A}\sqrt{1 - \left(\dfrac{a}{A}\right)^2}\right]}$$

根据上式可以在复平面上绘制出 $-\dfrac{1}{N(A)}$ 曲线。

当 $A = a = 1$ 时　　　　　$-\dfrac{1}{N(A)} = -\dfrac{1}{k} = -0.5$

当 $A \to \infty$ 时　　　　　$-\dfrac{1}{N(A)} = -\infty$

因此，饱和特性的 $-\dfrac{1}{N(A)}$ 曲线为一段起始于 $(-0.5, j0)$ 点，终止于 $(-\infty, j0)$ 点的直线，如图 7-14 所示。$-\dfrac{1}{N(A)}$ 曲线上的箭头表示随着 A 的增大 $-\dfrac{1}{N(A)}$ 变化的方向。

线性部分：

线性部分的幅频特性和相频特性为

$$A(\omega) = \frac{15}{\omega\sqrt{(0.1\omega)^2 + 1}\sqrt{(0.2\omega)^2 + 1}}$$

$$\varphi(\omega) = -90° - \arctan 0.1\omega - \arctan 0.2\omega$$

$G(j\omega)$ 曲线穿越负实轴，计算穿越点，令 $\varphi(\omega) = -180°$，解得 $G(j\omega)$ 曲线与负实轴的交点频率与幅值分别为 $\omega = \sqrt{50} = 7.07$ 和 $A(\omega)|_{\omega = 7.07} = 1$，则 $G(j\omega)$ 与 $-\dfrac{1}{N(A)}$ 曲线在 $(-1, j0)$ 点相交，如图 7-14 所示。

由图 7-14 可见，$G(j\omega)$ 曲线与 $-\dfrac{1}{N(A)}$ 曲线存在交点 $(-1, j0)$。在该交点处，$-\dfrac{1}{N(A)}$ 曲线沿着振幅 A 增加的方向由不稳定区域进入稳定区域，故该交点为自振点。振荡频率

$$\omega = 7.07$$

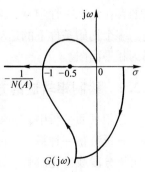

图 7-14　例 7-1 系统 $G(j\omega)$ 曲线与 $-\dfrac{1}{N(A)}$ 曲线

由 $-\dfrac{1}{N(A)} = -1$，得

$$\frac{-\pi}{2k\left[\arcsin\dfrac{a}{A} + \dfrac{a}{A}\sqrt{1 - \left(\dfrac{a}{A}\right)^2}\right]} = -1$$

可解得自振荡振幅

$$A = 2.5$$

7.3　相平面法

相平面法由庞加莱（Poincare）于 1885 年首先提出。该方法通过图解法将一阶和二阶系统的运动过程转化为位置和速度平面上的相轨迹，从而比较直观、准确地反映系统的稳定性、平衡状态、稳态精度以及初始条件和参数对系统运动的影响。相轨迹的绘制方法步骤简单、计算量小，特别适用于分析常见的非线性特性和一阶、二阶线性环节组合而成的非线性系统。

7.3.1　相平面的基本概念

一个线性控制系统可以用 n 阶线性微分方程来描述，也可以用 n 个线性无关的一阶微分方程组（状态方程）来描述。对于 n 个线性无关的状态变量，可以用 n 维状态空间中的点表示。用 n 维状态空间中的点来描述系统运动状态的方法，称为状态空间分析法，或称为相空间分析法。这种研究方法属于现代控制理论的一个分支。

设二阶系统由微分方程

$$\ddot{x} = f(x, \dot{x}) \tag{7-24}$$

来描述，其中 $f(x, \dot{x})$ 是 $x(t)$ 和 $\dot{x}(t)$ 的线性或非线性函数。$x(t)$ 和 $\dot{x}(t)$ 就是式（7-24）所示系统的两个相变量（状态变量）。以 $x(t)$ 为横坐标、$\dot{x}(t)$ 为纵坐标构成的直角坐标平面称为相平面。

相变量从初始时刻 t_0 对应的状态点 $(x_0, \dot{x}_0)$ 起，随着时间 t 的推移，在相平面上运动形成的曲线称为相轨迹。在相轨迹上用箭头符号表示参变量时间 t 的增加方向。根据微分方程解的存在与唯一性定理，对于任一给定的初始条件，相平面上有且只有一条相轨迹与之对应。多个初始条件下的运动对应多条相轨迹，形成相轨迹族，而由一族相轨迹所组成的图形称为相平面图。

7.3.2　绘制相轨迹的方法

在相平面分析中，相轨迹可以通过解析法、图解法和实验法绘制。

解析法是一种最基本的方法，当描述系统的微分方程比较简单，或者系统中的非线性特性可以分段线性化时就可以用解析法绘制相平面图。

当已知系统的微分方程用解析法求解比较困难甚至不可能时，可以采用图解法求解。图解法同时适用于非线性或线性方程，可以不求解微分方程直接绘出相轨迹图。多数二阶非线性系统的微分方程不能用解析法求解。因此，在非线性系统的相平面分析中，图解法就显得

很重要了。图解法绘制相平面图的方法有很多种，目前比较常用的图解法有等倾线法和δ法。

实验法是利用模拟计算机绘制相轨迹，即用模拟计算机模拟所研究的系统，根据示波器的显示或 X- Y 记录仪绘制出系统的相轨迹。随着计算机仿真技术的发展，越来越多的人利用数字计算机绘制相轨迹。

下面简单介绍由解析法和等倾线法绘制相轨迹的方法。

1. 解析法

采用解析法绘制相轨迹通常有两种做法。一种方法是通过积分法，直接由微分方程求解 $x(t)$ 和 $\dot{x}(t)$ 的解析关系式。

因为

$$\ddot{x} = \frac{\mathrm{d}\dot{x}}{\mathrm{d}t} = \frac{\mathrm{d}\dot{x}}{\mathrm{d}x} \cdot \frac{\mathrm{d}x}{\mathrm{d}t} = \dot{x}\frac{\mathrm{d}\dot{x}}{\mathrm{d}x}$$

由式（7-24）得

$$\dot{x}\frac{\mathrm{d}\dot{x}}{\mathrm{d}x} = f(x, \dot{x}) \tag{7-25}$$

若式（7-25）可以分解为

$$g(\dot{x})\mathrm{d}\dot{x} = h(x)\mathrm{d}x$$

两端同时求定积分

$$\int_{\dot{x}_0}^{\dot{x}} g(\dot{x})\mathrm{d}\dot{x} = \int_{x_0}^{x} h(x)\mathrm{d}x \tag{7-26}$$

则可解得以 $(x_0, \dot{x}_0)$ 为初始条件的 $\dot{x}$ 和 x 的解析关系式，即相轨迹方程。

例 7-2　已知弹簧-质量运动系统的自由运动微分方程为 $\ddot{x}(t) + x(t) = 0$，当初始条件为 $x(0) = 2$、$\dot{x}(0) = 0$ 时，绘制系统的相轨迹。

解　对已知微分方程进行变换，得

$$\ddot{x}(t) = -x(t)$$

即

$$\dot{x}\frac{\mathrm{d}\dot{x}}{\mathrm{d}x} = -x$$

$$\int_{\dot{x}_0}^{\dot{x}} \dot{x}\mathrm{d}\dot{x} = -\int_{x_0}^{x} x\mathrm{d}x$$

积分整理得相轨迹方程

$$\dot{x}^2 + x^2 = x_0^2 + \dot{x}_0^2 \tag{7-27}$$

因此，该系统在起点为（2,0）条件下的相轨迹是半径为 2、圆心在原点的圆，如图 7-15所示。显然，初始条件不同，相轨迹也不同，根据不同初始条件可以绘出不同半径的相平面图。

另一种方法是根据输入和初始状态，直接求解方程式（7-24），得到 $\dot{x}$ 和 x 与自变量 t 的函数关系。再通过代入消元的方法消除时间变量 t，得到 $\dot{x}$ 和 x 的关系式，即相轨迹方程。或者视 t 为参变量，给定一组 t 值，算出对应 $\dot{x}$ 和 x 的值，画出相轨迹曲线。

例如，对于例 7-2 系统，按直接求解的方法可解出 $\dot{x}$ 和 x 与自变量 t 的函数关系式

$$\begin{cases} \dot{x}(t) = 2\cos(t + \varphi) \\ x(t) = -2\sin(t + \varphi) \end{cases}$$

消除时间变量 t，同样可得到式（7-27）所示 $\dot{x}$ 和 x 的关系式。

2. 等倾线法

由式（7-24）可得方程

$$\frac{\mathrm{d}\dot{x}}{\mathrm{d}x} = \frac{f(x,\dot{x})}{\dot{x}} \qquad (7-28)$$

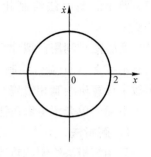

式中，$\dfrac{\mathrm{d}\dot{x}}{\mathrm{d}x}$ 为相轨迹的斜率，因此式（7-28）称为斜率方程。若

取斜率为某一常数 α，则式（7-28）可改写为

图 7-15 例 7-2 系统相轨迹

$$\dot{x} = \frac{f(x,\dot{x})}{\alpha} \qquad (7-29)$$

式（7-29）称为等倾线方程。由式（7-29）可在相平面上做一条曲线，称为等倾线，当相轨迹经过该曲线上的任一点时，其切线的斜率都相等，均为 α。给定不同的 α，可在相平面上绘制出若干条等倾线，在等倾线上各点处作斜率为 α 的短直线。由给定的初始点 $(x_0,\dot{x}_0)$，便可沿各条等倾线所决定的相轨迹的切线方向依次画出系统的相轨迹。

例 7-3 已知系统的微分方程为 $\ddot{x} + \dot{x} + x = 0$，当初始条件为 $x(0) = 0$、$\dot{x}(0) = 4$ 时，绘制系统的相轨迹。

解 系统方程可改写为

$$\dot{x}\frac{\mathrm{d}\dot{x}}{\mathrm{d}x} + \dot{x} + x = 0$$

令 $\dfrac{\mathrm{d}\dot{x}}{\mathrm{d}x} = \alpha$，可得相轨迹的等倾线方程

$$\dot{x} = \frac{-x}{\alpha + 1}$$

在相平面上，它是一条通过原点且斜率等于 $\dfrac{-1}{\alpha+1}$ 的直线，其中 α 是通过等倾线时的相

轨迹斜率。取 α 为不同的值，有

$\alpha = 0$，$\dot{x} = -x$

$\alpha = 1$，$\dot{x} = -0.5x$

$\alpha = 2$，$\dot{x} = -0.333x$

……

$\alpha = -1$，$x = 0$，即 $\dot{x}$ 轴

$\alpha = \infty$，$\dot{x} = 0$，即 x 轴

图 7-16 做出了 α 取不同值时的等倾线，以及等倾线上表示斜率为 α 的许多短直线。由给定的初始条件 $x(0) = 0$，$\dot{x}(0) = 4$，即起始点为 $A(0,4)$，从 A 点出发顺着切线方向将各短直线光滑地连接起来，就得到了一条从 A 点出发的相轨迹，如图 7-16 所示。

应当指出，对于某些非线性微分方程，在相平面的一定区域内相轨迹的斜率变化较大，用等倾线法作图的准确度可能较差。一般来说，作图的准确度取决于采用的等倾线数量，等倾线分布越密，作图的准确度越高。为了保证具有适当的作图精度，可以每隔 $5° \sim 10°$ 画一条等倾线。

使用等倾线法绘制相轨迹时还应注意以下几点：

1）坐标轴 x 和 $\dot{x}$ 应选用相同的比例尺，以便于根据等倾线斜率准确绘制等倾线上一点的相轨迹切线。

2）在相平面的上半平面，由于 $\dot{x} > 0$，则 x 随 t 增大而增加，相轨迹的走向应由左向右；在相平面的下半平面 $\dot{x} < 0$，x 随 t 增大而减小，相轨迹的走向应由右向左。

3）除系统的平衡点外，相轨迹与 x 轴相交点处的切线斜率 $\alpha = \dfrac{f(x,\dot{x})}{\dot{x}}$ 应为 $+\infty$ 或 $-\infty$，即相轨迹与 x 轴垂直相交。

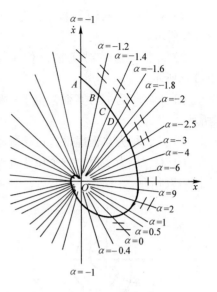

图 7-16　例 7-3 系统的相轨迹

7.3.3　奇点和极限环

1. 奇点

对于二阶系统

$$\ddot{x} = f(x,\dot{x})$$

其相轨迹上每一点切线的斜率为

$$\frac{\mathrm{d}\dot{x}}{\mathrm{d}x} = \frac{f(x,\dot{x})}{\dot{x}}$$

若相平面上的某点满足

$$\begin{cases} f(x,\dot{x}) = 0 \\ \dot{x} = 0 \end{cases} \tag{7-30}$$

即有 $\dfrac{\mathrm{d}\dot{x}}{\mathrm{d}x} = \dfrac{0}{0}$ 的不定形式，则称该点为相平面的奇点。

相轨迹在奇点处的切线斜率不定，表明系统在奇点处可以按任意方向趋近或离开奇点。因此，在奇点处，多条相轨迹相交。而在相轨迹的非奇点（称为普通点）处，不同时满足 $f(x,\dot{x}) = 0$ 和 $\dot{x} = 0$，相轨迹的切线斜率是一个确定的值，故经过普通点的相轨迹只有一条。

由奇点定义知，奇点一定位于相平面的横轴上。在奇点处，$\dot{x} = 0$，$\ddot{x} = f(x,\dot{x}) = 0$，系统运动的速度和加速度同时为零。对于二阶系统来说，系统不再发生运动，处于平衡状态，故相平面的奇点也称为平衡点。

对于线性二阶系统

$$\ddot{x} + 2\zeta\omega_n\dot{x} + \omega_n^2 x = 0$$

即

$$\frac{\mathrm{d}\dot{x}}{\mathrm{d}x} = -\frac{2\zeta\omega_n\dot{x} + \omega_n^2 x}{\dot{x}}$$

其唯一的奇点为 $x = 0$，$\dot{x} = 0$。根据特征方程根的不同形式，相平面图将以不同的形式趋向奇点，或由奇点向外发散出去。设 s_1、s_2 为二阶系统特征方程的两个根，按照特征根在 s 平面上的位置，可以把奇点分成以下 6 种类型：

1）s_1、s_2 为共轭复数根，位于 s 平面的左半部，奇点为稳定焦点，其相轨迹如图 7-17a 所示。

2）s_1、s_2为共轭复数根，位于s平面的右半部，奇点为不稳定焦点，其相轨迹如图7-17b所示。

3）s_1、s_2为一对实根，位于s平面的左半部，奇点为稳定节点，其相轨迹如图7-17c所示。

4）s_1、s_2为一对实根，位于s平面的右半部，奇点为不稳定节点，其相轨迹如图7-17d所示。

5）s_1、s_2为共轭虚根，位于虚轴上，奇点为中心点，其相轨迹如图7-17e所示。

6）s_1、s_2为实根，一个位于左半平面，一个位于右半平面，奇点为鞍点，其相轨迹如图7-17f所示。

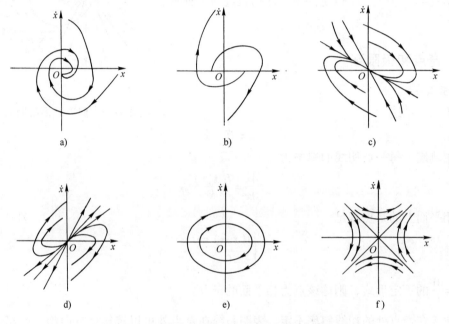

图7-17　不同形式的特征方程根相应的相轨迹图

线性系统只有一个奇点，它的类型决定了系统的性能。但对于非线性系统，可能存在多个平衡状态，因此可以有多个奇点，确定出各奇点的位置以后，可以通过奇点处的线性化方程，基于线性系统特征根的分布，确定奇点的类型，进而确定平衡点附近相轨迹的运动形式。

例 7-4　求下列方程所描述非线性系统的相平面图：

$$\ddot{x} + 0.5\dot{x} + 2x + x^2 = 0$$

并讨论系统的奇点及奇点的类型。

解　令$\ddot{x} = 0$和$\dot{x} = 0$，可求得系统的两个奇点

$$\begin{cases} x_1 = 0 \\ \dot{x}_1 = 0 \end{cases} \qquad \begin{cases} x_2 = -2 \\ \dot{x}_2 = 0 \end{cases}$$

将非线性系统的微分方程在奇点附近线性化。

在奇点(0,0)处：

$$\frac{\partial f(x,\dot{x})}{\partial x}\bigg|_{\substack{x=0 \\ \dot{x}=0}} = -2\frac{\partial f(x,\dot{x})}{\partial \dot{x}}\bigg|_{\substack{x=0 \\ \dot{x}=0}} = -0.5$$

增量线性化方程为

$$\Delta\ddot{x} + 0.5\Delta\dot{x} + 2\Delta x = 0$$

该方程的特征根为 $s_{1,2} = -0.25 \pm j1.39$，是具有负实部的共轭复根，故奇点（0,0）为稳定焦点。

在奇点（-2,0）处：

$$\frac{\partial f(x,\dot{x})}{\partial x}\bigg|_{\substack{x=-2 \\ \dot{x}=0}} = 2\frac{\partial f(x,\dot{x})}{\partial \dot{x}}\bigg|_{\substack{x=-2 \\ \dot{x}=0}} = -0.5$$

增量线性化方程为

$$\Delta\ddot{x} + 0.5\Delta\dot{x} - 2\Delta x = 0$$

该方程的特征根为 $s_1 = 1.19$，$s_2 = -1.69$，是一正一负两实根，故奇点（-2,0）为鞍点。

应用等倾线法，结合线性系统奇点类型和系统运动形式的对应关系，画出系统的相平面图，如图 7-18 所示。图中，进入鞍点（-2,0）的两条相轨迹为奇线，它将系统的相平面图分为两个区域。阴影线内区域为稳定区域，阴影线外区域为不稳定区域。凡初始状态位于阴影线内区域时，如图 7-18 的 A 点所示处，系统的运动均收敛至原点；凡初始状态位于阴影线外区域时，如图 7-18 的 B 点所示处，系统的运动发散至无穷大。

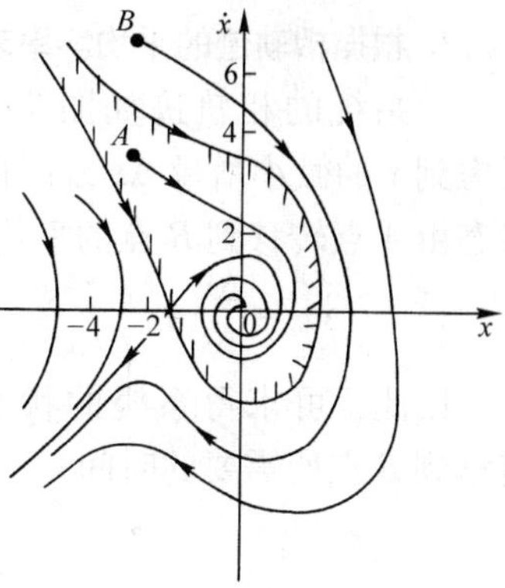

图 7-18　例 7-4 系统相平面图

2. 极限环

相平面图中孤立的封闭轨迹定义为极限环，或称"奇线"。极限环的位置和形式与相平面存在的奇点共同确定了二阶非线性系统的所有运动状态和性能。

根据极限环邻近相轨迹的运动特点，可将极限环分为 3 种类型：

（1）稳定的极限环

在极限环附近，起始于极限环内部或外部的相轨迹最终均卷向极限环，这样的极限环称为稳定极限环，对应系统的运动状态为自持振荡。极限环的内部是不稳定区，极限环的外部是稳定区，如图 7-19a 所示。

（2）不稳定的极限环

在极限环附近的相轨迹最终均卷离极限环，则该极限环称为不稳定极限环。不稳定的极限环的内部是稳定区，而其外部是不稳定区，如图 7-19b 所示。

（3）半稳定的极限环

如果起始于极限环内部的相轨迹均卷向极限环，外部的相轨迹均卷离极限环，或者内部的相轨迹均卷离极限环，外部的相轨迹均卷向极限环，这种极限环称为半稳定极限环。具有这种极限环的系统不会产生自持振荡，系统的运动最终会趋于极限环内部的奇点（见图 7-19d），或远离极限环（见图 7-19c）。

只有稳定的极限环所对应的周期运动在实际系统运动过程中才可以观察到。不稳定的极限环和半稳定的极限环是不能观察到的。一般控制系统中不希望有极限环产生，当不能做到完全把它消除时，也要设法将其振荡幅值限制在工程允许的范围之内。

7.3.4　由相平面求时间解

相平面图完整地反映了二阶系统的状态运动过程，它表示的是状态变量 x 与 $\dot{x}$ 的关系曲线，而没有直接表示出运动和时间的关系。为了分析与时间有关的系统性能指标，经常需要由相轨迹求出系统的时间解。

1. 根据相轨迹的平均斜率求时间 t

设系统的相轨迹如图 7-20 所示。考虑到 x 的微小增量 Δx 及时间 Δt，则状态由 A 点转移到 B 点的平均速度为

$$\dot{x}_{AB} = \frac{\Delta x}{\Delta t} = \frac{x_A - x_B}{\Delta t_{AB}}$$

因此，可求得系统的状态由 A 点转移到 B 点所需要的时间

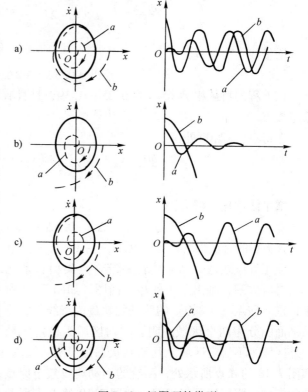

图 7-19　极限环的类型

$$\Delta t_{AB} = \frac{x_A - x_B}{\dot{x}_{AB}} \tag{7-31}$$

式中

$$\dot{x}_{AB} = \frac{1}{2}(\dot{x}_A + \dot{x}_B)$$

用同样的方法可以求出从 B 点转移到 C 点所需要的时间 Δt_{BC}，以此类推即可求得 $x(t)$ 的曲线，也可以进一步求得其时域响应指标。

2. 用面积法求时间 t

由 $\dot{x} = \dfrac{\mathrm{d}x}{\mathrm{d}t}$，有　　　　　　　　$\mathrm{d}t = \dfrac{1}{\dot{x}}\mathrm{d}x$

图 7-20 所示系统的状态由 A 点转移到 B 点所需要的时间为

$$t_B - t_A = \int_{x_A}^{x_B} \frac{1}{\dot{x}}\mathrm{d}x \tag{7-32}$$

如果以 $1/\dot{x}$ 为纵坐标，以 x 为横坐标重新绘制相轨迹，则时间间隔 $t_B - t_A$ 等于 $1/\dot{x}$ 曲线与 x 轴之间包含的面积，如图 7-21 中的阴影部分所示。

7.3.5　非线性系统的相平面法分析

大多数非线性系统所含有的非线性特性是不可解析的分段特性。用相平面法分析这类系统时，常将整个相平面分成若干个区域，使每一个线性微分方程在相平面上分别对应一个区域。这类非线性特性曲线的各转折点，构成了相平面区域的分界线，称为开关线。做出每个

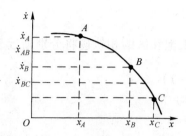

图 7-20　由相轨迹的平均斜率求时间 t

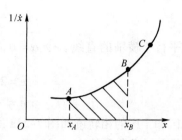

图 7-21　面积法求时间 t

区域内的相轨迹，然后在开关线上把相应的相轨迹依次连接起来，就得到系统完整的相轨迹图，即可描述出整个非线性系统的响应特性。对应于每个分区域，系统的相轨迹都有一个奇点。但由于各区域的相轨迹连接的结果，奇点可能位于该区域之外。如果奇点位于相应区域以内，则该奇点为"实奇点"；如果奇点位于相应区域之外，则表示这个区域内的相轨迹实际上不可能到达该平衡点，称为"虚奇点"。一个系统一般只可能有一个实奇点。

例 7-5　设具有饱和特性的非线性控制系统如图 7-22 所示。系统参数 $T = 0.5$、$K = 0.25$。设系统初始状态为零，试用相平面法分析系统在阶跃输入 $r(t) = R_0 \cdot 1(t)$ 作用下的响应特性。

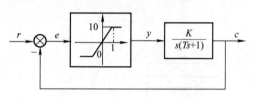

解　描述系统线性部分的微分方程为

$$T\ddot{c} + \dot{c} = Ky$$

图 7-22　例 7-5 非线性系统

考虑到 $e = r - c$、$c = r - e$，可得到用误差信号表示的微分方程

$$T\ddot{e} + \dot{e} + Ky = T\ddot{r} + \dot{r}$$

$r(t) = R_0 \cdot 1(t)$，当 $t > 0$ 时，有 $\ddot{r} = \dot{r} = 0$。因此有

$$T\ddot{e} + \dot{e} + Ky = 0$$

按图 7-22 所示的饱和非线性特性，有

$$y = \begin{cases} 10e & (|e| \leqslant 1) \\ \pm 10 & (|e| > 1) \end{cases}$$

可见，开关线 $e = -1$ 和 $e = 1$ 将相平面分为正饱和区Ⅰ、线性区Ⅱ和负饱和区Ⅲ，如图 7-23a 所示。

对于Ⅱ区，系统的微分方程

$$0.5\ddot{e} + \dot{e} + 2.5e = 0$$

为线性二阶微分方程，其特征根 $s_{1,2} = -1 \pm j2$，为欠阻尼情况。由图 7-17 可知，其奇点 $e = 0$，$\dot{e} = 0$ 为稳定焦点，对应相平面图上的相轨迹是卷向原点的。

当系统工作在Ⅲ区和Ⅰ区时

$$\begin{cases} 0.5\ddot{e} + \dot{e} - 2.5 = 0 & (e < -1) \\ 0.5\ddot{e} + \dot{e} + 2.5 = 0 & (e > 1) \end{cases}$$

对照微分方程可知，这两个区域的相轨迹没有奇点，而等倾线方程为

$$\dot{e} = \frac{5}{2 + \alpha} \qquad (e < -1)$$

$$\dot{e} = -\frac{5}{2+\alpha} \qquad (e>1)$$

是一簇平行于横轴的直线。令 $\alpha = 0$，则负饱和区和正饱和区的相轨迹将分别渐近于下列直线：

$$\dot{e} = 2.5 \qquad (e < -1)$$

$$\dot{e} = -2.5 \qquad (e > 1)$$

Ⅲ区和Ⅰ区的相轨迹如图 7-23a 所示。

由零初始条件和输入 $r(t) = R_0 \cdot 1(t)$ 得 $e(0) = R_0$，$\dot{e}(0) = 0$。设 $R_0 = 3$ 可绘制系统的相轨迹，如图 7-23b 中的曲线①所示，系统的状态由初始点 A 沿Ⅰ区的相轨迹到达 B 点，然后由 B 点沿Ⅱ区的相轨迹收敛于平衡点。可见，系统的响应是衰减振荡运动，相轨迹最终趋于坐标原点，系统稳定。时间趋于无穷大时，误差趋于零，系统超调量 σ_p 的值可以从图中读到。图 7-23b 中的曲线②是当系统不存在限幅特性时，同样初始点 A 的相轨迹。比较曲线①和②可以看出限幅特性对系统的影响。

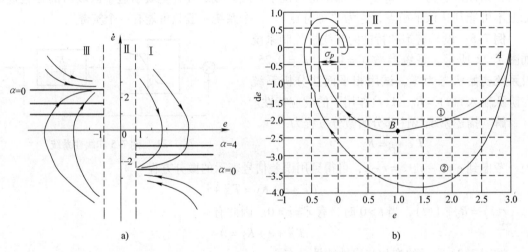

图 7-23 例 7-5 系统的相轨迹

a) $|e|>1$ 范围内系统的相轨迹 b) $r(t)=3 \cdot 1(t)$ 时系统的相轨迹

例 7-6 含有死区继电特性的非线性系统如图 7-24 所示。绘制零初始条件时，输入 $r(t) = R \cdot I(t)$ 系统的相轨迹，并分析系统的运动特点。

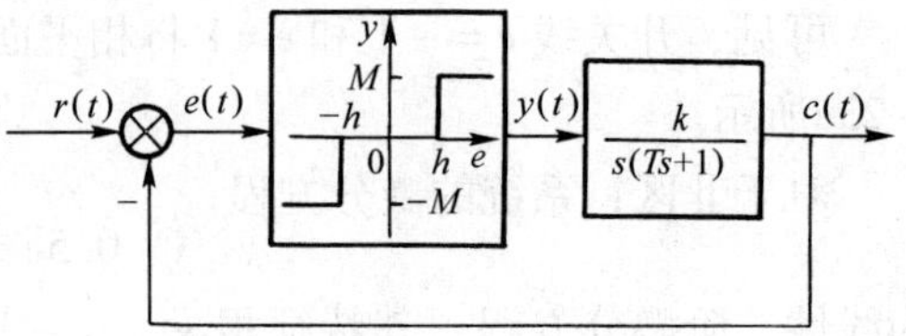

解 系统线性部分的微分方程为

$$T\ddot{c} + \dot{c} = Ky$$

考虑到 $e = r - c$，并 $\ddot{r} = \dot{r} = 0$，可得

$$T\ddot{e} + \dot{e} + Ky = 0$$

图 7-24 例 7-6 非线性系统

由死区继电非线性部分的输入与输出的关系式，得系统的分段线性方程为

$$\begin{cases} T\ddot{e} + \dot{e} + KM = 0 & (e > h) \\ T\ddot{e} + \dot{e} = 0 & (|e| \le h) \\ T\ddot{e} + \dot{e} - KM = 0 & (e < -h) \end{cases}$$

开关线 $e=-1$ 和 $e=1$ 将相平面分为 3 个区域，3 个区域的等倾线方程分别为

Ⅰ区，$e>h$　　　　　　$\dot{e}=\dfrac{-KM}{T\alpha+1}$

Ⅱ区，$|e|\leqslant h$　　　　$\alpha=-\dfrac{1}{T}$

Ⅲ区，$e<-h$　　　　　$\dot{e}=\dfrac{KM}{T\alpha+1}$

可见，在Ⅱ区内相轨迹斜率 α 恒等于 $-\dfrac{1}{T}$，表明

此区间的相轨迹为一组斜率为 $-\dfrac{1}{T}$ 的直线。而在

Ⅰ区和Ⅲ区内的等倾线方程是一组水平直线，令

$\alpha=0$ 可得Ⅰ区和Ⅲ区的相轨迹渐近线分别为$\dot{e}=$

$-KM$ 和$\dot{e}=KM$。

在阶跃输入作用下，系统的相轨迹由初始

点，$Ae(0)=R$，$\dot{e}(0)=0$ 出发，经 B、C、……F

等区间切换点，最后收敛到 G 点，如图 7-25 所

示。由图 7-25 可知，由于死区非线性特性的存

在，最后 e 不能衰减到零，有稳态误差 e_{ss}。

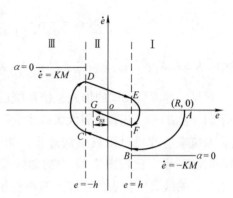

图 7-25　例 7-6 系统的相轨迹

7.4　非线性特性的利用

控制系统中存在的非线性因素在一般情况下对系统的控制性能将产生不良影响，如静差增大，响应滞后或自持振荡等。但是，低频自持振荡对一般系统来说有时是允许的。另外，在控制系统中人为地引入特殊形式的非线性元件也能使系统的控制性能得到改善。在控制系统中已越来越广泛采用非线性补偿装置来提高系统的控制性能。

为了改善控制系统的性能而人为地加到系统中去的非线性元件称为非线性补偿装置。非线性补偿装置和线性补偿装置相比有其明显的优点。在某些系统中往往用一些极为简单的装置便能使系统的控制性能得到大幅提高，从而成功地解决了系统快速性和振荡度之间的矛盾。

设控制系统的结构如图 7-26 所示。

未引入局部负反馈时，系统的开环传递函数为

$$G(s)=\frac{K_1 K_2}{s(Ts+1)}=\frac{K}{s(Ts+1)}$$

相应的闭环传递函数为

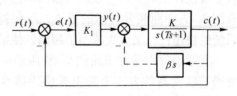

图 7-26　线性系统速度负反馈校正

$$\Phi(s)=\frac{G(s)}{1+G(s)}=\frac{K}{Ts^2+s+K}=\frac{\omega_n^2}{s^2+2\zeta\omega_n s+\omega_n^2}$$

有　　　　　　　　　　　　$$\omega_n=\sqrt{\frac{K}{T}}\quad \zeta=\frac{1}{2\sqrt{TK}}$$

如果要求系统具有高精度和高跟踪速度，即要求有较大的开环放大系数 K，阻尼比 ζ 将

很小，系统将具有很大的超调量，如图 7-27 中的曲线①所示。为了减少超调量，从线性补偿角度来考虑，通常在系统中引入速度负反馈，如图 7-26 中的虚线所示。这时系统的开环传递函数为

$$G(s) = \frac{K_1 K_2}{Ts^2 + (1 + K_2\beta)s}$$

相应的闭环传递函数为

$$\Phi(s) = \frac{K}{Ts^2 + (1 + K_2\beta)s + K} = \frac{\omega_n^2}{s^2 + 2\zeta'\omega_n s + \omega_n^2}$$

式中，$K = K_1 K_2$；　$\omega_n = \sqrt{\dfrac{K}{T}}$；$\zeta' = (1 + K_2\beta)\zeta$。

可见，速度负反馈的加入，使系统的阻尼比增加了 $(1 + K_2\beta)$ 倍，超调量将大大减少。当 β 足够强时，系统响应变成过阻尼单调过程，如图 7-27 中的曲线②所示。比较图 7-27 中的曲线②和曲线①可看出，曲线②所代表的系统虽然没有超调，但跟踪速度大大降低。这表明在采用线性补偿的情况下，抑制振荡度和保证跟踪速度两者往往不能同时兼顾。

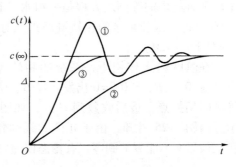

图 7-27　系统单位阶跃响应曲线
①—原系统　②—引入微分负反馈 βs
③—引入非线性补偿装置

设系统采用如图 7-28 所示的非线性补偿装置。非线性特性为死区特性，当系统输出信号 $|c(t)| < \Delta$ 时，速度负反馈信号为零值，即速度负反馈不存在，此时系统的输出响应便是图7-27所示曲线①对应的部分，具有高的跟踪速度。但是，当 $|c(t)| > \Delta$ 时，系统便接入速度负反馈，这时系统的输出响应与图7-27所示曲线②对应的部分具有相同形式，系统有较大阻尼，系统的超调量将大大减少。因此，在引入非线性补偿装置后，系统的输出特性将具有图 7-27 中曲线③所示的形式，既保持了系统的快速性，又大大减小了超调，使系统具有优良的动态性能。

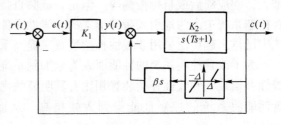

图 7-28　系统中引入非线性补偿装置

实际工程中还常采用图 7-29 所示串联变增益放大器的方法来解决系统快速性和稳定性之间的矛盾。在小偏差时，为保证系统的响应平稳性而取较小的增益，使系统具有较大的阻尼，减小了超调量；而在大偏差时，需要保证系统响应的快速性而取较大的增益，使系统具有较小的阻尼。

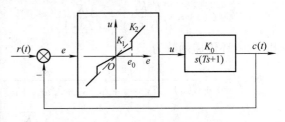

图 7-29　变增益非线性控制系统

这使得系统既可兼顾快速性的要求，又可保证系统超调量小，使系统获得理想的过渡过程。

7.5　基于 Simulink 的非线性系统分析

MATLAB 中的 Simulink 提供了一些常用的非线性仿真模块，利用这些模块可以形象、直观、方便地对非线性系统进行分析。

非线性模块库在 Simulink 模块库中又称为不连续模块（Discontinuities），模块库的内容如图 7-30 所示。该模块库中主要包含常见的非线性模块，如饱和非线性模块（Saturation）、死区非线性模块（Dead Zone）、继电非线性模块（Relay）和磁滞回环模块（Backlash）等。

下面举例说明如何利用 Simulink 来绘制非线性系统的相轨迹。

例 7-7　具有继电器特性的非线性系统如图 7-31 所示，输入为阶跃信号，试利用 Simulink 在 e-$\dot{e}$ 平面上作出相轨迹。

解　由图 7-31 所示系统做出的 Simulink 仿真模型如图 7-32 所示。仿真时间取 8s，启动仿真后在 X-Y 绘图仪将显示出系统在 e-$\dot{e}$ 平面的相轨迹。图 7-33a 是输入信号为 $r(t)=1(t)$ 时的相轨迹，图 7-33b 是输入信号为 $r(t)=0.2\times1(t)$ 时的相轨迹。

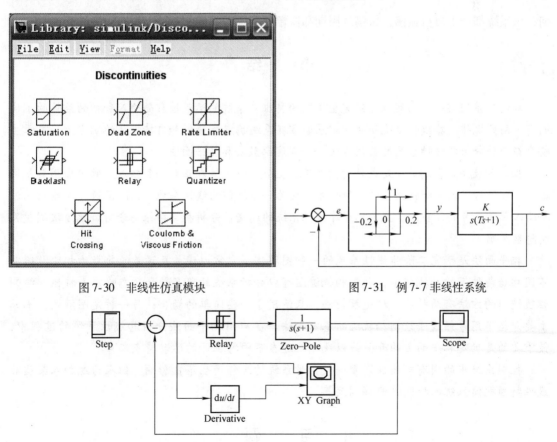

图 7-30　非线性仿真模块　　　　　　图 7-31　例 7-7 非线性系统

图 7-32　例 7-7 非线性系统的 Simulink 仿真模型

从图 7-33 中可以看出，系统存在一个封闭的相轨迹。由于在它外面和里面的相轨迹都逐渐趋近它，所以这条封闭曲线是一个稳定的极限环，它对应一个自持振荡。不论初始条件如

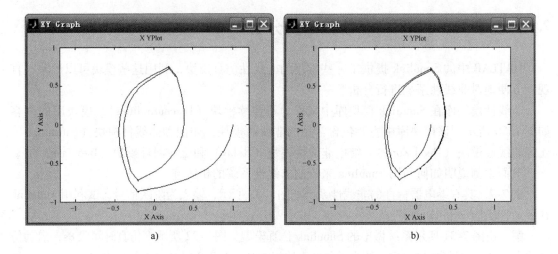

a)　　　　　　　　　　　　　　　　　b)

图 7-33　例 7-7 系统的相轨迹

何，该系统都产生自持振荡，振荡的周期和振幅仅取决于系统的参数，与初始条件无关。

小　　结

非线性系统有一些与线性系统完全不同的特征，系统的运动过程随输入和初始条件的不同而有不同的规律。非线性系统研究的重点通常在系统稳定性分析和自持振荡的确定上。本章主要介绍两种分析非线性系统的常用方法——描述函数法和相平面法。

描述函数法是在满足一定条件的情况下，把非线性元件在正弦函数输入下的输出用其基波近似，即进行了谐波线性化，使非线性系统变为一个近似的线性系统。描述函数等于输出基波与输入正弦信号的复数比，主要用于非线性系统的稳定性分析和自持振荡分析。此方法不受系统阶数限制。

相平面法是研究二阶非线性系统的一种图解法，它常以误差及误差的导数为相变量绘制不同初始条件下的相轨迹图，利用相轨迹图可以分析系统的稳定性和暂态响应等特性。绘制相轨迹图的方法有两种：一种是解析法，只适用于一些简单的场合；另一种是图解法，本章主要介绍了用等倾线法绘制相轨迹的基本方法。在应用相平面法分析非线性系统的过程中，最重要的是确定相平面上的开关线以及相轨迹在不同特征区的运动特点。

控制系统中的固有非线性因素一般会对系统的工作产生不良影响。但人为地加入某些非线性特性能使系统的控制性能得到改善。

习　　题

7-1　试推导下列非线性特性的描述函数：

(1) 具有死区的继电特性(见表 7-1 第二项)

(2) $y = x^3$

7-2　将图 7-34 所示的非线性系统化简为非线性部分 N 和一个等效的线性部分 $G(s)$ 串联的典型结构，并写出 $G(s)$ 表达式。

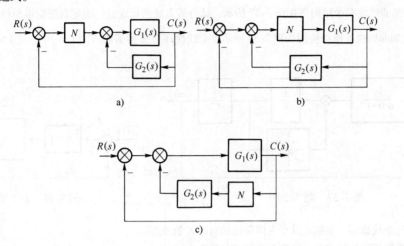

图 7-34　题 7-2 图

7-3　已知非线性反馈系统的 $G(j\omega)$ 曲线和 $-\dfrac{1}{N(A)}$ 曲线如图 7-35 所示。试判断系统的稳定性和是否有自振。

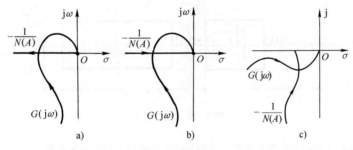

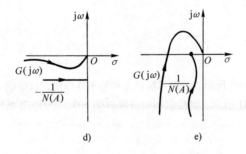

图 7-35　题 7-3 图

7-4　已知非线性系统结构图如图 7-36 所示，试分析：

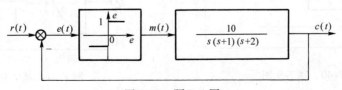

图 7-36　题 7-4 图

（1）系统的稳定性和是否有自振。

（2）确定自振振幅和频率。

7-5 已知非线性系统结构图如图7-37所示，试分析系统的稳定性，确定自振振幅和频率。

7-6 已知非线性系统结构图如图7-38所示，非线性环节描述函数 $N(A) = \dfrac{A+6}{A+2}$ （$A > 0$），试用描述函数法确定：

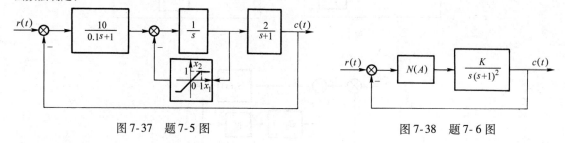

图7-37 题7-5图

图7-38 题7-6图

（1）使该系统稳定、不稳定及产生周期运动时的 K 值范围。

（2）判断周期运动稳定性，确定自振振幅和频率。

7-7 非线性系统如图7-39所示，非线性环节参数 $a = 1$、$b = 3$。用描述函数法分析：

（1）系统的稳定性。

（2）为使系统稳定，应如何调整继电器参数 a 和 b。

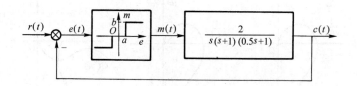

图7-39 题7-7图

7-8 试确定下列方程的奇点及其类型，并用等倾线法绘制它们的相平面图。

（1）$\ddot{x} + \dot{x} + |x| = 0$

（2）$\ddot{x} + x + \mathrm{sgn}\dot{x} = 0$

（3）$\ddot{x} + \sin x = 0$

（4）$\ddot{x} + |x| = 0$

7-9 设非线性系统如图7-40所示。假设系统仅受初始条件作用，试绘制 $e\text{-}\dot{e}$ 平面上的相轨迹。

7-10 非线性系统如图7-41所示，试绘制初始条件 $c(0) = 0$、$\dot{c}(0) = 2$ 系统 $c\text{-}\dot{c}$ 平面上的相轨迹，并分析系统的运动特性。

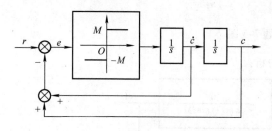

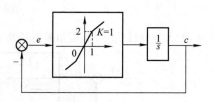

图7-40 题7-9图

图7-41 题7-10图

7-11 试用相平面法分析图 7-42 所示系统分别在 $\beta=0$、$\beta<0$、$\beta>0$ 情况下的相轨迹的特点。

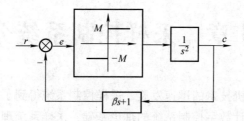

图 7-42 题 7-11 图

第8章　采样控制系统分析

随着数字技术、计算机技术的迅速发展，采样控制系统得到了广泛的应用。基于工程实践的需要，作为分析和设计数字控制系统的理论基础，采样系统理论的发展十分迅速。本章主要讨论信号的采样和复现；介绍 z 变换和离散系统的数学模型——差分方程、脉冲传递函数；分析离散系统的动态、稳态性能。

8.1　采样控制系统的基本概念

8.1.1　采样控制系统及其基本结构

根据控制系统中信号的连续性来分，可把系统分为连续控制系统和离散控制系统。在连续系统中，每处的信号都是时间 t 的连续函数，这种信号称为连续信号或模拟信号。而在离散系统中，至少有一处或几处的信号是时间 t 的离散函数，称其为离散信号。通常把系统中的离散信号是脉冲序列形式的离散系统，称为采样控制系统或脉冲控制系统；而把由数字序列形成的离散系统，称为数字控制系统或计算机控制系统。

采样控制系统的优点：

1）采样信号特别是数字信号的传输可以有效地抑制噪声，提高抗干扰能力。

2）允许采用高灵敏度的控制元件，提高控制精度。

3）由软件实现的控制规律参数修改容易，通用性好，便于实现显示、报警等其他功能。

4）可以分时控制若干系统，提高设备利用率。

5）易于实现远程或网络控制。

采样控制系统和连续系统是有共同点的，首先它们都采用反馈控制结构，都由被控对象、测量元件和控制器组成，控制系统的目的都是以尽可能高的精度复现给定输入信号，尽可能有效地克服扰动输入对系统的影响；其次对采样系统的分析也包括三个方面：稳定性、稳态性能和暂态性能。

采样系统的个性主要体现在信号的形式上，因为系统中使用了数字控制器，系统中有将连续信号转换成采样信号的采样器，将采样信号转换成连续信号的保持器。采样控制系统的典型结构如图 8-1 所示。

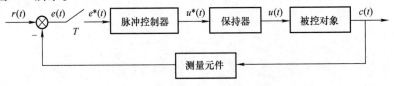

图 8-1　采样控制系统典型结构图

　　图中，$e(t)$ 是连续的误差信号，采样开关将 $e(t)$ 离散化，变成一脉冲序列 $e^*(t)$（ $*$ 表示离散化）。$e^*(t)$ 作为脉冲控制器的输入，控制器的输出为离散信号 $u^*(t)$。显然，这种信号不能直接驱动受控对象，需要经过保持器使之变成相应的连续信号 $u(t)$，去控制被控对象。

　　在图 8-1 的系统中，如果用计算机来代替脉冲控制器，实现对偏差信号的处理，就构成了数字控制系统，也称为计算机控制系统。它是采样控制系统的另一种形式。计算机控制系统的结构如图 8-2 所示。

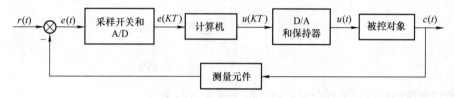

图 8-2　计算机控制系统的结构图

　　系统中的连续误差信号通过 A/D 转换器转换成数字量，经计算机处理后，再经 D/A 转换器转换成模拟量，然后对被控对象进行控制。

8.1.2　采样过程与采样定理

1. 采样过程

　　从系统的结构看，采样控制系统与连续控制系统明显的不同之处是：系统中有一个或若干个采样开关。通过采样开关，将连续信号转变成离散信号，这个过程称为采样过程。

　　采样开关的作用如图 8-3 所示。采样开关每隔时间 T 闭合一次，T 称为采样周期。采样开关每次闭合的时间为 τ，通常 $\tau \ll T$。采样开关的输入 $e(t)$ 为连续信号，其输出就是时间上离散的宽度为 τ 的调幅脉冲序列 $e^*(t)$。

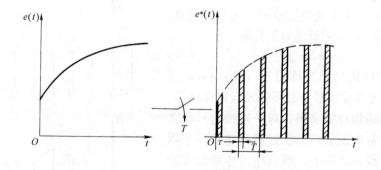

图 8-3　连续信号的采样过程

2. 采样函数的数学表示

　　由于采样开关每次闭合的时间 τ 远小于采样周期 T，也远小于系统中连续部分的时间常数，因此在分析采样控制系统时可认为 τ 趋于零。这样，采样过程实际上可视为理想脉冲序列 $\delta_T(t)$ 对连续信号 $e(t)$ 幅值的调制过程。采样开关相当于一个载波为 $\delta_T(t)$ 的幅值调制器，其数学表达式为

$$\delta_T(t) = \sum_{k=-\infty}^{+\infty} \delta(t - kT) \tag{8-1}$$

采样函数 $e^*(t)$ 可通过下式求得

$$e^*(t) = e(t)\delta_T(t)$$

$$= e(t)\sum_{k=-\infty}^{+\infty} \delta(t - kT) \tag{8-2}$$

在实际控制系统中，当 $t<0$ 时，$e(t)=0$，因而式（8-2）可改写为

$$e^*(t) = e(t)\sum_{k=0}^{+\infty} \delta(t - kT)$$

$$= \sum_{k=0}^{+\infty} e(t)\delta(t - kT)$$

考虑到离散信号仅在采样时刻有效，故上式又可写为

$$e^*(t) = \sum_{k=0}^{+\infty} e(kT)\delta(t - kT) \tag{8-3}$$

$$= e(0)\delta(t) + e(T)\delta(t - T) + e(2T)\delta(t - 2T) + \cdots$$

式（8-3）表示采样后的 $e^*(t)$ 为一理想脉冲序列，其中 $\delta(t - kT)$ 表示脉冲出现的时刻，$e(kT)$ 为 kT 时刻的采样值。理想采样过程如图 8-4 所示。

3. 采样定理

连续信号 $e(t)$ 经过采样后，变成一个脉冲序列 $e^*(t)$，由于 $e^*(t)$ 只含有采样点上的信息，丢失了各采样时刻之间的信息，故为了使离散信号 $e^*(t)$ 不失真地反应原连续信号 $e(t)$ 的变化规律，必须考虑采样角频率 ω_s 与 $e(t)$ 中含有的最高次谐波角频率 $\omega_{\max}$ 之间的关系。通过对 $e(t)$ 与 $e^*(t)$ 的频谱分析可知，为了复现原信号 $e(t)$ 的全部信息，要求采样角频率 ω_s 必须满足如下关系：

$$\omega_s \geqslant 2\omega_{\max} \tag{8-4}$$

这就是采样定理，又称香农（shannon）定理，它指明了复现原信号所必须的最低采样频率。香农采样定理的物理意义是：对于连续信号所含的最高频率分量来说，如果能做到在它的一个周期内采样两次或两次以上，那么经采样所获得的脉冲序列中，就包含了连续信号的全部信息。如果一个周期内采样次数少于两次，就做不到无失真地再现原连续信号。采样频率过低，采样次数太少，失真度就越大。

香农定理只是给出了选择采样角频率的指导

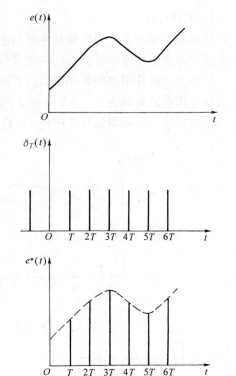

图 8-4　理想采样过程

原则，在工程中常根据具体问题和实际条件通过实验方法确定采样角频率，一般情况总是尽量使采样角频率比信号频谱的最高频率大很多。

8.1.3 采样信号的复现

为了实现对受控对象的有效控制，必须把采样信号恢复成相应的连续信号，这个过程称为信号的复现。保持器是将采样信号转换为连续信号的装置。从数学的角度来看，它的任务是解决两相邻采样时刻间的插值问题。

在控制工程中，一般都采用时域外推的原理，其中零阶保持器采用恒值外推规律，一阶保持器采用线性外推规律。

零阶保持器的作用是把前一采样时刻 kT 的采样值 $e(kT)$ 一直保持到下一个采样时刻 $(k+1)T$，从而使采样信号 $e^*(t)$ 变为阶梯信号 $e_h(t)$，在 $kT \le t \le (k+1)T$ 期间，$e_h(t) = e(kT)$。图 8-5 为零阶保持器的输入、输出特性。

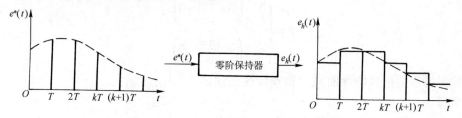

图 8-5　零阶保持器的输入输出特性

零阶保持器的输出信号 $e_h(t)$ 是一个阶梯波，它含有高次谐波，故不同于连续信号 $e(t)$。如果将阶梯信号的各中点连接起来，就可以得到一条比连续信号滞后 $\dfrac{T}{2}$ 的曲线。这说明零阶保持器的相位具有滞后特性。

为了分析采样系统，需要了解零阶保持器的传递函数和频率特性。设在零阶保持器的输入端加上单位脉冲函数 $\delta(t)$，其输出 $g_h(t)$ 称为零阶保持器的单位脉冲响应。它是一个高度为 1，持续时间为 T 的矩形波，见图 8-6a。这个波形可以分解为两个阶跃函数的叠加，如图 8-6b 所示。

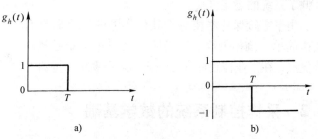

图 8-6　零阶保持器的单位脉冲响应
a）矩形波　b）矩形波的分解图

其表达式为

$$g_h(t) = 1(t) - 1(t - T) \tag{8-5}$$

对式（8-5）求拉普拉斯变换，得零阶保持器的传递函数为

$$G_h(s) = \frac{1}{s} - \frac{e^{-Ts}}{s} = \frac{1 - e^{-Ts}}{s} \tag{8-6}$$

用 $j\omega$ 代替上式中的 s，便得到零阶保持器的频率特性

$$G_h(j\omega) = \frac{1 - e^{-j\omega T}}{j\omega} = \frac{e^{-j\omega T/2}\left[e^{j\omega T/2} - e^{-j\omega T/2}\right]}{j\omega}$$

$$= T \cdot \frac{\sin(\omega T/2)}{\omega T/2} \cdot e^{-j\omega T/2} \tag{8-7}$$

又因为 $T = \dfrac{2\pi}{\omega_s}$，则 $\dfrac{\omega T}{2} = \dfrac{\pi\omega}{\omega_s}$，所以

$$G_h(j\omega) = T\frac{\sin(\pi\omega/\omega_s)}{\pi\omega/\omega_s}e^{-j(\pi\omega/\omega_s)} \tag{8-8}$$

即幅频特性为

$$|G_h(j\omega)| = T\frac{|\sin(\pi\omega/\omega_s)|}{\pi\omega/\omega_s} \tag{8-9}$$

相频特性为

$$\angle G_h(j\omega) = -\frac{\pi\omega}{\omega_s} + \theta \tag{8-10}$$

其中，
$$\theta = \begin{cases} 0 & \left(\sin\dfrac{\pi\omega}{\omega_s} > 0\right) \\[2mm] \pi & \left(\sin\dfrac{\pi\omega}{\omega_s} < 0\right) \end{cases}$$

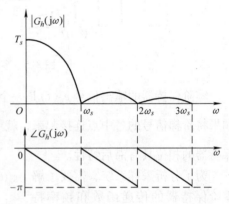

零阶保持器的幅频特性曲线和相频特性曲线如图 8-7 所示。

由图 8-7 可见，零阶保持器具有低通波滤特性，但不是理想的低通滤波器，它除了允许主要频谱分量通过，还允许部分高频分量通过，因此零阶保持器恢复的连续信号与被采样的连续信号不完全相同，另外，它的相频特性具有滞后的相位移，因此降低了系统的稳定性。

由于零阶保持器相对于其他类型的保持器具有结构简单、价格低廉、容易实现及与相位滞后较小等优点，在工业控制场合几乎全部采用零阶保持器。

图 8-7　零阶保持器的幅频特性和相频特性

8.2　采样控制系统的数学基础

在连续系统的性能分析中，用微分方程来描述系统的运动规律，用拉普拉斯变换作为求解的工具。而对采样系统进行分析时，常以差分方程作为数学模型，用 z 变换作为求解的工具。

8.2.1　z 变换的定义

对连续函数 $f(t)$ 求拉普拉斯变换，定义为

$$F(s) = \int_0^\infty f(t)e^{-st}dt$$

同理，对离散函数 $f^*(t) = \displaystyle\sum_{k=0}^{+\infty} f(t)\delta(t - kT)$ 求拉普拉斯变换，应写成

$$F^*(s) = \int_0^\infty \Big[\sum_{k=0}^{+\infty} f(t)\delta(t - kT)\Big]e^{-st}dt$$

$$= \sum_{k=0}^{+\infty} f(kT) \int_0^\infty \delta(t - kT) e^{-st} dt = \sum_{k=0}^{+\infty} f(kT) e^{-kTs}$$

式中，e^{-kTs} 为超越函数，引入新变量 $z = e^{Ts}$

则有
$$F(z) = \sum_{k=0}^{+\infty} f(kT) z^{-k} \tag{8-11}$$

称 $F(z)$ 为 $f^*(t)$ 的 z 变换，并记作
$$F(z) = Z[f^*(t)] \tag{8-12}$$

必须注意，$F(z)$ 表示离散信号 $f^*(t)$ 的 z 变换，它只表征了连续信号 $f(t)$ 在采样时刻的信息。由于习惯的原因，人们有时也称 $F(z)$ 是 $f(t)$ 或 $F(s)$ 的 z 变换，但其含义是指离散信号 $f^*(t)$ 的 z 变换。

8.2.2　求 z 变换的方法

1. 级数求和法

将定义式 (8-11) 展开，即

$$F(z) = \sum_{k=0}^{+\infty} f(kT) z^{-k}$$
$$= f(0) z^0 + f(T) z^{-1} + f(2T) z^{-2} + f(3T) z^{-3} + \cdots \tag{8-13}$$

式中，一般项 $f(kT) z^{-k}$ 的物理意义：$f(kT)$ 表征采样脉冲的幅值；z^{-k} 表征相应的采样时刻，即 $F(z)$ 同时含有量值和时间信息。

例 8-1　求下列常用函数的 z 变换。

（1）单位阶跃函数

已知
$$f(t) = 1(t),\; f(kT) = 1(kT) = 1$$

其 z 变换为
$$F(z) = \sum_{k=0}^{+\infty} f(kT) z^{-k}$$
$$= 1 + z^{-1} + z^{-2} + z^{-3} + \cdots$$
$$= \frac{1}{1 - z^{-1}} = \frac{z}{z - 1} \qquad (|z| > 1) \tag{8-14}$$

（2）指数函数

已知
$$f(t) = e^{-at},\; f(kT) = e^{-akT}$$

其 z 变换为
$$F(z) = \sum_{k=0}^{+\infty} f(kT) z^{-k}$$
$$= 1 + e^{-aT} z^{-1} + e^{-2aT} z^{-2} + e^{-3aT} z^{-3} + \cdots$$
$$= \frac{1}{1 - e^{-aT} z^{-1}} = \frac{z}{z - e^{-aT}} \qquad (|z e^{at}| > 1) \tag{8-15}$$

（3）单位脉冲函数

已知
$$f(t) = \delta(t),\; f(kT) = \delta(KT)$$

其 z 变换为
$$F(z) = \sum_{k=0}^{+\infty} f(kT) z^{-k} = 1 \tag{8-16}$$

（4）单位斜坡函数

已知
$$f(t) = t,\qquad f(kT) = kT$$

其 z 变换为
$$F(z) = \sum_{k=0}^{+\infty} f(kT)z^{-k} = Tz^{-1} + 2Tz^{-2} + 3Tz^{-3} + \cdots$$
$$= \frac{Tz^{-1}}{(1-z^{-1})^2} = \frac{Tz}{(z-1)^2} \qquad (|z|>1) \qquad (8\text{-}17)$$

(5) 正弦函数

已知
$$f(t) = \sin\omega t = \frac{e^{j\omega t} - e^{-j\omega t}}{2j}, \quad f(kT) = \frac{e^{j\omega kT} - e^{-j\omega kT}}{2j}$$

其 z 变换为
$$F(z) = \sum_{k=0}^{+\infty} f(kT)z^{-k} = \frac{1}{2j}\left[\frac{1}{1-e^{j\omega T}z^{-1}} - \frac{1}{1-e^{-j\omega T}z^{-1}}\right]$$
$$= \frac{1}{2j}\left[\frac{z^{-1}e^{j\omega T} - z^{-1}e^{-j\omega T}}{1 - e^{j\omega T}z^{-1} - e^{-j\omega T}z^{-1} + z^{-2}}\right]$$
$$= \frac{z^{-1}\sin\omega T}{1 - 2(\cos\omega T)z^{-1} + z^{-2}} = \frac{z\sin\omega T}{z^2 - 2z\cos\omega T + 1} \qquad (8\text{-}18)$$

用同样的方法，可求得 $f(t) = \cos\omega t$ 的 z 变换为
$$F(z) = \frac{z(z - \cos\omega t)}{z^2 - 2z\cos\omega T + 1} \qquad (8\text{-}19)$$

2. 部分分式展开法

如果已知连续函数 $f(t)$ 的拉普拉斯变换为 $F(s)$，则可将 $F(s)$ 展开成部分分式之和的形式，然后对各个分式求 z 变换，其和即为 $F(z)$。

令
$$F(s) = \frac{b_0 s^m + b_1 s^{m-1} + \cdots + b_m}{a_0 s^n + a_1 s^{n-1} + \cdots + a_n} \qquad (n > m) \qquad (8\text{-}20)$$

将式 (8-20) 展开为部分分式和的形式，即
$$F(s) = \sum_{i=1}^{n} \frac{A_i}{s - P_i} \qquad (8\text{-}21)$$

基于
$$Z\left[\frac{A_i}{s - p_i}\right] = \frac{A_i}{1 - e^{p_i T}z^{-1}}$$

得
$$F(z) = \sum_{i=1}^{n} \frac{A_i}{1 - e^{p_i T}z^{-1}} \qquad (8\text{-}22)$$

其中，p_i 为 $F(s)$ 的极点；A_i 为待定系数。下面举例说明。

例 8-2　已知 $F(s) = \dfrac{1}{s(s+1)}$，求原函数 $f(t)$ 的 z 变换 $F(z)$。

解　将 $F(s)$ 展开为部分分式
$$F(s) = \frac{1}{s(s+1)} = \frac{1}{s} - \frac{1}{s+1}$$
$$F(z) = \frac{z}{z-1} - \frac{z}{z - e^{-T}} = \frac{z(1 - e^{-T})}{(z-1)(z - e^{-T})}$$

例 8-3　已知 $F(s) = \dfrac{1}{s^2(s+1)}$，求原函数 $f(t)$ 的 z 变换 $F(z)$。

解
$$F(s) = \frac{1}{s^2(s+1)} = \frac{1}{s^2} - \frac{1}{s} + \frac{1}{s+1}$$

根据 $\quad Z\left[\dfrac{1}{s^2}\right] = \dfrac{Tz^{-1}}{(1-z^{-1})^2}\quad Z\left[\dfrac{1}{s}\right] = \dfrac{1}{1-z^{-1}}\quad Z\left[\dfrac{1}{s+1}\right] = \dfrac{1}{1-\mathrm{e}^{-T}z^{-1}}$

得 $\quad\quad\quad\quad F(z) = \dfrac{Tz}{(z-1)^2} - \dfrac{z}{z-1} + \dfrac{z}{z-\mathrm{e}^{-T}}$

3. 留数计算法

若已知连续函数 $f(t)$ 的拉普拉斯变换 $F(s)$ 及其全部极点 p_i，则 $F(z)$ 可由下面的留数计算公式求得，即

$$F(z) = \sum_{i=1}^{n} \left\{ \frac{1}{(r_i-1)!} \frac{\mathrm{d}^{r_i-1}}{\mathrm{d}s^{r_i-1}}\left[(s-p_i)^{r_i}F(s)\frac{z}{z-\mathrm{e}^{sT}}\right]\right\}_{s=p_i} \quad\quad (8\text{-}23)$$

式中，r_i 为 $s=p_i$ 的重极点数。

例 8-4 求 $F(s) = \dfrac{s+3}{(s+1)(s+2)}$ 的 z 变换。

解 $F(z) = (s+1)\dfrac{s+3}{(s+1)(s+2)} \cdot \dfrac{z}{z-\mathrm{e}^{sT}}\Big|_{s=-1} + (s+2)\dfrac{s+3}{(s+1)(s+2)} \cdot \dfrac{z}{z-\mathrm{e}^{sT}}\Big|_{s=-2}$

$\quad\quad = \dfrac{2z}{z-\mathrm{e}^{-T}} - \dfrac{z}{z-\mathrm{e}^{-2T}} = \dfrac{z^2 + z(\mathrm{e}^{-T}-2\mathrm{e}^{-2T})}{z^2 - (\mathrm{e}^{-T}+\mathrm{e}^{-2T})z + \mathrm{e}^{-3T}}$

例 8-5 试求 $F(s) = \dfrac{1}{s^2}$ 的 z 变换。

解 由于 $F(s)$ 在 $s=0$ 处有二重极点，按式(8-23)得

$$F(z) = \left\{\frac{\mathrm{d}}{\mathrm{d}s}\left[s^2 \cdot \frac{1}{s^2} \cdot \frac{z}{z-\mathrm{e}^{Ts}}\right]\right\}_{s=0} = \frac{Tz}{(z-1)^2}$$

常用函数的拉普拉斯变换和 z 变换对照表见附录。

8.2.3 z 变换的基本定理

z 变换的基本定理为 z 变换的运算提供了方便，读者可根据 z 变换的定义对这些定理加以论证。

1. 线性定理

设 $\quad F_1(z) = Z[f_1(t)]$，$F_2(z) = Z[f_2(t)]$，a_1 和 a_2 为常数。

则有 $\quad\quad\quad\quad Z[a_1f_1(t) \pm a_2f_2(t)] = a_1F_1(z) \pm a_2F_2(z) \quad\quad (8\text{-}24)$

2. 滞后定理

设 $\quad F(z) = Z[f(t)]$

则有 $\quad\quad\quad\quad Z[f(t-k_1T)] = z^{-k_1}F(z) \quad\quad (8\text{-}25)$

例 8-6 求 $Z[t-T]$。

解 设 $\quad f(t) = t$

则 $\quad\quad\quad\quad Z[t-T] = Z[t]z^{-1} = \dfrac{Tz}{(z-1)^2}z^{-1} = \dfrac{T}{(z-1)^2}$

3. 超前定理

设 $f(t)$ 的 z 变换为 $F(z)$

则有 $\quad\quad\quad\quad Z[f(t+k_1T)] = z^{k_1}F(z) - z^{k_1}\sum_{k=0}^{k_1-1}f(kT)z^{-k} \quad\quad (8\text{-}26)$

例 8-7 求 $1(t+2T)$ 的 z 变换。

解　设　$f(t) = 1(t)$

则　　　　$Z[1(t + 2T)] = z^2 \dfrac{z}{z - 1} - z^2[f(0)z^0 + f(T)z^{-1}] = \dfrac{z^3}{z - 1} - z^2 - z$

4. 位移定理

已知 $f(t)$ 的 z 变换为 $F(z)$

则有　　　　　　　　　$Z[f(t)\mathrm{e}^{\mp at}] = F(z\mathrm{e}^{\pm aT})$　　　　　　　(8-27)

例 8-8　求 $t\mathrm{e}^{-at}$ 的 z 变换。

解　设　$f(t) = t$

则　　　　　　　　　　$Z[t\mathrm{e}^{-at}] = \dfrac{Tz\mathrm{e}^{aT}}{(z\mathrm{e}^{aT} - 1)^2}$

5. 初值定理

设 $f(t)$ 的 z 变换为 $F(z)$，且 $\lim\limits_{z \to \infty} F(z)$ 存在，则有

$$\lim\limits_{t \to 0} f(t) = \lim\limits_{z \to \infty} F(z)　　　　　　　(8-28)$$

6. 终值定理

设 $f(t)$ 的 z 变换为 $F(z)$，且 $F(z)$ 在 z 平面的单位圆上除 1 之外没有极点，在单位圆外没有极点，则

$$\lim\limits_{t \to \infty} f(t) = \lim\limits_{z \to 1}(z - 1)F(z)　　　　　　(8-29)$$

8.2.4　z 反变换

从函数 $F(z)$ 求出原函数 $f^*(t)$ 的过程称为 z 反变换，记作

$$Z^{-1}[F(z)] = f^*(t)　　　　　　　(8-30)$$

由于 $F(z)$ 只含有连续函数 $f(t)$ 在采样时刻的信息，因而通过 z 反变换，只能求得连续函数在各采样时刻的数值 $f^*(t)$，而不是连续函数 $f(t)$。求 z 反变换一般有 3 种方法。

1. 长除法

设 $F(z)$ 的一般表达式为

$$F(z) = \dfrac{b_0 z^m + b_1 z^{m-1} + \cdots + b_m}{a_0 z^n + a_1 z^{n-1} + \cdots + a_n}　　(m \leqslant n)　　　　(8-31)$$

将式 (8-31) 按 z^{-1} 的升幂级数展开，即

$$F(z) = c_0 + c_1 z^{-1} + c_2 z^{-2} + \cdots$$

对照 z 变换的定义式，可知　$f(0) = c_0,\ f(T) = c_1,\ f(2T) = c_2,\ \cdots$

根据滞后定理，对 $F(z)$ 求 z 反变换，得采样后的离散信号

$$f^*(t) = c_0\delta(t) + c_1\delta(t - T) + c_2\delta(t - 2T) + \cdots　　　(8-32)$$

例 8-9　求 $F(z) = \dfrac{z}{z - 1}$ 的 z 反变换 $f^*(t)$。

解　用 $F(z)$ 的分子除以分母，得

$$F(z) = \dfrac{z}{z - 1} = 1 + z^{-1} + z^{-2} + z^{-3} + \cdots$$

它的 z 反变换为

$$f^*(t) = \delta(t) + \delta(t - T) + \delta(t - 2T) + \cdots$$

例 8-10　求 $F(z) = \dfrac{z}{(z+1)(z+2)}$ 的 z 反变换 $f^*(t)$。

解　用 $F(z)$ 的分子除以分母，得

$$F(z) = \frac{z}{z^2 + 3z + 2} = 0 + z^{-1} - 3z^{-2} + 7z^{-3} - 15z^{-4}$$

则

$$f^*(t) = Z[F(s)] = \delta(t - T) - 3\delta(t - 2T) + 7\delta(t - 3T) - 15\delta(t - 4T) + \cdots$$

长除法的使用较方便。从长除法所得的结果中能直观地看到采样脉冲序列的具体分布，但长除法通常难以得到 $f^*(t)$ 的闭合形式。

2. 部分分式法

用部分分式法求 z 反变换与求拉普拉斯反变换的思路类同。由于 $F(z)$ 的分子中通常含有变量 z，为了方便求 z 反变换，通常先将 $F(z)$ 除以 z，然后将 $F(z)/z$ 展开为部分分式，再把展开式的每一项都乘上 z 后，分别求 z 反变换并求和。

例 8-11　求 $F(z) = \dfrac{0.5z}{(z-1)(z-0.5)}$ 的反变换。

解　　　　$$\frac{F(z)}{z} = \frac{0.5}{(z-1)(z-0.5)} = \frac{1}{z-1} - \frac{1}{z-0.5}$$

即　　　　　　　$$F(z) = \frac{z}{z-1} - \frac{z}{z-0.5}$$

由于　　　　$$Z^{-1}\left[\frac{z}{z-1}\right] = 1 \qquad Z^{-1}\left[\frac{z}{z-0.5}\right] = 0.5^k$$

则　　　　　　　$$f(kT) = 1 - 0.5^k \quad (k = 0,1,2,\cdots)$$

所以　　$$f^*(t) = f(0)\delta(t) + f(T)\delta(t - T) + f(2T)\delta(t - 2T) + \cdots$$
$$= 0 + 0.5\delta(t - T) + 0.75\delta(t - 2T) + \cdots$$

例 8-12　求 $F(z) = \dfrac{(1 - e^{-aT})z}{(z-1)(z - e^{-aT})}$ 的 z 反变换。

解　　　　$$\frac{F(z)}{z} = \frac{(1 - e^{-aT})}{(z-1)(z - e^{-aT})} = \frac{1}{z-1} - \frac{1}{z - e^{-aT}}$$

则　　　　　　　$$F(z) = \frac{z}{z-1} - \frac{z}{z - e^{-aT}}$$

取 z 反变换，得

$$f(kT) = 1 - e^{-akT} \qquad (k = 0,1,2,\cdots)$$

故　　　　　$$f^*(t) = \sum_{k=0}^{\infty} (1 - e^{-akT})\delta(t - kT)$$

3. 留数法

和拉普拉斯反变换相似，可以用留数法求 z 反变换，下面通过例子说明。

例 8-13　$F(z) = \dfrac{z}{(z-0.5)(z-1)^2}$，求 z 反变换。

解　根据留数计算公式

$$f(kT) = \sum_{i=1}^{n} \frac{1}{(r_i - 1)!} \frac{d^{r_i-1}}{dz^{r_i-1}} [F(z)z^{k-1}(z - p_i)^{r_i}]_{z=p_i} \tag{8-33}$$

式中，$n = 2$；$p_1 = 0.5$；$p_2 = 1$；$r_1 = 1$；$r_2 = 2$。

所以

$$f(kT) = \left[\frac{z^k}{(z-0.5)(z-1)^2}(z-0.5) \right]_{z=0.5} + \frac{1}{(2-1)!} \frac{d}{dz} \left[\frac{z^k}{(z-0.5)(z-1)^2}(z-1)^2 \right]_{z=1}$$

$$= \frac{0.5^k}{(0.5-1)^2} + \frac{k}{1-0.5} - \frac{1}{(1-0.5)^2} = 4(0.5^k - 1) + 2k \qquad (k = 0,1,2,3,\cdots)$$

8.2.5　差分方程及其求解

1. 差分的定义

离散函数两数之差为差分。差分又分为前向差分和后向差分，如图 8-8 所示。

为方便起见，令 $T = 1\text{s}$

一阶前向差分定义为

$$\Delta f(k) = f(k+1) - f(k) \tag{8-34}$$

二阶前向差分定义为

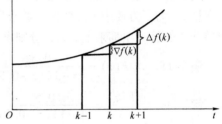

图 8-8　差分的图示

$$\Delta^2 f(k) = \Delta[\Delta f(k)] = \Delta [f(k+1) - f(k)]$$
$$= \Delta f(k+1) - \Delta f(k)$$
$$= f(k+2) - f(k+1) - f(k+1) + f(k)$$
$$= f(k+2) - 2f(k+1) + f(k) \tag{8-35}$$

n 阶前向差分定义为

$$\Delta^n f(k) = \Delta^{n-1} f(k+1) - \Delta^{n-1} f(k) \tag{8-36}$$

一阶后向差分定义为

$$\nabla f(k) = f(k) - f(k-1) \tag{8-37}$$

二阶后向差分定义为

$$\nabla^2 f(k) = \nabla[\nabla f(k)] = \nabla[f(k) - f(k-1)] = \nabla f(k) - \nabla f(k-1)$$
$$= f(k) - f(k-1) - f(k-1) + f(k-2)$$
$$= f(k) - 2f(k-1) + f(k-2) \tag{8-38}$$

n 阶后向差分定义为

$$\nabla^n f(k) = \nabla^{n-1} f(k) - \nabla^{n-1} f(k-1) \tag{8-39}$$

2. 差分方程

如果方程中除了含有 $f(k)$ 以外，还有 $f(k)$ 的差分，则此方程称为差分方程。一般系统的差分方程表达式为

$$c(k+n) + a_1 c(k+n-1) + \cdots + a_{n-1} c(k+1) + a_n c(k) =$$
$$b_0 r(k+m) + b_1 r(k+m-1) + \cdots + b_{m-1} r(k+1) + b_m r(k) \qquad (n \geqslant m) \tag{8-40}$$

在连续系统的分析中，可用拉普拉斯变换来解线性微分方程。与此相比较，在离散系统的分析中，线性定常差分方程的求解除了可用 z 变换法外，还适合用迭代法。z 变换法是指先将时域中的差分方程变为 z 域中的代数方程并求解，然后再用 z 反变换求得时域解。用迭

代法求解差分方程有其特殊的优越性，它特别适合于利用计算机进行递推求解。

例 8-14　求图 8-9 所示系统的差分方程。

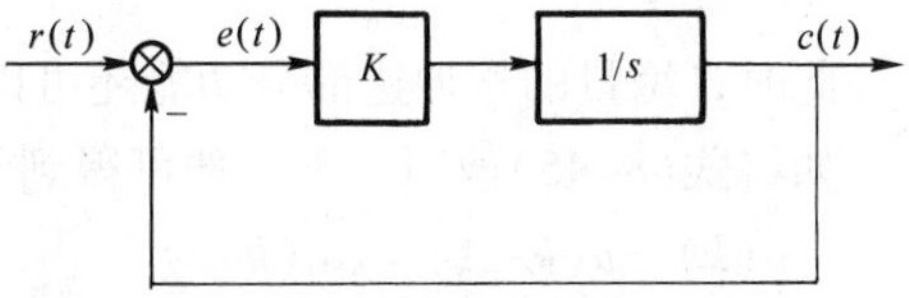

解　图 8-9 所示为一阶系统，它的数学模型
为一阶微分方程

$$\frac{\mathrm{d}c(t)}{\mathrm{d}t} = Ke(t) = Kr(t) - Kc(t)$$

即　　　　$$\frac{\mathrm{d}c(t)}{\mathrm{d}t} + Kc(t) = Kr(t) \qquad (8\text{-}41)$$

图 8-9　一阶系统框图

用差分方程近似表示微分方程，称为离散化。

令

$$\frac{\mathrm{d}c(t)}{\mathrm{d}t} \approx \frac{c[(k+1)T] - c(kT)}{T}$$

代入原式，得　　　$$\frac{c[(k+1)T] - c(kT)}{T} + Kc(kT) = Kr(kT)$$

其中　　　　　　　$$t = kT \qquad (k = 0,1,2,3,\cdots)$$

整理后，得　　　　$$c[(k+1)T] + (kT - 1)c(kT) = KTr(kT)$$

上式就是图 8-9 所示系统的非齐次差分方程式，它是式(8-41)的一个近似表达式。输出的最高序列数与最低序列数之差为 1，故称为一阶差分方程。

例 8-15　将 PID 控制器的微分方程离散化，使之转变成差分方程。

解　PID 控制器的微分方程为

$$u(t) = K_p \left[e(t) + \frac{1}{T_I} \int_0^t e(t)\,\mathrm{d}t + T_D \frac{\mathrm{d}e(t)}{\mathrm{d}t} \right] \qquad (8\text{-}42)$$

式中，K_p 为比例系数；T_I 为积分时间常数；T_D 为微分时间常数。

用差分方程(后向差分)近似代替微分方程的做法如下：

因为　　　　$$\int_0^t e(t)\,\mathrm{d}t \approx T \sum_{j=0}^{k} e(j) \qquad (k = t/T)$$

又有　　　　$$\frac{\mathrm{d}e(t)}{\mathrm{d}t} \approx \frac{e(k) - e(k-1)}{T}$$

代入原式，得　　$$u(k) = K_p \left[e(k) + \frac{T}{T_I} \sum_{j=0}^{k} e(j) + T_D \frac{e(k) - e(k-1)}{T} \right] \qquad (8\text{-}43)$$

式(8-43)称为位置式 PID 算法，输出 $u(k)$ 决定了系统中执行机构的实际位置。由式(8-43)可见，$u(k)$ 与过去所有时刻的状态有关，因而计算工作量大，所占计算机内存资源较多。为此，在计算机控制系统中广泛使用下述增量式 PID 控制算法。

由式(8-43)可知，在 $k-1$ 时刻，有

$$u(k-1) = K_p \left[e(k-1) + \frac{T}{T_I} \sum_{j=0}^{k-1} e(j) + T_D \frac{e(k-1) - e(k-2)}{T} \right] \qquad (8\text{-}44)$$

式(8-43)减式(8-44)，得

$$\Delta u(k) = u(k) - u(k-1)$$

$$= K_p [e(k) - e(k-1)] + K_p \frac{T}{T_I} e(k) + K_p \frac{T_D}{T} [e(k) - 2e(k-1) + e(k-2)]$$

$$= K_p [e(k) - e(k-1)] + K_I e(k) + K_D [e(k) - 2e(k-1) + e(k-2)] \qquad (8\text{-}45)$$

式中，$K_I = K_p \dfrac{T}{T_I}$;　　$K_D = K_p \dfrac{T_D}{T}$。

此时，增量的累加这部分功能还可以由计算机之外的其他部件完成，如步进电动机等。如将式(8-45)改写一下，便可得到常用的位置式 PID 控制的递推算法：

$$u(k) = u(k-1) + \Delta u(k)$$
$$= u(k-1) + K_p \big[e(k) - e(k-1) \big] + K_I e(k) + K_D \big[e(k) - 2e(k-1) + e(k-2) \big]$$

$$(8\text{-}46)$$

3. 用 z 变换解差分方程

用递推法可以求出在任一采样时刻系统的输出值，但不能得到输出在采样时刻的一般表达式。用 z 变换求解差分方程与用拉普拉斯变换求解微分方程类似，即将时域内的差分方程转换为 z 域内的代数方程，求解后，再进行 z 反变换，以求出系统在各采样时刻输出响应的一般表达式。

例 8-16　用 z 变换法解二阶差分方程 $c(k+2) + 3c(k+1) + 2c(k) = 1(k)$。初始条件：$c(0) = 0$，$c(1) = 1$。

解

1）将差分方程取 z 变换，得

$$\big[z^2 C(z) - z^2 c(0) - z c(1) \big] + 3 \big[z C(z) - z c(0) \big] + 2 C(z) = \frac{z}{z-1}$$

$$z^2 C(z) - z + 3z C(z) + 2 C(z) = \frac{z}{z-1}$$

$$(z^2 + 3z + 2) C(z) = \frac{z^2}{z-1}$$

$$C(z) = \frac{z^2}{(z-1)(z^2+3z+2)} = \frac{z^2}{(z-1)(z+1)(z+2)} = \frac{z/6}{z-1} + \frac{z/2}{z+1} + \frac{2z/3}{z+2}$$

2）求 z 反变换，得

$$c(kT) = \frac{1}{6}(1)^k + \frac{1}{2}(-1)^k - \frac{2}{3}(-2)^k \qquad (k = 0, 1, 2, 3, \cdots)$$

故　　　　$c^*(t) = \delta(t-T) - 2\delta(t-2T) + 5\delta(t-3T) - 10\delta(t-4T) + \cdots$

系统的采样输出序列如图 8-10 所示

例 8-17　已知差分方程　$c(k-2) - 5c(k-1) + 6c(k) = r(k)$，其中 $r(k) = 1(k)$，试求 $c(kT)$。

解　对差分方程求 z 变换，得

$$z^{-2} C(z) - 5z^{-1} C(z) + 6 C(z) = \frac{z}{z-1}$$

$$C(z) \big[1 - 5z + 6z^2 \big] = \frac{z^3}{z-1}$$

因此 $C(z) = \dfrac{z^3}{(6z^2 - 5z + 1)(z-1)} = \dfrac{\dfrac{z^3}{6}}{\left(z^2 - \dfrac{5}{6}z + \dfrac{1}{6} \right)(z-1)}$

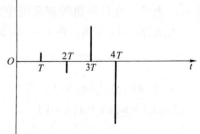

图 8-10　例 8-16 系统的采样输出序列

$$= \frac{\dfrac{z^3}{6}}{(z-1)\left(z-\dfrac{1}{2}\right)\left(z-\dfrac{1}{3}\right)} = \frac{0.5z}{z-1} - \frac{0.5z}{z-\dfrac{1}{2}} + \frac{\dfrac{z}{6}}{z-\dfrac{1}{3}}$$

求 z 反变换，得
$$c(kT) = 0.5 - 0.5\left(\frac{1}{2}\right)^k + \frac{1}{6}\left(\frac{1}{3}\right)^k$$

8.3　脉冲传递函数

在连续系统的分析中，系统的数学模型一般不用微分方程，而采用传递函数来表示。同样，对采样控制系统的研究，也不直接从系统的差分方程入手，而是借助于脉冲传递函数，对系统进行分析和设计。

8.3.1　脉冲传递函数的定义

设线性定常采样系统如图 8-11 所示。$G(s)$ 是系统中连续部分的传递函数，脉冲传递函数的定义为：在零初始条件下，离散输出信号的 z 变换与离散输入信号的 z 变换之比，即

$$G(z) = \frac{C(z)}{R(z)} \tag{8-47}$$

其中，$C(z) = Z[c^*(t)]$；$R(z) = Z[r^*(t)]$。

实际上，大多数采样系统的被控量往往是连续信号 $c(t)$，而不是离散信号 $c^*(t)$，如图 8-12 所示。在这种情况下，为了应用脉冲传递函数的概念，人们通常在输出端虚设一个采样开关，如图中的虚线所示，它与输入端采样开关一样以周期 T 同步工作。这样，输出的采样信号就可根据下式求得：

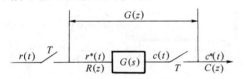

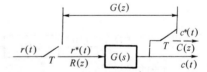

图 8-11　线性定常采样系统　　　　　图 8-12　实际的开环采样系统

$$c^*(t) = Z^{-1}[C(z)] = Z^{-1}[G(z)R(z)] \tag{8-48}$$

8.3.2　开环系统的脉冲传递函数

当采样系统中有串联环节时，根据它们之间有无采样开关，其等效的脉冲传递函数是不相同的。

1. 串联环节间无采样开关

传递函数分别为 $G_1(s)$ 和 $G_2(s)$ 的两个环节相串联，如图 8-13 所示。

由图 8-13 可见

$$G(s) = \frac{C(s)}{R(s)} = G_1(s)G_2(s)$$

对上式取 z 变换，可得脉冲传递函数

$$G(z) = \frac{C(z)}{R(z)} = Z\left[\, G_1(s)\, G_2(s)\,\right]$$

$$= G_1 G_2(z) \qquad (8\text{-}49)$$

即两个相串联环节间无采样开关时，其脉冲传递函数等于这两个环节的传递函数的乘积的 z 变换。

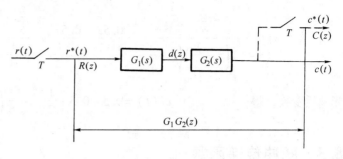

图 8-13　串联环节间无采样开关的开环采样系统

例 8-18　采样系统结构如图 8-13 所示。设 $G_1(s) = \dfrac{1}{s+a}$，$G_2(s) = \dfrac{1}{s+b}$，求脉冲传递函数 $G(z)$。

解
$$G(s) = G_1(s) G_2(s) = \frac{1}{(s+a)(s+b)} = \frac{1}{b-a}\left(\frac{1}{s+a} - \frac{1}{s+b}\right)$$

$$G(z) = Z\left[\frac{1}{b-a}\left(\frac{1}{s+a} - \frac{1}{s+b}\right)\right] = \frac{1}{b-a}\left[\frac{z}{z - \mathrm{e}^{-aT}} - \frac{z}{z - \mathrm{e}^{-bT}}\right]$$

$$= \frac{1}{b-a}\frac{z(\mathrm{e}^{-aT} - \mathrm{e}^{-bT})}{(z - \mathrm{e}^{-aT})(z - \mathrm{e}^{-bT})}$$

2. 串联环节间有采样开关

当两串联环节间有采样开关时，其结构如图 8-14 所示。

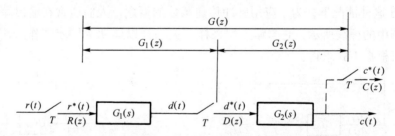

图 8-14　串联环节间有采样开关的开环采样系统

由图 8-14 可见

$$D(s) = G_1(s) R^*(s) \qquad C(s) = G_2(s) D^*(s)$$

分别对以上两式取 z 变换，得

$$D(z) = G_1(z) R(z) \qquad C(z) = G_2(z) D(z),$$

因而，有
$$C(z) = G_1(z) G_2(z) R(z)$$

由此可得等效的脉冲传递函数为

$$G(z) = \frac{C(z)}{R(z)} = G_1(z) G_2(z) \qquad (8\text{-}50)$$

即两个相串联环节间有采样开关时，其脉冲传递函数等于这两个环节的脉冲传递函数的乘积。

例 8-19　采样系统结构如图 8-14 所示。设 $G_1(s) = \dfrac{1}{s+a}$，$G_2(s) = \dfrac{1}{s+b}$，　求 $G(z)$。

解
$$G_1(z) = \frac{z}{z - e^{-aT}} \qquad G_2(z) = \frac{z}{z - e^{-bT}}$$

$$G(z) = G_1(z)G_2(z) = \frac{z^2}{(z - e^{-aT})(z - e^{-bT})}$$

与例 8-18 比较，显然，$G_1(z)G_2(z) \neq G_1G_2(z)$。

3. 带零阶保持器的开环系统的脉冲传递函数

带零阶保持器的开环采样系统如图 8-15 所示。

开环系统的传递函数为

$$G(s) = \frac{1 - e^{-Ts}}{s} G_1(s) = (1 - e^{-Ts})\frac{G_1(s)}{s}$$

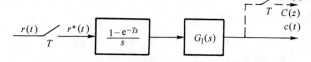

图 8-15　带零阶保持器的开环采样系统

设
$$G_2(s) = \frac{G_1(s)}{s}$$

则
$$G(s) = (1 - e^{-Ts})G_2(s)$$

由于
$$Z[G_2(s)] = G_2(z)$$

因而
$$Z[e^{-Ts}G_2(s)] = z^{-1}G_2(z)$$

于是，得
$$G(z) = Z[(1 - e^{-Ts})G_2(s)] = (1 - z^{-1})G_2(z) \qquad (8\text{-}51)$$

例 8-20　采样系统结构图如图 8-15 所示，设 $G_1(s) = \dfrac{1}{s(s+1)}$，$T = 1\mathrm{s}$，求 $G(z)$。

解
$$G(s) = \frac{1 - e^{-Ts}}{s} \cdot \frac{1}{s(s+1)} \qquad G_2(s) = \frac{1}{s^2(s+1)}$$

$$G_2(z) = Z\left[\frac{1}{s^2(s+1)}\right] = Z\left[\frac{1}{s^2} - \frac{1}{s} + \frac{1}{(s+1)}\right]$$

$$= \frac{z}{(z-1)^2} - \frac{z}{z-1} + \frac{z}{z - e^{-1}}$$

$$= \frac{z\left[(z - e^{-1}) - (z-1)(z - e^{-1}) + (z-1)^2\right]}{(z-1)^2(z - e^{-1})}$$

$$G(z) = (1 - z^{-1})G_2(z)$$

$$= \frac{(z-1)}{z} \cdot \frac{z\left[(z - e^{-1}) - (z-1)(z - e^{-1}) + (z-1)^2\right]}{(z-1)^2(z - e^{-1})}$$

$$= \frac{e^{-1}z + (1 - 2e^{-1})}{(z-1)(z - e^{-1})} = \frac{0.368z + 0.264}{z^2 - 1.368z + 0.368}$$

8.3.3　闭环系统的脉冲传递函数

在连续系统中，闭环传递函数和系统的开环传递函数之间有着确定的关系，而在采样系统中，闭环脉冲传递函数还与采样开关的位置有关。

1）图 8-16 给出了一种常见采样系统的结构图。图中，在系统输入端和输出端用虚线画出的采样开关是为了方便分析而设置的，它们均以周期 T 同步工作。

由图 8-16 可得

$$E(s)=R(s)-B(s)\quad B(s)=G(s)H(s)E^*(s)$$

对以上两式取 z 变换，得

$$E(z)=R(z)-B(z)\qquad B(z)=GH(z)E(z)$$

即 $$E(z)=R(z)-GH(z)E(z)$$

$$E(z)=\frac{R(z)}{1+GH(z)}\tag{8-52}$$

系统输出 $$C(s)=G(s)E^*(s)$$

取 z 变换后，得

$$C(z)=G(z)E(z)\tag{8-53}$$

图 8-16　闭环采样系统结构图(1)

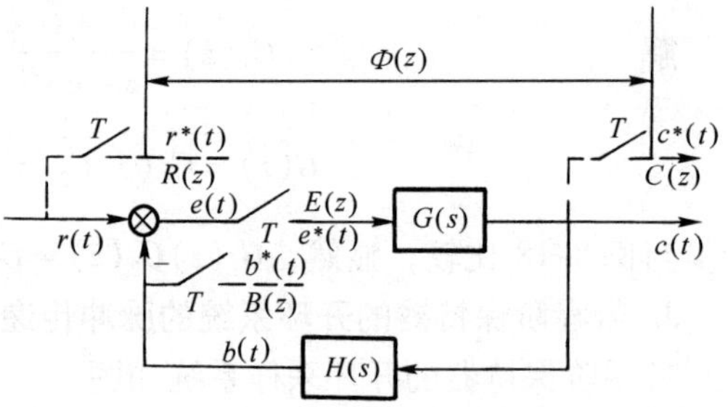

将式(8-52)代入式(8-53)，得

$$C(z)=\frac{R(z)G(z)}{1+GH(z)}\tag{8-54}$$

即闭环系统脉冲传递函数为

$$\Phi(z)=\frac{C(z)}{R(z)}=\frac{G(z)}{1+GH(z)}\tag{8-55}$$

2）对于图 8-17 所示的采样系统，其特点是不设置采样开关来对误差信号 $e(t)$ 进行采样。对于这种系统，只能求出其输出的象函数 $C(z)$，而无法求得系统的闭环系统脉冲传递函数。

图 8-17　闭环采样系统结构图(2)

因为 $$E(s)=R(s)-B(s)$$

又
$$\begin{aligned}D(s)&=E(s)G_1(s)\\&=[R(s)-B(s)]\,G_1(s)\\&=R(s)G_1(s)-B(s)G_1(s)\end{aligned}\tag{8-56}$$

反馈信号 $$B(s)=D^*(s)G_2(s)H(s)$$

将上式代入式(8-56)得

$$D(s)=R(s)G_1(s)-D^*(s)G_1(s)G_2(s)H(s)$$

求 z 变换，得

$$D(z)=RG_1(z)-D(z)G_1G_2H(z)$$

故 $$D(z)=\frac{RG_1(z)}{1+G_1G_2H(z)}$$

系统的输出为 $$C(s)=D^*(s)G_2(s)$$

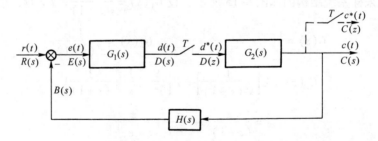

取 z 变换后，得
$$C(z) = D(z)G_2(z)$$

所以，有
$$C(z) = \frac{RG_1(z)G_2(z)}{1 + G_1G_2H(z)} \tag{8-57}$$

式(8-57)表明，对于这种系统，只能求出 $C(z)$，而求不出系统的闭环脉冲传递函数。

例 8-21　系统的结构如图 8-18 所示，试求系统的脉冲传递函数。

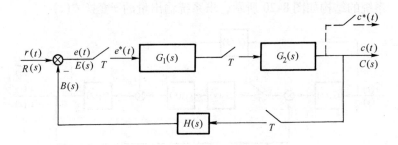

图 8-18　例 8-21 闭环采样系统结构图

解　连续系统输出的拉普拉斯变换为
$$C(s) = \frac{G_1(s)G_2(s)R(s)}{1 + G_1(s)G_2(s)H(s)}$$

参照图 8-18 中采样开关的分布情况，可直接写出输出的 z 变换式
$$C(z) = \frac{G_1(z)G_2(z)R(z)}{1 + G_1(z)G_2(z)H(z)}$$

即系统的闭环脉冲传递函数为
$$\frac{C(z)}{R(z)} = \frac{G_1(z)G_2(z)}{1 + G_1(z)G_2(z)H(z)}$$

例 8-22　系统的结构如图 8-19 所示，求系统的闭环脉冲传递函数。

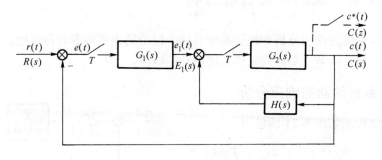

图 8-19　例 8-22 闭环采样系统结构图

解　系统内环的传递函数为
$$G(s) = \frac{G_2(s)}{1 + G_2(s)H(s)}$$

连续系统输出的拉普拉斯变换为 $C(s) = \dfrac{G_1(s)G_2(s)R(s)}{1 + G_2(s)H(s) + G_1(s)G_2(s)}$

根据图 8-19 中采样开关的位置，对上式取 z 变换，得

$$C(z) = \frac{G_1(z)G_2(z)R(z)}{1 + G_2H(z) + G_1(z)G_2(z)}$$

即闭环脉冲传递函数为

$$\frac{C(z)}{R(z)} = \frac{G_1(z)G_2(z)}{1 + G_2H(z) + G_1(z)G_2(z)}$$

例 8-23　系统的结构如图 8-20 所示，求系统输出量的 z 变换 $C(z)$。

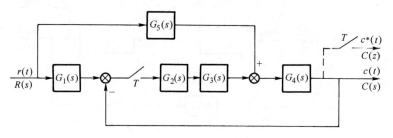

图 8-20　例 8-23 闭环采样系统结构图

解　由系统的结构图可得

$$C(s) = \frac{R(s)G_1(s)G_2(s)G_3(s)G_4(s)}{1 + G_2(s)G_3(s)G_4(s)} + \frac{R(s)G_5(s)G_4(s)}{1 + G_2(s)G_3(s)G_4(s)}$$

$$= \frac{R(s)G_1(s)G_2(s)G_3(s)G_4(s) + R(s)G_5(s)G_4(s)}{1 + G_2(s)G_3(s)G_4(s)}$$

根据图 8-20 中采样开关的位置，对上式取 z 变换，得

$$C(z) = \frac{RG_1(z)G_2G_3G_4(z) + RG_5G_4(z)}{1 + G_2G_3G_4(z)}$$

8.4　采样控制系统的动态性能分析

对线性采样系统的性能分析和连续系统一样，讨论的主要内容有稳定性、稳态误差和系统的动态响应分析。本节主要研究采样系统的动态响应。

8.4.1　采样系统的动态响应分析

采样系统结构图如图 8-21 所示。

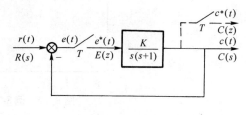

图 8-21　采样系统结构图

设　　$K = 1$，$R(s) = \dfrac{1}{s}$，取　　$T = 1s$

$$G(s) = \frac{1}{s(s+1)} = \frac{1}{s} - \frac{1}{s+1}$$

则系统的开环脉冲传递函数为

$$G(z) = Z\left[\frac{1}{s} - \frac{1}{s+1}\right] = \frac{z}{z-1} - \frac{z}{z-\mathrm{e}^{-T}}$$

$$= \frac{z(1-\mathrm{e}^{-T})}{(z-1)(z-\mathrm{e}^{-T})}$$

系统的闭环脉冲传递函数为

$$\frac{C(z)}{R(z)} = \frac{G(z)}{1+G(z)} = \frac{\dfrac{z(1-\mathrm{e}^{-T})}{(z-1)(z-\mathrm{e}^{-T})}}{1+\dfrac{z(1-\mathrm{e}^{-T})}{(z-1)(z-\mathrm{e}^{-T})}}$$

$$= \frac{z(1-\mathrm{e}^{-T})}{(z-1)(z-\mathrm{e}^{-T})+z(1-\mathrm{e}^{-T})} = \frac{0.632z}{z^2-0.736z+0.368}$$

由已知条件知
$$R(z) = \frac{z}{z-1}$$

所以
$$C(z) = \frac{0.632z^2}{(z^2-0.736z+0.368)(z-1)}$$

$$= 0.632z^{-1}+1.097z^{-2}+1.207z^{-3}+1.12z^{-4}+1.014z^{-5}+0.96z^{-6}+\cdots$$

系统输出的离散信号

$c^*(t) = 0.632\delta(t-T)+1.097\delta(t-2T)+1.207\delta(t-3T)+$
$1.12\delta(t-4T)+1.014\delta(t-5T)+0.96\delta(t-6T)+\cdots$
采样系统的时间响应曲线如图 8-22 所示。

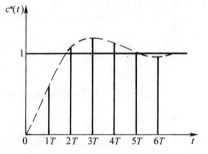

如果 $K=5$,仍取 $T=1\mathrm{s}$,则

$$G(z) = 5\left(\frac{z}{z-1}-\frac{z}{z-\mathrm{e}^{-T}}\right) = \frac{3.16z}{z^2-1.368z+0.368}$$

可求得

$c^*(t) = 3.16\delta(t-T)-2.5\delta(t-2T)+6.5\delta(t-3T)$
$\quad -7.5\delta(t-4T)+13.6\delta(t-5T)+\cdots$

图 8-22 采样系统的时间响应曲线

由上式可知,当 $K=5$ 时,系统的输出呈发散状态,系统不稳定。

另外,如果在系统中加入零阶保持器,设 $K=1$,取 $T=1\mathrm{s}$,如图 8-23 所示,则系统的开环脉冲传递函数为

$$G(z) = (1-z^{-1})Z\left[\frac{1}{s^2(s+1)}\right] = (1-z^{-1})Z\left[\frac{1}{s^2}-\frac{1}{s}+\frac{1}{s+1}\right]$$

$$= \frac{z-1}{z}\left[\frac{Tz}{(z-1)^2}-\frac{z}{z-1}+\frac{z}{z-\mathrm{e}^{-T}}\right]$$

$$= \frac{(T-1+\mathrm{e}^{-T})z+(1-\mathrm{e}^{-T}T-\mathrm{e}^{-T})}{z^2-(1+\mathrm{e}^{-T})z+\mathrm{e}^{-T}}$$

考虑到 $T=1\mathrm{s}$,有

$$G(z) = \frac{0.368z+0.264}{z^2-1.368z+0.368}$$

则闭环系统的脉冲传递函数为

$$\frac{C(z)}{R(z)} = \frac{G(z)}{1+G(z)} = \frac{0.368z+0.264}{z^2-z+0.632}$$

设输入为单位阶跃信号

$$R(z) = \frac{z}{z-1}$$

则系统输出的 z 变换式为

$$C(z) = \frac{0.368 + 0.264}{z^2 - z + 0.632} \cdot \frac{z}{z-1} = \frac{0.638z^2 + 0.264z}{z^3 - 2z^2 + 1.632z - 0.632}$$

$$= 0.368z^{-1} + z^{-2} + 1.4z^{-3} + 1.4z^{-4} + 1.147z^{-5} + 0.895z^{-6} + 0.8z^{-7} + \cdots$$

故有

$$c^*(t) = 0.368\delta(t-T) + 1\delta(t-2T) + 1.4\delta(t-3T) + 1.4\delta(t-4T) + 1.147\delta(t-5T) +$$
$$0.895\delta(t-6T) + 0.8\delta(t-7T) + \cdots$$

有零阶保持器的采样系统的输出脉冲序列如图8-24所示。可见，加入零阶保持器后，由于其相位的滞后作用，使系统的动态特性变差了。

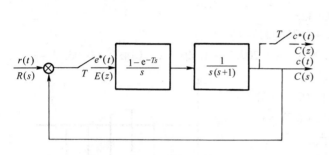

图 8-23　有零阶保持器的采样系统

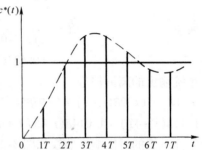

图 8-24　有零阶保持器的
采样系统的输出脉冲序列

8.4.2　闭环极点的位置与动态特性的关系

采样控制系统的性能分析类似于连续系统，系统的输出特性主要由闭环脉冲传递函数的极点来确定。下面主要讨论在单位阶跃信号作用下，系统的输出特性和闭环极点的关系。

设系统闭环脉冲传递函数为

$$\Phi(z) = \frac{C(z)}{R(z)} = \frac{b_0 z^m + b_1 z^{m-1} + \cdots + b_{m-1} z + b_m}{a_0 z^n + a_1 z^{n-1} + \cdots + a_{n-1} z + a_n} \qquad (n > m) \qquad (8-58)$$

设闭环极点为 z_1，z_2，z_3，$\cdots$，z_n，在单位阶跃输入时，输出的 z 变换为

$$C(z) = \frac{b_0 z^m + b_1 z^{m-1} + \cdots + b_{m-1} + b_m}{(z-z_1)(z-z_2)\cdots(z-z_n)} \frac{z}{z-1}$$

展开成部分分式

$$\frac{C(z)}{z} = \frac{A_0}{z-1} + \frac{A_1}{z-z_1} + \cdots + \frac{A_n}{z-z_n}$$

即有

$$C(z) = \frac{A_0 z}{z-1} + \frac{A_1 z}{z-z_1} + \cdots + \frac{A_n z}{z-z_n}$$

对上式取 z 反变换，求得输出响应为

$$c(kT) = A_0 1(kT) + \sum_{i=1}^{n} A_i (z_i)^k \qquad (8-59)$$

式中，等号右边的第一项为系统响应的稳态分量，第二项为系统响应的瞬态分量。

下面分两种情况进行讨论。

1. 闭环极点为实数极点

z_i 为正实数极点时，其对应的瞬态分量 $c_i(kT)$ 是按指数规律变化的。若 $z_i < 1$，则 $c_i(kT)$ 为衰减的指数函数，且 z_i 越靠近原点，瞬态分量衰减越快；若 $z_i = 1$，则 $c_i(kT)$ 为常

数；$z_i > 1$，则 $c_i(kT)$ 为发散的指数函数。不同正实数极点在 z 平面的位置如图 8-25 所示，其对应的瞬态分量的动态响应形式如图 8-26 所示。

当 z_i 为负实数极点时，其对应的瞬态分量 $c_i(kT)$ 是一个正负交替的双向脉冲序列：k 为奇数时，$(z_i)^k$ 为负值；k 为偶数时，$(z_i)^k$ 为正值。若 $|z_i| < 1$，$c_i(kT)$ 为正负交替的衰减脉冲序列；若 $|z_i| = 1$，$c_i(kT)$ 为正负交替的等幅脉冲序列；若 $|z_i| > 1$，则 $c_i(kT)$ 量项是正负交替的发散脉冲序列。不同的负实数极点在 z 平面的位置如图 8-27 所示，图 8-28 所示为负实数极点对应的瞬态分量的动态响应形式。

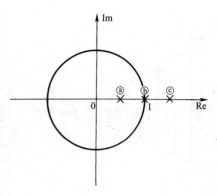

图 8-25 正实数极点的分布

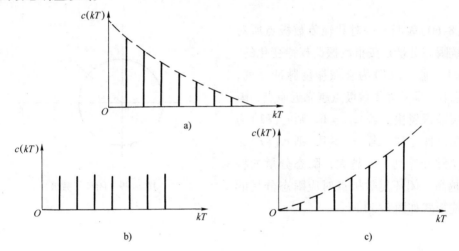

图 8-26 正实数极点对应瞬态分量的动态响应形式

2. 闭环极点为复数极点

设复数极点

$$z_i = |z_i| e^{j\theta_i} \qquad \overline{z_i} = |z_i| e^{-j\theta_i}$$

式中，$|z_i|$ 和 θ_i 分别表示极点 z_i 的模和相角，如图 8-29 所示。

另外，设待定系数

$$A_i = |A_i| e^{j\psi_i} \qquad \overline{A_i} = |A_i| e^{-j\psi_i}$$

式中，$|A_i|$ 和 ψ_i 分别为复数系数 A_i 的模和相角。由式(8-59)知，一对复数极点对应的瞬态分量为

$$\begin{aligned} c_i(kT) &= A_i(z_i)^k + \overline{A_i}(\overline{Z_i})^k \\ &= |A_i||z_i|^k e^{j(k\theta_i + \psi_i)} + |A_i||z_i|^k e^{-j(k\theta_i + \psi_i)} \\ &= 2|A_i||z_i|^k \frac{e^{j(k\theta_i + \psi_i)} + e^{-j(k\theta_i + \psi_i)}}{2} \\ &= 2|A_i||z_i|^k \cos(k\theta_i + \psi_i) \end{aligned}$$

$$\tag{8-60}$$

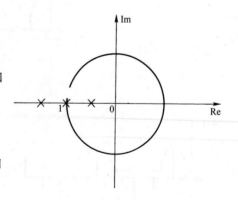

图 8-27 负实数极点的分布

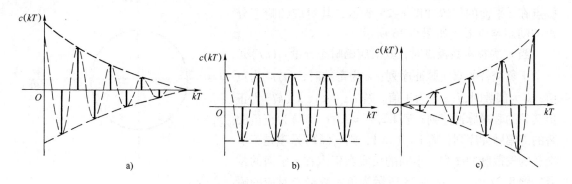

图 8-28 负实数极点对应瞬态分量的动态响应形式

式(8-60)表明，一对共轭复数极点所对应的系统瞬态分量是按指数振荡规律变化的。若 $|z_i| < 1$，则 $c_i(kT)$ 为衰减振荡脉冲序列，且 $|z_i|$ 越小，即共轭复数极点越靠近原点，瞬态分量衰减得越快；若 $|z_i| = 1$，则 $c_i(kT)$ 为等幅振荡脉冲序列；若 $|z_i| > 1$，则 $c_i(kT)$ 为发散振荡脉冲序列。θ_i 越大，瞬态分量的振荡频率越高。闭环复数极点对应瞬态分量的动态响应形式如图 8-30 所示。

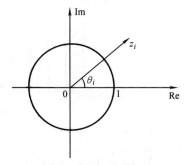

图 8-29 闭环复数极点

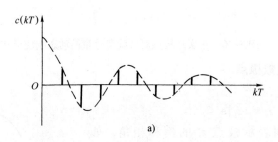

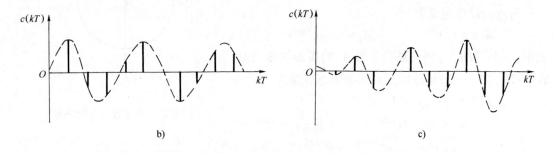

图 8-30 闭环复数极点对应瞬态分量的动态响应形式

8.5　采样控制系统的稳定性分析

众所周知，连续系统稳定的充分必要条件是其闭环特征方程式的根都具有负实部，判断其稳定性的方法是劳斯判据和奈氏稳定判据等。在采样系统的稳定性分析中，可以从 s 平面和 z 平面之间的关系中找出分析采样控制系统稳定性的方法。

8.5.1　z 平面内的稳定条件

由上节的分析可知，在单位阶跃输入下，采样系统的闭环输出可表示为

$$c(kT) = A_0 1(kT) + \sum_{i=1}^{n} A_i (z_i)^k$$

如果系统是稳定的，则当 t 趋于无穷大时（相当于 k 趋于无穷大），系统输出的瞬态分量趋于零，即

$$\lim_{k \to \infty} \sum_{i=1}^{n} A_i (z_i)^k = 0 \tag{8-61}$$

因此，采样系统稳定的条件是：闭环脉冲传递函数的极点均位于 z 平面上以原点为圆心的单位圆内，即

$$|z_i| < 1 \tag{8-62}$$

若闭环脉冲传递函数有位于单位圆外的极点，则闭环系统是不稳定的。这与上节的分析结果是吻合的。

由 z 平面和 s 平面的关系同样可以得出采样系统稳定的条件。

z 变量和 s 变量的关系为

$$z = e^{Ts} \tag{8-63}$$

式中，s 是复变量，即　　　　　　　　　　$$s = \sigma + j\omega \tag{8-64}$$

将式(8-64)代入式(8-63)，并写成以下的极坐标形式：

$$z = e^{Ts} = e^{T\sigma} e^{j\omega T} = |z| e^{j\theta}$$

$$|z| = e^{T\sigma} \qquad \theta = \omega T \tag{8-65}$$

不难看出，s 平面和 z 平面有着如下的对应关系：

在 s 平面内		在 z 平面内
$\sigma < 0$	系统稳定	$|z| < 1$
$\sigma = 0$	临界稳定	$|z| = 1$
$\sigma > 0$	系统不稳定	$|z| > 1$

由此可见，s 左半平面对应于 z 平面以原点为圆心的单位圆的内部，s 平面的虚轴对应于 z 平面上的单位圆，s 右半平面对应于 z 平面上以原点为圆心的单位圆的外部，如图8-31所示。

例 8-24　设采样控制系统的结构如图8-32所示，其中 $G(s) = \dfrac{1}{s(s+4)}$、$T = 0.25s$，试判断系统的稳定性。

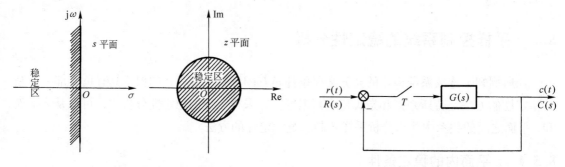

图 8-31　s 平面和 z 平面的稳定域　　　　　图 8-32　例 8-24 采样控制系统的结构

解
$$G(z) = Z\left[\frac{1}{s(s+4)}\right] = Z\left[\frac{1}{4}\left(\frac{1}{s} - \frac{1}{s+4}\right)\right]$$

$$= \frac{1}{4}\left(\frac{z}{z-1} - \frac{z}{z-e^{-4T}}\right) = \frac{(1-e^{-4T})\dfrac{z}{4}}{(z-1)(z-e^{-4T})}$$

$$\Phi(z) = \frac{G(z)}{1+G(z)} = \frac{(1-e^{-4T})\dfrac{z}{4}}{(z-1)(z-e^{-4T}) + (1-e^{-4T})\dfrac{z}{4}}$$

特征方程式为

$$(z-1)(z-e^{-4T}) + \frac{1}{4}(1-e^{-4T})z = 0$$

即
$$z^2 - 1.21z + 0.368 = 0$$

解方程，得
$$z_{1,2} = 0.605 \pm j0.044441$$

因为
$$|z_1| = |z_2| < 1$$

所以系统是稳定的。

综上所述，要分析采样控制系统的稳定性，就必须求出系统闭环脉冲传递函数的极点。显然，这种方法对于低阶系统是可以的，但对于高阶系统就涉及高次代数方程求根的问题。因此，对于采样系统的稳定性分析，可以像连续系统那样，不直接求出其特征根，而是根据特征方程式的系数排列出劳斯表，据此判别闭环系统的稳定性。

8.5.2　劳斯稳定判据

劳斯判据是判断线性连续系统是否稳定的一种简捷方法。但在采样系统中，由于稳定的边界是单位圆而不是虚轴，所以不能直接引用劳斯判据，必须寻求一种变换，把 z 平面上的单位圆的圆周映射为另一 w 复平面上的虚轴，单位圆的内域映射为 w 左半平面，单位圆的外部映射为 w 右半平面，然后再应用劳斯判据。下述的双线性变换就能达到这个目的。

根据复变函数双线性变换公式，令

$$z = \frac{w+1}{w-1} \qquad 或 \qquad w = \frac{z+1}{z-1} \tag{8-66}$$

称为 w 变换。

令
$$z = x + jy \qquad\qquad w = u + jv$$

则由式(8-66)有

$$w = \frac{(x^2 + y^2) - 1}{(x-1)^2 + y^2} - j \frac{2y}{(x-1)^2 + y^2} = u + jv \tag{8-67}$$

由式(8-67)可见，w 平面内 $u = 0$(虚轴)，对应 z 平面内 $|z| = x^2 + y^2 = 1$(单位圆的圆周)；$u < 0$(w 左半平面)，对应于 $|z| = x^2 + y^2 < 1$(单位圆内部)；$u > 0$(w 右半平面)，对应于 $|z| = x^2 + y^2 > 1$(单位圆外部)。

这样，只要将 z 平面上的特征方程式经过 $z \rightarrow w$ 变换，就可在 w 平面上直接应用劳斯判据判别系统的稳定性。

例 8-25 已知采样控制系统闭环特征方程式为

$$D(z) = 45z^3 - 117z^2 + 119z - 39 = 0$$

试判断系统的稳定性。

解 将 $z = \dfrac{w+1}{w-1}$ 代入特征方程式，得

$$45\left(\frac{w+1}{w-1}\right)^3 - 117\left(\frac{w+1}{w-1}\right)^2 + 119\left(\frac{w+1}{w-1}\right) - 39 = 0$$

$$45(w+1)^3 - 117(w+1)^2(w-1) + 119(w+1)(w-1)^2 - 39(w-1)^3 = 0$$

经整理，得
$$w^3 + 2w^2 + 2w + 40 = 0$$

列劳斯表

w^3	1	2
w^2	2	40
w^1	-18	0
w^0	40	0

由于表中第一列元素的符号变化了两次，表示方程有两个根在 w 右半平面，即有两个根在 z 平面上的单位圆外，故系统不稳定。

8.6 采样控制系统的稳态误差分析

稳态误差是分析和设计控制系统的一个重要性能指标。通过对连续系统的分析可知，系统的稳态误差与输入信号的大小和形式、系统的型别以及开环增益有关。这一结论同样适用于采样系统。

单位反馈采样系统的结构如图 8-33 所示。

$$E(z) = R(z) - C(z) = \frac{R(z)}{1 + G(z)}$$

对于闭环稳定的采样控制系统，由终值定理可求得其稳态误差为

$$e^*(\infty) = \lim_{z \rightarrow 1}(z-1)E(z) = \lim_{z \rightarrow 1}(z-1)\frac{R(z)}{1 + G(z)} \tag{8-68}$$

由式(8-68)可知，采样系统的稳

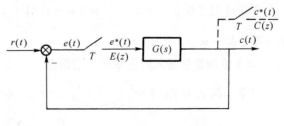

图 8-33 单位反馈采样系统的结构

态误差既与输入 $R(z)$ 有关，又与系统的开环脉冲传递函数及 T 有关。

设闭环系统的开环脉冲传递函数的一般表达式为

$$G(z) = \frac{K_g \prod\limits_{i=1}^{m}(z - z_i)}{(z-1)^v \prod\limits_{j=1}^{n-v}(z - p_j)} \tag{8-69}$$

式中，系统开环脉冲传递函数在 $z = 1$ 处的极点数目 ν 为采样系统的型别。

下面按不同的输入分别讨论。

1. 单位阶跃输入时系统的稳态误差

设系统的输入为　$R(z) = \dfrac{z}{z-1}$，代入式(8-68)，得

$$e^*(\infty) = \lim_{z \to 1}(z-1)\frac{1}{1+G(z)} \cdot \frac{z}{z-1} = \frac{1}{1 + \lim\limits_{z \to 1} G(z)}$$

定义 $$K_p = \lim_{z \to 1} G(z) \tag{8-70}$$

则有 $$e^*(\infty) = \frac{1}{1 + K_p} \tag{8-71}$$

式中，K_p 为系统的静态位置误差系数。

对于 0 型系统，$K_p =$ 常数，$e^*(\infty) = \dfrac{1}{1 + K_p}$；对于 1 型、2 型系统，$K_p = \infty$，$e^*(\infty) = 0$。

2. 单位斜坡输入时系统的稳态误差

设系统输入为　$R(z) = \dfrac{Tz}{(z-1)^2}$，代入式(8-68)，得

$$e^*(\infty) = \lim_{z \to 1}(z-1)\frac{1}{1+G(z)} \cdot \frac{Tz}{(z-1)^2} = \frac{T}{\lim\limits_{z \to 1}(z-1)\,[1+G(z)]}$$

$$= \frac{1}{\dfrac{1}{T}\lim\limits_{z \to 1}(z-1)G(z)}$$

定义 $$K_v = \frac{1}{T}\lim_{z \to 1}(z-1)G(z) \tag{8-72}$$

则有 $$e^*(\infty) = \frac{1}{K_v} \tag{8-73}$$

式中，K_v 为系统的静态速度误差系数。

对于 0 型系统，$K_v = 0$，$e^*(\infty) = \infty$；对于 1 型系统，$K_v =$ 常数，$e^*(\infty) = \dfrac{1}{K_v}$；对于 2 型系统，$K_v = \infty$，$e^*(\infty) = 0$。

3. 单位加速度输入时系统的稳态误差

设系统输入为 $R(z) = \dfrac{T^2 z(z+1)}{2(z-1)^3}$，代入式(8-68)，得系统的稳态误差为

$$e^*(\infty) = \lim_{z \to 1}(z-1)\frac{1}{1+G(z)} \cdot \frac{T^2 z(z+1)}{2(z-1)^3} = \frac{1}{\dfrac{1}{T^2}\lim\limits_{z \to 1}(z-1)^2 G(z)}$$

定义
$$K_a = \frac{1}{T^2}\lim_{z \to 1}(z-1)^2 G(z)$$
(8-74)

则有
$$e^*(\infty) = \frac{1}{K_a}$$
(8-75)

式中，K_a 为系统的静态加速度误差系数。

对于 0 型、1 型系统，$K_a = 0$，$e^*(\infty) = \infty$；对于 2 型系统，$K_a =$ 常数，$e^*(\infty) = \frac{1}{K_a}$。

8.7 MATLAB 用于采样控制系统分析

可用 MATLAB 对采样控制系统进行数学模型处理和系统分析等工作。同时，也可用 Simulink 直接对采样控制系统进行仿真。

8.7.1 数学模型处理

1. z 变换和 z 反变换

MATLAB 符号数学工具箱中的函数 ztrans( ) 和 iztrans( ) 分别用于求符号表达式的 z 变换和 z 反变换。

求函数 $f( )$ 的 z 变换可用　F = ztrans(f)。

例 8-26　求函数 $f_1(t) = t$，$f_2(t) = te^{-at}$ 的 z 变换。

解　在命令窗口中键入

    syms t T;
    x1 = ztrans(t * T)
    x2 = ztrans(t * T * exp(- a * t * T))

运行结果为

    x1 =
    T * z/(z - 1)^2
    x2 =
    T * z * exp(- a * T)/(z - exp(- a * T)) ^2

即有
$$F_1(z) = \frac{Tz}{(z-1)^2} \qquad F_2(z) = \frac{Tze^{-aT}}{(z-e^{-aT})^2}$$

求表达式 F 的 z 反变换可用 f = iztrans(F)。

2. 模型转换

将连续系统模型转换成离散系统模型，即实现连续系统的离散化，可以使用函数 c2d( )。其格式为

    sysd = c2d(sys, T)　　　或　　sysd = c2d(sys, T, method);

表示对连续时间对象 sys 离散化，采样周期为 T，单位为 s，采用零阶保持器。在后一种调用格式下，可以由 method 定义离散化采用的方法。method 可以为以下字符串之一：

　　'zoh'——采用零阶保持器

　　'foh'——采用一阶保持器

　　'tustin'——采用双线性逼近（tustin）方法

'prewarp'——采用改进的 tustin 方法

反之，要实现离散系统模型到连续系统模型的转换，可以使用函数 d2c( )。其格式为

$$sys = d2c(sysd, T, method)$$

例 8-27　设 $G(s) = \dfrac{1}{s(s+1)}$，$T = 1s$，求 $G(z)$。

解　键入 MATLAB 命令

$$sys = tf([1], [1\ 1\ 0]);$$

$$c2d(sys, 1)$$

运行结果为

Transfer function：

0. 3679 z ＋ 0. 2642

- -

z^2 － 1. 368 z ＋ 0. 3679

8.7.2　动态响应分析

1. 输入函数

采样控制系统输入函数的表示方法与连续系统有所不同，下面对其进行具体介绍。

设单位脉冲输入为

$$u(0) = 1$$
$$u(k) = 0 \qquad (k = 1, 2, 3, 4, \cdots, 60)$$

则在 MATLAB 中可以写成

$$u = [1\,zeros(1, 60)]$$

设单位阶跃输入为

$$u(k) = 1 \qquad (k = 0, 1, 2, \cdots, 100)$$

则在 MATLAB 中可以写成

$$u = [1, ones(1, 100)]; \quad 或 \quad u = ones(1, 101)$$

设单位斜坡输入为

$$u(k) = kT \qquad (k = 0, 1, 2, \cdots, 50)$$

则在 MATLAB 中可以写成

$$k = 0 : 50; \ u = k * T;$$

设加速度输入的一般形式为

$$u(k) = \frac{1}{2}(kT)^2 \qquad (k = 0, 1, 2, \cdots)$$

则在 MATLAB 中，当取 10 步，$T = 0.2s$ 时，可以写成

$$k = 0 : 10; \ u = [0.5 * (0.2 * k)^2];$$

2. 求输出动态响应

设采样控制系统的闭环传递函数为

$$\frac{C(z)}{R(z)} = \frac{num(z)}{den(z)}$$

若其输入信号为 r，则可用下面的命令求输出响应

$$y = filter(num, den, r)$$

例 8-28　如图 8-34 所示的采样控制系统，设 $K = 1$、$T = 1s$，单位阶跃输入。

（1）求系统的动态响应。

（2）若添加零阶保持器，求系统的单位阶跃响应。

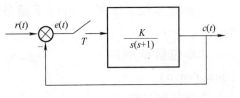

图 8-34　例 8-28 采样控制系统

解　（1）由已知条件，求得系统的闭环脉冲传递函数为

$$\frac{C(z)}{R(z)} = \frac{0.632z}{z^2 - 0.736z + 0.368}$$

令输入形式为 $u = ones(1, 51)$

MATLAB 程序如下：

> num = [0.632　0]; den = [1　-0.736　0.368];
>
> u = ones(1, 51); k = 0:50;
>
> y = filter(num, den, u);
>
> plot(k, y), grid;
>
> xlabel('k'); ylabel('y(k)');

运行结果如图 8-35 所示。

（2）若添加零阶保持器，则系统结构如图 8-36 所示。

令输入为 $u = ones(1, 51)$

MATLAB 程序如下：

> g = tf([1], [1 1 0]);　　% 对象传递函数
>
> d = c2d(g, 1);　　% 用零阶保持器离散化

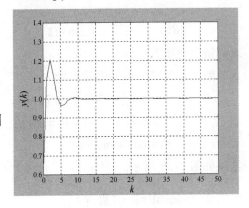

图 8-35　例 8-28 系统单位阶跃响应

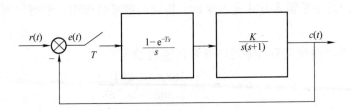

图 8-36　带零阶保持器系统

> cd = d/(1 + d);　　% 求闭环传递函数
>
> cd1 = minreal(cd);　　% 传递函数约去公因子
>
> [num, den] = tfdata(cd1, 'v');　　% 求得分子、分母系数
>
> u = ones(1, 51); k = 0:50;
>
> y = filter(num, den, u);
>
> plot(k, y), grid;

xlabel('k');ylabel('y(k)');

运行结果如图 8-37 所示。

对离散系统，也可采用以下函数求动态
响应：

求单位阶跃响应　　　　　$[y,x] = dstep$
(num,den,n)

求单位脉冲响应　　　　　$[y,x] = dimpulse$
(num,den,n)

求任意指定函数响应　　　$[y,x] = d1sim$
(num,den,u)

其中，y 为输出；x 为状态；n 为采样点数
（可选）；u 为输入。

例 8-29　系统脉冲传递函数为

$$\frac{C(z)}{R(z)} = \frac{0.3678z + 0.2644}{z^2 - z + 0.6322}$$

求离散单位阶跃响应。

解　在 MATLAB 命令窗口键入：

　　　　$num = [0.3678 \quad 0.2644];$

　　　　$den = [1 \quad -1 \quad 0.6322];$

　　　　$dstep(num,den)$

结果如图 8-38 所示。

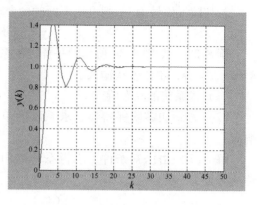

图 8-37　带零阶保持器系统的阶跃响应

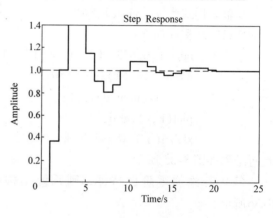

图 8-38　例 8-29 系统单位阶跃响应

8.7.3　Simulink 仿真分析

进入 Simulink 环境后，单击 Discrete（离散元件）库，选择相应的离散函数模型，按照与
连续系统模型相同的系数输入方式输入参数，构建离散系统模型，就可以实现离散系统的仿
真分析。

例 8-30　设某单位反馈离散系统的开环传递函数为

$$G(z) = \frac{0.368z + 0.264}{z^2 - 1.368z + 0.368}$$

运用 Simulink 进行仿真分析。

解　在 Simulink 环境下构建该系统的结构图，如图 8-39 所示。

例 8-30 系统单位阶跃响应如图 8-40 所示。

8.7.4　稳定性判定

利用 MATLAB 可以很方便地对采样控制系统进行稳定性判别，主要方法是：判定系统
的特征方程的根是否在 z 平面的单位圆内。

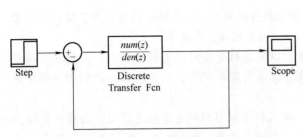

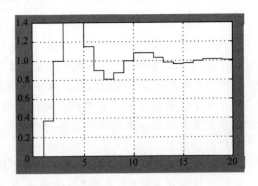

图 8-39 例 8-30 系统结构图   图 8-40 例 8-30 系统的单位阶跃响应

例 8-31 设某采样控制系统的特征方程为

$$D(z) = 45z^3 - 117z^2 + 119z - 39 = 0$$

运用 MATLAB 判断系统的稳定性。

解 编写 MATLAB 程序如下：

p = [45 -117 119 -39];	% 特征方程系数多项式
r = roots(p);	% 求特征方程根 r
x = [-1:0.01:1]';	
y = sqrt(1 - x.^2);	
plot(x, y, x, -y);	% 绘制单位圆
hold, plot(r, 'xr');	% 以红色的 " × " 表示特征方程根

程序运行结果如图 8-41 所示。

由图 8-41 可见，特征方程有两个根在 z 平面单位圆外，故系统不稳定。

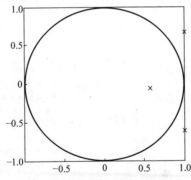

图 8-41 z 平面单位圆与特征根

小 结

采样控制系统具有精度高、抗干扰性能好、通用性强和控制灵活等优点，因而在控制工程中得到了日益广泛的应用。

在采样系统中，通过采样开关，将连续信号 $f(t)$ 转换成离散信号 $f^*(t)$ 的过程称为采样。$f^*(t)$ 是一个脉冲序列，可以通过保持器使其复现为原来的连续信号，条件是：采样角频率 ω_s 与被采样信号中最高次谐波角频率 ω_{max} 之间应符合

$$\omega_s \geqslant 2\omega_{max}$$

这就是采样定理。

采样定理只给出了能不失真地复现连续信号的最低要求。在实际应用中，为了使采样信号尽可能多地反应原信号的信息，采样角频率 ω_s 一般会比 ω_{max} 高很多。

为了将采样信号恢复为相应的连续信号，以实现对受控对象有效地控制，必须在采样系统中设置保持器。零阶保持器具有价格低廉、容易实现等优点，因此在工业控制中得到了非常广泛地应用。

在零初始条件下，系统(或元件)输出、输入信号采样值的 z 变换之比定义为脉冲传递函数，它也等于系统(或元件)的脉冲响应函数(或传递函数)的 z 变换。虽然差分方程和脉冲传递函数都是采样系统的数学模型，但在系统分析中一般采用脉冲传递函数，其原因是后者避免了求解高阶差分方程的麻烦。

对一个系统来说，根据有无采样开关、采样开关位置的不同，以及有无保持器等，可以得到不同的脉冲传递函数以及不同的闭环输出的 z 变换表达式。

和连续控制系统一样，采样控制系统瞬态响应的模式和系统的稳定性也是由其闭环极点所决定的。采样系统稳定的充要条件是：闭环脉冲传递函数的极点位于 z 平面上以原点为圆心的单位圆内，即 $|z_i| < 1$。通过双线性变换，把 z 变量变换为 w 变量后，就可应用劳斯判据来判断采样系统的稳定性。

采样控制系统的稳态误差不仅与系统的结构和参数有关，还与输入信号的大小、形式以及采样周期 T 有关。

习　题

8-1　求下列函数的 z 变换。

(1) $e(t) = a^k$

(2) $e(t) = 1 + e^{-2t}$

(3) $e(t) = e^{-at}\sin\omega t$

(4) $e(t) = t^2 e^{-3t}$

(5) $E(s) = \dfrac{K}{s(s+a)}$

(6) $E(s) = \dfrac{1}{(s+a)(s+b)}$

(7) $E(s) = \dfrac{1}{(s+a)^2}$

(8) $E(s) = \dfrac{s+1}{s^2}$

8-2　求下列函数的 z 反变换。

(1) $E(z) = \dfrac{z}{z-0.5}$

(2) $E(z) = \dfrac{z}{(z-1)(z-2)}$

(3) $E(z) = \dfrac{z}{(z-e^{-aT})(z-e^{-bT})}$

(4) $E(z) = \dfrac{z^2}{(z-0.8)(z-0.1)}$

(5) $E(z) = \dfrac{11z^3 - 15z^2 + 6z}{(z-2)(z-1)^2}$

(6) $E(z) = \dfrac{z^3 + 2z^2 + 1}{z^3 - 1.5z^2 + 0.5z}$

8-3　求下列函数的初值和终值。

(1) $E(z) = \dfrac{z}{z-0.2}$

(2) $E(z) = \dfrac{z^2(z^2 + z + 1)}{(z^2 - 0.8z + 1)(z^2 + z + 0.8)}$

(3) $E(z) = \dfrac{z^2}{(z-0.8)(z-0.1)}$

(4) $E(z) = \dfrac{Tz^{-1}}{(1-z^{-1})^2}$

8-4　用 z 变换法求解下列差分方程。

（1）$y(k-2)-3y(k-1)+2y(k)=u(k)$

　　　输入信号：$u(k)=I(k)$　　初始条件：$y(0)=0$、$y(1)=0$

（2）$y(k+2)-3y(k+1)+2y(k)=0$

　　　初始条件：$y(0)=1$、$y(1)=1$

8-5　求图 8-42 所示系统的脉冲传递函数。

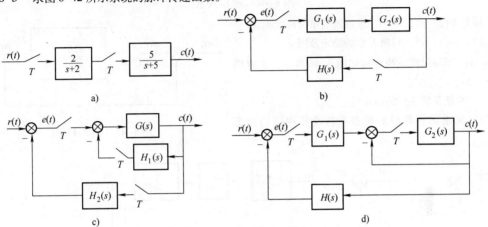

图 8-42　题 8-5 图

8-6　求图 8-43 所示系统在单位阶跃信号作用下的输出 z 变换 $C(z)$，$T=1$。

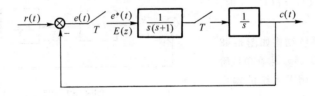

图 8-43　题 8-6 图

8-7　已知离散系统的闭环特征方程式如下，试判断系统的稳定性。

（1）$45z^3-117z^2+119z-36=0$

（2）$(z+1)(z+0.5)(z+2)=0$

（3）$z^2-0.632z+0.896=0$

（4）$40z^3-100z^2+100z-39=0$

8-8　已知单位负反馈离散系统的开环脉冲传递函数如下，试判断系统的稳定性。

（1）$G(z)=\dfrac{6.32z}{(z-1)(z-0.368)}$

（2）$G(z)=\dfrac{0.368z+0.264}{z^2-1.368z+0.368}$

8-9　已知系统的脉冲传递函数 $G(z)=\dfrac{C(z)}{R(z)}=\dfrac{0.53+0.1z^{-1}}{1-0.37z^{-1}}$，其中 $R(z)=\dfrac{z}{z-1}$，求 $c(k)$。

8-10　已知闭环采样控制系统如图 8-44 所示，采样周期 $T=1\mathrm{s}$，试判断系统的稳定性。

8-11　已知系统的结构图如图 8-45 所示，试求系统的临界稳定放大倍数 K。

8-12　已知系统结构图如图 8-46 所示，采样周期 $T=1\mathrm{s}$，试求开环脉冲传递函数 $G(z)$，闭环脉冲传递函数 $\varPhi(z)$，以及系统的单位阶跃响应 $c^*(t)$。

8-13　设采样控制系统如图 8-47 所示，采样周期 $T=0.25\mathrm{s}$。

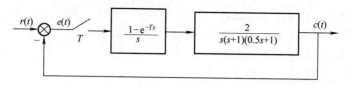

图 8- 44　题 8- 10 图

（1）若 $D(z) = 1$、$K = 4$，求系统的单位阶跃响应。

（2）若 $D(z) = 1$，判断 K 值的稳定范围。

8-14　闭环采样系统结构如图 8-46 所示，采样周期 $T = 0.5\text{s}$。

（1）判断采样系统的稳定性。

（2）试求采样系统的误差系数及其相应的稳态误差。

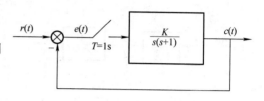

图 8- 45　题 8-11 图

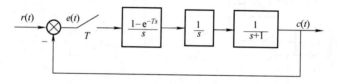

图 8- 46　题 8-12 图

（3）试求当输入 $r(t) = 1(t) + t$ 时，系统的稳态误差。

8-15　已知采样系统结构如图 8-48 所示，其中 $K = 1$、$T = 0.25\text{s}$，求在单位阶跃函数 $r(t) = 1(t)$ 作用下系统的输出响应。

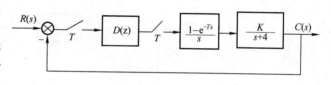

图 8- 47　题 8-13 图

8-16　已知系统结构图如图 8-49 所示，采样周期 $T = 0.25\text{s}$，当 $r(t) = 2 \cdot 1(t) + t$ 时，欲使稳态误差小于 0.1，试求 K 值。

8-17　已知采样系统结构图如图 8-50 所示，其中 $G_1(s) = \dfrac{1 - e^{-sT}}{s}$，$G_2(s) = \dfrac{K}{s + 1}$，$H(s) = \dfrac{s + 1}{K}$，试确定闭环系统稳定的 K 值范围。

图 8- 48　题 8-15 图

图 8-49　题 8-16 图

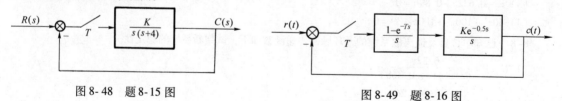

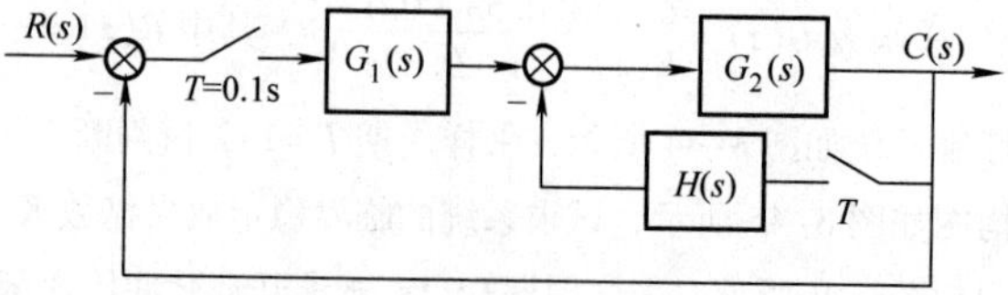

图 8-50　题 8-17 图

附　　录

常用函数的拉普拉斯变换与 z 变换对照表

序　号	拉普拉斯变换 $E(s)$	时间函数 $e(t)$ 或 $e(k)$	z 变换 $E(z)$
1	e^{-kTs}	$\delta(t-kT)$	z^{-k}
2	1	$\delta(t)$	1
3	$\dfrac{1}{s}$	$1(t)$	$\dfrac{z}{z-1}$
4	$\dfrac{1}{s^2}$	t	$\dfrac{Tz}{(z-1)^2}$
5	$\dfrac{1}{s^3}$	$\dfrac{t^2}{2!}$	$\dfrac{T^2z(z+1)}{2(z-1)^3}$
6	$\dfrac{1}{s^4}$	$\dfrac{t^3}{3!}$	$\dfrac{T^3(z^2+4z+1)}{6(z-1)^4}$
7	$\dfrac{1}{s-(1/T)\ln a}$	$a^{1/T}$	$\dfrac{z}{z-a}$
8	$\dfrac{1}{s+a}$	e^{-at}	$\dfrac{z}{z-e^{-aT}}$
9	$\dfrac{1}{(s+a)^2}$	te^{-at}	$\dfrac{Tze^{-aT}}{(z-e^{-aT})^2}$
10	$\dfrac{1}{(s+a)^3}$	$\dfrac{1}{2}t^2e^{-at}$	$\dfrac{T^2ze^{-aT}}{2(z-e^{-aT})^2}+\dfrac{T^2ze^{-2aT}}{(z-e^{-aT})^3}$
11	$\dfrac{a}{s(s+a)}$	$1-e^{-at}$	$\dfrac{(1-e^{-at})z}{(z-1)(z-e^{-aT})}$
12	$\dfrac{a}{s^2(s+a)}$	$t-\dfrac{1}{a}(1-e^{-at})$	$\dfrac{Tz}{(z-1)^2}-\dfrac{(1-e^{-aT})z}{a(z-1)(z-e^{-aT})}$
13	$\dfrac{\omega}{s^2+\omega^2}$	$\sin\omega t$	$\dfrac{z\sin\omega T}{z^2-2z\cos\omega T+1}$
14	$\dfrac{s}{s^2+\omega^2}$	$\cos\omega t$	$\dfrac{z(z-\cos\omega T)}{z^2-2z\cos\omega T+1}$
15	$\dfrac{\omega}{s^2-\omega^2}$	$\sinh\omega t$	$\dfrac{z\sinh\omega T}{z^2-2z\cosh\omega T+1}$
16	$\dfrac{s}{s^2-\omega^2}$	$\cosh\omega t$	$\dfrac{z(z-\cosh\omega T)}{z^2-2z\cosh\omega T+1}$
17	$\dfrac{\omega^2}{s(s^2+\omega^2)}$	$1-\cos\omega t$	$\dfrac{z}{z-1}-\dfrac{z(z-\cos\omega T)}{z^2-2z\cos\omega T+1}$

（续）

序　号	拉普拉斯变换 $E(s)$	时间函数 $e(t)$ 或 $e(k)$	z 变换 $E(z)$
18	$\dfrac{\omega}{(s+a)^2+\omega^2}$	$e^{-at}\sin\omega t$	$\dfrac{ze^{-aT}\sin\omega T}{z^2-2ze^{-aT}\cos\omega T+e^{-2aT}}$
19	$\dfrac{s+a}{(s+a)^2+\omega^2}$	$e^{-at}\cos\omega t$	$\dfrac{z^2-ze^{-aT}\cos\omega T}{z^2-2ze^{-aT}\cos\omega T+e^{-2aT}}$
20	$\dfrac{b-a}{(s+a)(s+b)}$	$e^{-at}-e^{-bt}$	$\dfrac{z}{z-e^{-aT}}-\dfrac{z}{z-e^{-bT}}$
21		k	$\dfrac{z}{(z-1)^2}$
22		k^2	$\dfrac{z(z+1)}{(z-1)^3}$
23		k^3	$\dfrac{z(z^2+4z+1)}{(z-1)^4}$
24		a^k	$\dfrac{z}{z-a}$
25		ka^k	$\dfrac{az}{(z-a)^2}$
26		k^2a^k	$\dfrac{az(z+a)}{(z-a)^3}$
27		$(k+1)a^k$	$\dfrac{z^2}{(z-a)^2}$
28		$a^k\cos k\pi$	$\dfrac{z}{z+a}$
29		$\dfrac{k(k-1)}{2!}$	$\dfrac{z}{(z-1)^3}$

参 考 文 献

[1] 胡寿松. 自动控制原理[M]. 5版. 北京：科学出版社，2007.

[2] 田作华，陈学中，翁正新. 工程控制基础[M]. 北京：清华大学出版社，2007.

[3] 王万良. 自动控制原理[M]. 北京：高等教育出版社，2008.

[4] 卢京潮，等. 自动控制原理［M］. 北京：清华大学出版社，2013.

[5] 刘文定，谢克明. 自动控制原理［M］. 3版. 北京：电子工业出版社，2013.

[6] 胡寿松. 自动控制原理题海大全［M］. 北京：科学出版社，2008.

[7] 高国燊，等. 自动控制原理［M］. 4版. 广州：华南理工大学出版社，2001.

[8] 文锋，贾光辉. 自动控制理论［M］. 2版. 北京：中国电力出版社，2002.

[9] 王划一，等. 自动控制原理［M］. 2版. 北京：国防工业出版社，2012.

[10] 孔凡才. 自动控制原理与系统［M］. 3版. 北京：机械工业出版社，2015.

[11] 张爱民. 自动控制原理［M］. 北京：清华大学出版社，2006.

[12] 杨友良. 自动控制原理［M］. 北京：电子工业出版社，2011.

[13] 范军芳，苏中. 自动控制原理［M］. 北京：国防工业出版社，2010.

[14] 杨万扣，等. 自动控制原理答疑解惑与典型题解［M］. 北京：北京邮电大学出版社，2014.

[15] 孙炳达. 自动控制原理［M］. 3版. 北京：机械工业出版社，2012.

[16] 孙建平，等. 自动控制原理［M］. 2版. 北京：中国电力出版社，2014.